辽西侏罗纪紫萁科矿化根茎化石

Permineralized Osmundaceous Rhizomes from the Jurassic of Western Liaoning, Northeast China

田　宁　王永栋　李芳雨　蒋子堃　编著

科 学 出 版 社

北　京

内 容 简 介

本书聚焦“紫萁目”这一真蕨类植物的重要代表性类群，在充分吸收现代真蕨类系统学最新研究成果的基础上，以我国辽西地区侏罗系髫髻山组矿化植物群中产出的解剖构造保存完好的紫萁目紫萁科茎干矿化化石为研究对象，开展了细致的植物分类学及系统古生物学研究，并以辽西地区为例，初步探讨了紫萁目植物高矿化保存率的原因和机制。此外，本书系统总结了我国紫萁目植物及全球紫萁目矿化茎干化石的多样性特征及时空分布规律，揭示了紫萁目植物在地质历史时期的发展演化历程。

本书可以为从事古植物学研究（尤其是矿化植物化石研究）及现代蕨类植物研究的科研人员及高等院校师生提供有益参考。本书具有较强的可读性，逻辑结构清晰、语言流畅通顺，并附带有大量精美的图件，也可作为化石爱好者或植物爱好者的科普读物。

审图号：GS 京(2022) 1451 号

图书在版编目(CIP)数据

辽西侏罗纪紫萁科矿化根茎化石/田宁等编著. —北京：科学出版社，2023.3

ISBN 978-7-03-074911-6

Ⅰ. ①辽…　Ⅱ. ①田…　Ⅲ. ①侏罗纪–根茎–植物化石–辽西地区　Ⅳ. ①Q914.2

中国国家版本馆 CIP 数据核字(2023)第 031410 号

责任编辑：黄　梅　沈　旭/责任校对：郝璐璐

责任印制：师艳茹/封面设计：许　瑞

科 学 出 版 社 出版

北京东黄城根北街 16 号

邮政编码：100717

http://www.sciencep.com

北京九天鸿程印刷有限责任公司 印刷

科学出版社发行　各地新华书店经销

*

2023 年 3 月第　一　版　开本：720×1000　1/16

2023 年 3 月第一次印刷　印张：13 1/2

字数：270 000

定价：199.00 元

(如有印装质量问题，我社负责调换)

作者简介

田宁，博士，教授，硕士生导师；第四届国家古生物化石专家委员会委员，中国古生物学会副秘书长、地球生物学分会理事，中国植物学会古植物分会委员，中国地质学会科普工作委员会委员，辽宁省古生物化石专家委员会委员，《古生物学报》编委。2011 年 7 月，毕业于中国科学院南京地质古生物研究所，获“古生物学与地层学专业”博士学位。现任沈阳师范大学古生物学院院长、辽宁古生物博物馆副馆长（分管日常工作），兼任自然资源部东北亚古生物演化重点实验室副主任。2015 年入选辽宁省“百千万人才工程”（万人层次），2018 年入选辽宁省“百千万人才工程”（千人层次）、自然资源部“高层次创新型科技人才培养工程”（杰出青年科技人才）、沈阳市“拔尖人才”，2019 年入选辽宁省“兴辽英才计划”（青年拔尖人才）、自然资源部高层次科技创新人才（第三梯队），2020 年获评“辽宁省优秀教师”。主要从事古生物学与地层学教学、科研及科普工作，研究方向为古植物学（中生代）。主要研究领域为中生代矿化植物解剖学及系统学、中生代陆相古生态、化石真菌及其与植物的相互作用等。在国内外学术期刊共计发表学术论文 40 余篇，其中 SCI 论文 20 余篇，参与编写专著 3 部。先后主持包括国家自然科学基金青年科学基金项目、面上项目等在内的科研项目 10 余项。

王永栋，理学博士，中国科学院南京地质古生物研究所研究员（二级），中国科学院特聘研究员，博士生导师；现代古生物学和地层学国家重点实验室副主任、科学传播中心主任；南京古生物博物馆馆长，江苏省有突出贡献的中青年专家。任中国古生物学会副理事长、亚洲古生物协会秘书长，国际地层委员会侏罗系分会选举委员，国际地球科学计划 IGCP506 项目共同主席，《古生物学报》主编。主要从事中生代古植物学和陆相地层学研究，在国内外学术刊物发表论文 170 余篇（其中 SCI 论文 130 篇），合作出版专著 12 部，代表性成果 3 次荣获中国古生物学年度十大进展，并被欧美权威教科书采用。

李芳雨，硕士，2022 年 6 月毕业于沈阳师范大学古生物学院。主要研究方向为中生代植物学，参与发表多篇学术论文，其中第一作者 SCI 论文 1 篇，参与国家自然科学基金项目 1 项；获“研究生国家奖学金”、“辽宁省普通高等学校优秀毕业生”及“沈阳市优秀研究生”等荣誉，其硕士学位论文获“沈阳师范大学优秀硕士学位论文”及“辽宁省优秀硕士学位论文”。

蒋子堃，博士，中国地质科学院正高级工程师，硕士生导师，主要研究方向为中生代植物的解剖与演化，曾获得自然资源部高层次科技创新人才工程（青年科技人才）、中国地质调查局优秀地质人才、中国地质学会青年科技奖“银锤奖”、中国地质调查局“十三五”科技创新先进个人、中国古生物学会 2016 年度十大科技进展等奖励，承担国家自然科学基金、国土资源大调查、基本科研业务费等项目 10 余项。

序

蕨类植物是植物界的重要组成部分，其化石是研究地史时期植物界组成、演化及发展的重要化石门类之一。蕨类植物通常生活在温暖潮湿的环境，因此蕨类化石对研究地史时期的古地理、古气候及古生态环境等具有独特的指相意义。矿化保存的化石是植物化石中的一类“珍品”，往往保存有精美的植物内部解剖构造特征，在研究古植物分类及其古生态重建等过程中能发挥重要的作用。我国辽西中生代产有世界著名的侏罗纪“燕辽生物群”，为探究全球鸟类起源、被子植物起源及哺乳动物早期演化等起到了重要作用。该生物群含有我国多样性最为丰富的侏罗纪矿化植物，包括苏铁类、银杏类和松柏类等裸子植物木化石及大量以紫萁科矿化根茎为代表的真蕨类化石，为研究我国及全球紫萁科植物在侏罗纪时期的系统发育及演化提供了宝贵的资料。

由于找寻地史时期的紫萁科矿化化石较困难，加之对其解剖研究等通常需要较高的研究水平和经验，以往我国在此领域的研究不多。近年来，由沈阳师范大学田宁教授和中国科学院南京古生物研究所王永栋教授等组成的研究团队对辽西侏罗系髫髻山组紫萁科等矿化植物的分类、解剖及其地质环境背景等方面开展了大量卓有成效的工作，取得了一系列重要新发现，不仅丰富了对侏罗纪“燕辽生物群”植物群组成特征的认识，也为我国在真蕨类矿化化石研究领域跻身国际前列做出了贡献。

该书是我国首次对辽西髫髻山组真蕨类紫萁科矿化根茎化石开展的综合性系统研究，报道了我国紫萁目化石的多样性及时空分布等特征，并与全球紫萁目矿化茎干/根茎化石进行了详细的对比，揭示了紫萁目植物在地史时期的发展演化历程，突出了我国化石在其中发挥的重要作用。全书内容翔实，图文并茂，学术思想新颖，是我国中生代矿化植物研究领域的一部重要新著。

2022 年 12 月

前　言

人类赖以生存的地球上生长着丰富多彩的绿色植物。其中，被子植物因绚丽的花朵、迷人的芳香而被人们喜爱，裸子植物因挺拔的躯干、伟岸的身姿而备受关注，而相对较为低等的蕨类植物往往淹没在植物大千世界中，多数不为公众所熟识。实际上，蕨类植物的演化历史较裸子植物和被子植物等种子植物更为悠久，并历经了显生宙以来的多次“集群灭绝事件”未消失而一直延续至今。它们见证了植物界的起落兴衰和许多重要植物演化事件，诸如晚古生代石松植物的崛起、中生代裸子植物的繁盛及白垩纪以来被子植物的辐射演化等。

紫萁目在植物分类上属于蕨类植物门真蕨亚门真蕨纲，是真蕨植物中一个较为原始的类群。现生紫萁目植物仅存紫萁科 1 个科，共计发现有 6 属 20 余种，主要分布在全球暖温带及热带、亚热带地区。其中，紫萁属 *Osmunda*、桂皮紫萁属 *Osmundastrum*、绒紫萁属 *Claytosmunda*、羽节紫萁属 *Plenasium* 主要分布在北半球，而块茎蕨属 *Todea* 及膜紫萁属 *Leptopteris* 则多见于南半球热带—亚热带地区。中国是现生紫萁科的重要分布区之一，目前发现的该科植物约计 4 属 8 种，主要是 *Osmunda*、*Claytosmunda*、*Plenasium* 及 *Osmundastrum*。

与现生紫萁目相比，化石紫萁目植物的多样性则丰富得多。全球现已报道的紫萁目化石超过 200 种，是真蕨植物中化石类型最为多样、数量最为丰富的类群之一。该目最早的化石记录可以追溯至距今 3 亿年左右的晚古生代，在距今 2.5 亿～1.5 亿年左右的三叠纪和侏罗纪，其多样性达到顶峰并广布于全球。到了白垩纪，当被子植物作为主导门类开始兴起并繁盛时，该类植物仍然占有一席之地。第四纪时期，受到冰期作用的影响，许多植物类群走向了灭亡，但紫萁科仍然得以幸存，并成功繁衍至今。它们是地球演化历史上若干重大地质事件的见证者，在显生宙发生的五次集群灭绝事件中，紫萁目植物就经历了后三次，是典型的历经磨难而劫后余生的活化石植物。

值得关注的是，紫萁目植物化石的保存类型也十分多样，不仅有常见的叶部压型或印痕化石、分散孢子化石，还发现有大量矿化保存的茎干/根茎化石，这在真蕨类植物中较为少见。与二维保存的叶部化石相比，三维保存的矿化茎干化石保有了更为丰富的植物解剖学及系统学信息，在探究紫萁目植物的分类学及系统发育特征等方面发挥着独特的重要作用。诸如，紫萁目植物的两个科一级分类单元：紫萁科（Osmundaceae）和瓜伊拉蕨科（Guaireaceae），就是基于矿化茎干化石的解剖特征差异建立的。目前，全球已报道的紫萁目矿化根茎/茎干化石有百余种，分布时代从晚古生代一直延续到新生代，这在真蕨类植物化石记录中绝无仅有。目前世界上已知的矿化紫萁目化石的主要产地有俄罗斯的乌拉尔地区、澳大利亚的塔斯马尼亚和昆士兰地区、南极、阿根廷、南非、印度、美国及欧洲的部分地区等，而中国的辽西—冀北地区、内蒙古科尔沁右翼中旗地区及黑龙江克山、海伦等地则是北半球为数不多的矿化紫萁目化石产地。

我国矿化紫萁目化石主要产出层位包括：滇黔地区上二叠统、辽西—冀北及内蒙古东部地区中—上侏罗统及黑龙江上白垩统等。其中，我国晚二叠世发现的紫萁目化石均属于已灭绝的瓜伊拉蕨科，而侏罗—白垩纪地层产出的化石均属于紫萁科。我国辽西—冀北地区尤其是辽西北票地区，是目前已知北半球最为重要的侏罗纪矿化紫萁科化石产地，其化石主要产于距今约 1.6 亿年的中—上侏罗统髫髻山组。髫髻山组是我国北方最为重要的侏罗纪矿化植物化石产地，产出丰富的各门类（涉及真蕨类、苏铁类、本内苏铁类、银杏类、松柏类等）矿化植物化石。该组发现的紫萁科茎干化石保存数量之丰富、属种类型之多样、解剖特征之精美完全可以和南半球澳大利亚塔斯马尼亚地区产出的紫萁科根茎化石相媲美。笔者等自 2005 年起，对我国辽西—冀北地区髫髻山组产出的矿化紫萁科根茎化石进行了系统研究，先后多次赴该地区进行野外考察，采集到大量保存精美的紫萁科矿化根茎化石，发表了一系列文章，研究成果丰富了对我国侏罗纪时期紫萁科植物多样性特征的认识。此外，我国西南贵州、云南等地二叠纪地层及东北黑龙江克山等地晚白垩世地层近年来也发现了大量紫萁目矿化茎干化石。这些来自中国的材料为探究紫萁目植物的起源、演化及系统发育提供了关键证据。

有鉴于此，本书吸收借鉴了近年来现生及化石紫萁目和紫萁科植物在分类学与系统学领域的最新研究成果，以我国辽西北票地区中—上侏罗统髫髻山组产出的紫萁科矿化根茎化石为主线，共计描述了紫萁科根茎化石 2 属 10 种，制作图版 33 幅，并制作了涉及产自辽西—冀北地区中—上侏罗统髫髻山组紫萁科矿化根茎（共计 14 种）的分类检索表。以此为基础，系统梳理了我国紫萁目化石（含叶部化石和矿化根茎/茎干化石）及全球紫萁目矿化茎干化石的多样性和时空分布特征，对地质历史时期紫萁目植物的发展演化历程进行了总结分析，并重点讨论中国材料在其中所发挥的独特作用。此外，以辽西北票地区为例，分析了紫萁科植物的矿化机制，并从整个髫髻山组植物群属种组成特征、矿化保存外部条件、生活习性及其自身独特解剖构造特征等视角分析了该类植物矿化保存率高的原因。

本书的撰写和出版得到了国家自然科学基金委青年科学基金项目（项目编号：41302004、 41402004）、面上项目（项目编号：41972007、41272010、41572014、41772023、42172034），国家自然科学基金重大项目“中国陆相白垩纪科学钻探高分辨率古环境记录与古气候演化”第四课题“早白垩世中国东北陆地植被演化与古气候重建”（项目编号：41790454），中国科学院战略性先导科技专项（B 类）

“地球内部运行机制与表层响应”第三课题“华北克拉通破坏与热河-燕辽生物群演化”子课题（项目编号：XDB18030502），辽宁省“兴辽英才计划”项目（项目编号：XLYC1907037），现代古生物学与地层学国家重点实验室开放课题（项目编号：133113、173124）和辽宁省教育厅科学研究一般项目（项目编号：L2012391）的支持。在项目研究过程中，得到了中国地质调查局沈阳地质调查中心张武和郑少林研究员、中国科学院植物研究所的王士俊研究员、中国地质博物馆的程业明研究员的帮助和指导。此外，阿根廷 R. Herbst 教授、E. Vera 博士及德国 B. Bomfleur 博士等协助提供了部分文献或参与了部分讨论。中国科学院南京地质古生物研究所樊晓羿老师协助拍摄了部分标本图片。中国科学院西双版纳热带植物园刘红梅研究员、南京地质古生物研究所王姿晰博士协助提供了部分现生紫萁科植物及腊叶标本图片。沈阳师范大学梁飞副教授、谭笑博士协助校阅了书稿。本书的编辑及出版工作得到了科学出版社多位编辑的鼎力支持，在此一并致以谢意！

由于作者水平有限，书中难免存在部分疏漏，敬请各位读者批评指正，并提出宝贵意见和建议。

目　录

第1章 绪　　论

真蕨类（ferns）在植物系统进化上属于由低等向高等过渡的类群，具有承上启下的关键作用（Taylor and Taylor，1993；Rothwell，1996）；作为经历了显生宙五次重大生物集群灭绝事件中的后四次集群灭绝事件的陆生维管植物类群之一，是植物系统发育、大尺度宏演化过程及生态环境和气候变化的直接“见证者”（Looy et al.，1999；Vajda et al.，2001；Beerling et al.，2002；Beerling and Royer，2002a，2002b）。

在传统的分类中，蕨类植物门被分为5个亚门：松叶蕨亚门、石松亚门、水韭亚门、楔叶蕨亚门和真蕨亚门。通常，前四个亚门被称为“拟蕨类”，而真蕨亚门被称为“真蕨类”（秦仁昌，1978；陆树刚，2007）。真蕨亚门又被进一步划分为两个纲，即厚囊蕨纲和薄囊蕨纲（秦仁昌，1978）。然而，分子系统学的兴起对传统的蕨类分类系统提出了挑战（Pryer et al.，2001；李春香等，2004，2007）。分子系统学的研究手段与蕨类植物系统分类研究相结合已有约25年的历史，相关研究成果为人们客观地了解蕨类植物各分类单元之间的系统进化关系以及定义自然的分类群（如科、属、种等）提供了有力的支撑。蕨类植物系统发育工作组（The Pteridophyte Phylogeny Group，PPG）整合大量研究，提出了一个现生蕨类植物的新的分类方案（PPG I，2016），该方案构建了蕨类植物总体系统框架，其影响力日益扩大，日渐成为蕨类植物系统学研究的重要参考。在PPG I系统中，现生蕨类植物被划分为两个纲：石松纲（Lycopsida）与真蕨纲（Polypodiopsida）（图1-1）。前者包括传统分类中的石松亚门和水韭亚门，而后者包括松叶蕨亚门、楔叶蕨亚门及真蕨亚门。在谱系关系中，真蕨纲与种子植物互为姊妹群，共同构成真叶植物（euphyllophytes）。真蕨纲下分木贼亚纲、瓶尔小草亚纲、合囊蕨亚纲及水龙骨亚纲。其中，水龙骨亚纲又被进一步划分为7个目，即紫萁目、膜蕨目、里白目、莎草蕨目、槐叶蘋目、桫椤目和水龙骨目。

1.1　现生紫萁目植物简介

现生紫萁目仅包含一个科一级分类单元，即紫萁科（Osmundaceae Martinov）（PPG I，2016）。紫萁科因其独特的孢子囊特征、特殊的系统发育位置及广泛的化石记录而备受关注（Tian et al.，2008a）。传统植物分类学基于该科孢子囊特征，认定其分类学位置介于厚囊蕨类与薄囊蕨类之间，属于二者之间的过渡类型（Miller，

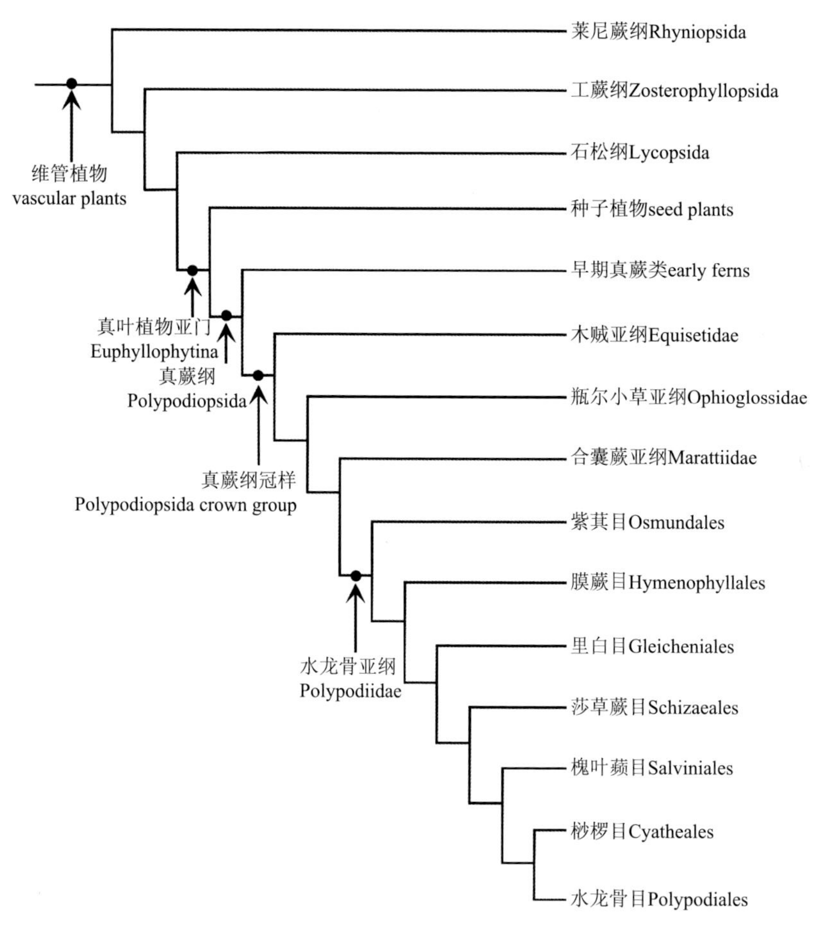

图 1-1　维管植物系统发育树，示真蕨类及其内部类群的系统位置（依据 Hao and Xue，2013；PPG I，2016）

1971；Phipps et al.，1998），称为“原始薄囊蕨类植物”。近年来，随着现代分子生物学的发展，人们对紫萁科系统发育位置的认识取得了新的进展。分子生物学证据支持将紫萁植物作为薄囊蕨类植物（leptosporangiate ferns 或 Polypodiidae）的基部群，与薄囊蕨其他类群的组合共同构成姊妹群（Hasebe et al.，1994，1995；Pryer et al.，2001，2004；李春香等，2004）。在最新的 PPG I 分类方案中，紫萁目作为水龙骨亚纲的基干类群，与该亚纲其他各目共同构成姊妹群（PPG I，2016）（图 1-1）。

现生紫萁科植物传统上包含三个属，即紫萁属 *Osmunda* Linnaeus、块茎蕨属 *Todea* Willd. ex Bernh.及膜紫萁属 *Leptopteris* Presl；其中，*Leptopteris* 原为 *Todea* 的亚属，Presl（1845）基于其膜质叶明显有别于 *Todea* 的革质叶，而将它从后者

分离出来，作为一个独立的属一级分类单元。以往，紫萁属又被进一步划分为 3 个亚属：紫萁亚属（subg. *Osmunda*）、桂皮紫萁亚属（subg. *Osmundastrum*）和羽节紫萁亚属（subg. *Plenasium*）（Hewitson，1962）。近年来，对紫萁科植物属一级分类有了一些新的认识。诸如，Yatabe 等（1999）建议将 subg. *Osmundastrum* 从 *Osmunda* 分离出来，作为独立的属一级分类单元；Yatabe 等（2005）又基于对原归入紫萁属紫萁亚属的 *Osmunda claytoniana* 的研究，建立了归入紫萁属的一个新的亚属，即绒紫萁亚属 subg. *Claytosmunda* Yatabe, Murak. et Iwats。而在最新的 PPG I 系统中，该亚属及原羽节紫萁亚属也分别被进一步提升为属一级分类单元，即绒紫萁属 *Claytosmunda*（Yatabe, Murak. et Iwats）Metzgar et Rouhan 和羽节紫萁属 *Plenasium* Presl。因此，现代紫萁科植物共计被划分为 6 个自然属，即紫萁属 *Osmunda*、桂皮紫萁属 *Osmundastrum*、绒紫萁属 *Claytosmunda*、羽节紫萁属 *Plenasium*、块茎蕨属 *Todea* 及膜紫萁属 *Leptopteris*（图 1-2，图 1-3）。

图 1-2　部分现生紫萁科植物腊叶标本

A、B. *Claytosmunda claytoniana*；C、D. *Plenasium vachellii*；E. *Osmunda regalis*；F. *Osmunda lancea*；G、H. *Plenasium banksiifolium*（腊叶标本来自中山植物园，王姿晰供图）

图 1-3　部分现生紫萁科植物

A. *Osmunda regalis*，拍摄自法国里昂植物园（王永栋供图）；B. *Osmunda japonica*，拍摄自四川古蔺（田宁供图）；C. *Osmunda mildei*，拍摄自深圳仙湖植物园（刘红梅供图）；D. *Plenasium vachellii*，拍摄自四川古蔺（田宁供图）；E. *Claytosmunda claytoniana*，拍摄自西藏扎墨公路 62 km 处（刘红梅供图）

笔者等认为，将紫萁科划分为六个属是合适的，因为各属之间无论在蕨叶的形态特征还是根茎/茎干解剖特征上都存在着显著差异。其中，*Todea* 和 *Leptopteris* 二者均具同型叶（monomorphic），营养羽片与生殖羽片在形态上无明显差别，孢子囊着生在生殖羽片的远轴面；二者主要差别在于，前者具有革质叶，表皮气孔缺失，孢子囊排列比较疏松，而后者为膜质叶，表皮具气孔，孢子囊排列紧密或聚合（Hewitson，1962；Miller，1967）。除上述两属之外，其余四个属均具有双型叶（holodimorphic frond）或半双型叶（hemidimorphic frond），其孢子囊群着生在收缩的生殖羽片上。其中，*Osmundastrum* 的蕨叶为亚革质叶，一回羽状分裂，营养羽片靠近叶轴处背面具毛基；而 *Osmunda*、*Claytosmunda* 及 *Plenasium* 三属的营养羽片靠近叶轴处背面均不具有毛基。在上述三属中，*Plenasium* 的蕨叶为亚革质叶，一回羽状分裂，常绿（图 1-2C、D；图 1-4）；而 *Claytosmunda* 及 *Osmunda*

的蕨叶均为膜质叶，且落叶。后两者的最主要区别在于 *Claytosmunda* 为半双型叶，生殖羽片着生在蕨叶羽轴的中部（图 1-2A、B）；而 *Osmunda* 为二回羽状分裂，蕨叶半双型叶（图 1-3A）或完全叶双型（图 1-3C），半叶双型时生殖羽片着生在蕨叶顶端（图 1-2E；图 1-3A）（秦仁昌等，1959；Hewitson，1962）。

图 1-4　现生华南羽节紫萁（*Plenasium vachellii*）
拍摄自四川古蔺（田宁供图）

从地理分布角度而言，现代紫萁科植物在全球各地均有分布，但各属植物之间分布范围存在差异。其中，*Todea*（现存 2 种）及 *Leptopteris*（现存 6 种）特产于南半球热带—亚热带地区，而 *Osmunda*、*Osmundastrum*、*Claytosmunda* 及 *Plenasium* 共计报道有约 14 种，广泛分布于北半球暖温带及热带—亚热带地区（Hennipman, 1968；Tryon and Tryon，1982）。我国目前发现的紫萁科植物共计 4 属 8 种（秦仁昌等，1959；王培善和王筱英，2001），分别为 *Osmunda japonica*、*O. mildei*、*O. lancea*、*Osmundastrum cinnamomeum*（*Osmunda cinnamomea*）[①]、*Claytosmunda claytoniana*（*Osmunda claytoniana*）、*Plenasium banksiifolium*（*Osmunda banksiifolia*）、*P. javanicum*（*Osmunda javanica*）及 *P. vachellii*（*Osmunda vachellii*）（图 1-2～图 1-4）。该科植物在我国多见于我国南方地区（如云南、贵州、四川、广东、广西、福建、台湾等地），*O. japonica* 最北可以分布到山东崂山一带，而 *O. cinnamomeum* 及 *C. claytoniana* 除分布在华南及西南等地之外，也见于我国东北地区（秦仁昌等，1959；张光飞等，2004）。

1.2 化石紫萁目植物简介

与现生紫萁目植物相比，化石紫萁目的类群则庞大得多。紫萁目是真蕨植物中化石记录最广泛的类群之一（Arnold，1964；Tidwell and Ash，1994）。其化石记录十分古老，石炭纪地层中曾有该科疑似孢子发现的报道（Seward，1910；Stewart and Rothwell，1993；Vavrek et al.，2006），明确的化石记录可以追溯到晚二叠世（Miller，1971；Gould，1970；李中明，1983；Wang et al.，2014a，2014b），晚三叠世至中侏罗世该目最为繁盛且广布全球（Tidwell and Ash，1994；Tian et al.，2008a）。紫萁目植物化石主要有两种保存类型，即二维保存的叶部印痕或压型化石（图 1-5）和三维矿化保存的茎轴（茎干或根茎）化石（图 1-6）。该目现已发现的化石记录超过 200 种，其中有百余种是基于保存有茎轴解剖特征的矿化标本建立的（Tidwell and Ash，1994；Tian et al.，2008a；Bomfleur et al.，2017）。

紫萁目主要叶化石属包括 *Todites* Seward、*Osmundopsis* Harris、*Cladotheca* Halle、*Anomopteris* Brongn.、*Cacumen* Cantrill et Webb 等；此外，新生代及部分中生代叶化石也直接被归入现生属，如 *Osmunda*、*Clayosmunda* 等。其中，我国发现的紫萁目叶化石主要为 *Todites*、*Osmundopsis* 及 *Osmunda* 等属的化石（图 1-5）。此外，形态属 *Cladophlebis* Brongn. 和 *Raphaelia* Debey et von Ettingshausen 因蕨叶形态与现代紫萁科植物类似，也被认为跟紫萁目植物有密切

① 括号中的名称为该属种早期使用的名称，因为现生紫萁科植物的属一级分类在过去二十年中发生了较大变动，原归入 *Osmunda* 属的三个亚属后续分别提升为属一级分类单元。

的亲缘关系。

图1-5　中生代部分代表性紫萁目叶化石（改自 Tian et al.，2016a）

A. 白垩紫萁（*Osmunda cretacea*）（辽宁，早白垩世）；B、C. 佳木紫萁（*Osmunda diamensis*）（新疆，中侏罗世）；D、E. 司图尔拟紫萁（*Osmundopsis sturii*）（新疆，中侏罗世）；F. 首要似托第蕨（*Todites princeps*）（安徽，中侏罗世）；G. 南京似托第蕨（*Todites nanjingensis*）（江苏，中侏罗世）；H. 细齿似托第蕨（*Todites denticulatus*）（安徽，中侏罗世）

除叶化石以外，紫萁目植物还发现有大量矿化保存的根茎/茎干化石（图1-6），这在其他真蕨类植物中较为少见。这些矿化化石保存了精细的解剖特征，储存了大量的信息，这些特征和信息不仅具有重要的分类学意义（在紫萁目化石的分类上占据主导地位），而且对探寻地史时期的古环境、古生态、古气候也有重要的参考价值（张武和郑少林，1991）。

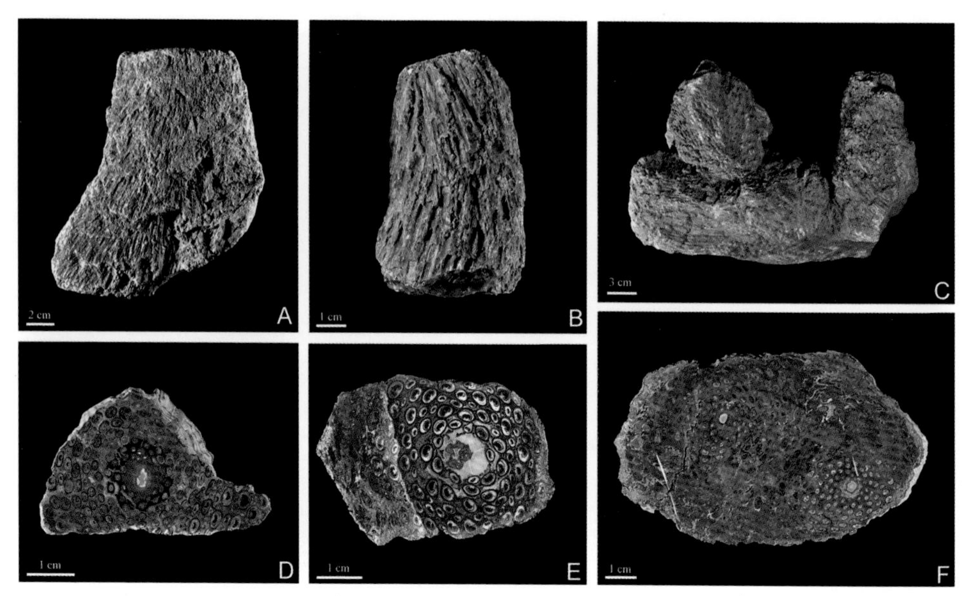

图 1-6　辽西北票侏罗纪紫萁科矿化根茎化石

A～C. 根茎侧面照；D～F. 根茎横切面

1.3　紫萁目矿化茎轴研究简史及其分类系统

紫萁目是真蕨植物中为数不多的现生和化石植物茎轴（根茎/茎干）解剖特征均得到深入研究的类群之一。紫萁目植物茎轴解剖的研究开始于 19 世纪下半叶。De Bary（1884）对紫萁科植物茎轴的木质部圆筒及叶迹维管束特征进行了研究；Van Tieghem 和 Douliot（1886）对其茎轴的中柱特征进行了描述，并从个体发育的角度对其髓部的起源做了研究；Zenetti（1895）介绍了现生 *Osmunda regalis* 木质部圆筒的网状结构，并推测了该特征可能的起源演化模式；Jeffrey（1899，1902）提出了紫萁科植物髓部的内生起源学说；Faull（1901，1910）、Seward 和 Ford（1903）分别对现生紫萁科植物的诸多属种进行了茎轴解剖学研究，而后者首次将解剖特征应用于属种鉴定，拓宽了解剖特征的应用领域。值得关注的是，早期的研究大都集中在对其茎轴解剖特征的描述上，尤其侧重对中柱类型的研究并探讨不同中柱类型的起源，而较少讨论其属种鉴定意义（Miller，1971），且研究材料绝大多数为现生植物，化石材料涉及较少。

对紫萁目矿化茎轴化石的研究工作始于对产自匈牙利古新世地层中的 *Osmunda iliaensis*（原定为 *Astevochlaena schemnicensis*）和英国新生代地层中的 *Plenasium dowkeri*（原定为 *Osmunda dowkeri*）的研究（von Pettko，1849；Carruthers，

1870)。此后，持续有学者对该目植物的矿化标本进行了细致研究，相继在俄罗斯乌拉尔地区晚二叠世地层(Kidston and Gwynne-Vaughan，1907，1908，1909，1914；Zalessky，1924，1927，1931a，1931b，1935)、澳大利亚塔斯马尼亚地区及昆士兰地区中生代地层（Stopes，1921；Posthumus，1924；Edwards，1933)、南非祖鲁兰（Zululand）地区白垩纪地层（Seward，1907；Schelpe，1956)、印度早白垩世地层（原定为中侏罗世）（Vishinu-Mittre，1955)、美国俄勒冈州始新世地层（Arnold，1952）等不同层位中发现了大量的矿化标本。其中，Kidston 和 Gwynne-Vaughan 在 20 世纪初叶的研究工作影响较大，他们根据发现于俄罗斯乌拉尔地区上二叠统的具原生中柱、无叶隙的根茎标本，提出了“紫萁科植物由晚古生代的原始中柱，通过内生髓部及叶隙的形成，逐渐发展到了中生代及现生的外韧网管中柱”这一假说，这一观点早期曾得到许多学者的认同（Posthumus，1924；Bower，1926；Miller，1971)。

20 世纪中叶，Hewitson（1962）对现生紫萁科植物的叶部形态特征及茎轴解剖特征进行了详细的阐述；在此基础上，Miller（1967，1971）从形态学、分类学和系统学等角度对化石及现生紫萁科植物进行了系统的总结，对该科的系统发育提出了许多重要见解，并基于解剖特征建立了针对紫萁科矿化茎干化石的“米勒分类系统”。Miller（1971）提出将晚二叠世具原生中柱、不具叶隙的紫萁科成员归入丛蕨亚科 Thamnopteroideae，而那些具有网管中柱且具有叶隙的类型归为紫萁亚科 Osmundoideae。Miller（1971）进一步将紫萁亚科做了细分，提出中生代以紫萁茎属 *Osmundacaulis* Miller 为代表，新生代以紫萁属 *Osmunda* 为代表，而古紫萁属 *Palaeosmunda* Gould 应作为晚二叠世的代表。此外，他还进一步将紫萁茎属 *Osmundacaulis* 划分为三个类群，即 *O. braziliensis* 群、*O. skidegatensis* 群及 *O. herbstii* 群。

Erasmus（1978）在博士论文中将“米勒分类系统”中的“*O. herbstii* 群”修订为新属，即米勒茎属 *Millerocaulis* Erasmus，但其论文未正式发表，因此不符合植物命名法规。Tidwell（1986）对“米勒分类系统”进行了进一步修订，基于茎干中柱木质部较薄、木质部维管束少等特征将 *O. herbstii* 群正式合法命名为新属 *Millerocaulis* Erasmus ex Tidwell，而将 *O. skidegatensis* 群归入了重新定义后的紫萁茎属 *Osmundacaulis*（Miller）Tidwell。Tidwell 和 Parker（1987）基于发现自美国的古新世地层的树蕨型紫萁茎干化石建立新属 *Aurealcaulis* Tidwell et Parker，为紫萁科增添了一个新的新生代化石属，并为此修订了 Miller（1971）给出的紫萁科 Osmundaceae 和紫萁亚科 Osmundoideae 特征的描述。Tidwell（1994）再次对 *Millerocaulis* Erasmus ex Tidwell 进行了修订，将该属具明显完整叶隙的类群归入新建立的阿氏茎属 *Ashicaulis* Tidwell，而不具明显完整叶隙的类群则保留在重新定义后的米勒茎属 *Millerocaulis* Erasmus ex Tidwell emend. Tidwell。此后，Herbst

(2001)、Vera (2008) 等对 *Ashicaulis* 的合法性提出了质疑，提出 *Ashicaulis* 及 *Millerocaulis* 解剖特征基本一致，是否存在完整的叶隙不应作为属一级分类的简单特征，并重新定义了 *Millerocaulis* Erasmus ex Tidwell, 1986 non 1994 emend. Vera，这一观点近年来逐渐为其他古植物研究人员所接受。

与此同时，Herbst (1981) 也对“米勒分类系统”进行了部分修订，提出将“*O. braziliensis* 群”改建为新属 *Guairea* Herbst，并将它从紫萁科移入一新建的科，即瓜伊拉蕨科 (Guaireaceae)。瓜伊拉蕨科被定义为亲缘关系与紫萁科植物密切、解剖特征与紫萁科植物相似，但其皮层不能二分且叶柄基不具有托叶翼和硬化环的一类植物 (Tidwell and Ash，1994)；该科作为紫萁目发展演化过程中的一个旁支，于早三叠世末期灭绝 (Tidwell and Ash，1994)。目前，瓜伊拉蕨科共计报道有 7 属 8 种，即 *Itopsidema vancleavei* Daugherty、*Donwelliacaulis chlouberii* Ash、*Guairea carnierii* (Schuster) Herbst、*Guairea milleri* Herbst、*Lunea jonesii* Tidwell、*Shuichengella primitiva* (Li) Li、*Zhongmingella plenasioides* (Li) Wang et al.和 *Tiania yunnanensis* (Tian et Chang) Wang et al.；其中，后三个属种产自我国西南黔滇地区晚二叠世地层。*Shuichengella primitiva* 和 *Zhongmingella plenasioides* 均产自贵州水城汪家寨煤矿上二叠统汪家寨组，最初被分别鉴定为 *Palaeosmunda primitiva* Li 和 *P. plenasioides* (李中明，1983)。其后，Li (1993) 将前者修订为 *Shuichengella primitiva*，并归入自己新建立的紫萁科水城蕨亚科 (Shuichengelloideae)；此外，Li (1993) 还将紫萁科划分为四个亚科 Osmundoideae、Thamnopteroideae、Shuichengelloideae、Guaireoideae，但这一观点在当时并未得到广泛认同。Tidwell 和 Ash (1994) 提出将 *Shuichengella* 归入瓜伊拉蕨科。此后，Wang 等 (2014b) 对 *P. plenasioides* 的模式标本进行了再研究，将其确定为新属——中明蕨属 *Zhongmingella* Wang et al.，并将其从紫萁科调整至瓜伊拉蕨科。*Tiania yunnanensis* 产自我国云南宣威地区上二叠统宣威组，最早定名为 *Palaeosmunda yunnanensis* (Li and Cui，1995)；Wang 等 (2014a) 对其模式标本进行了再研究，将其确定为新属——田氏蕨属 *Tiania* Wang et al.，并认定其属于瓜伊拉蕨科。

Bomfleur 等 (2017) 对化石紫萁目植物的分类学及系统演化特征进行了系统总结，提出了几个新的分类观点：①将瓜伊拉蕨科划分为两个亚科，认同 Li (1993) 建立的亚科 Guaireoideae Li 1993，其下包含 *Guairea*、*Lunea* 及 *Zhongmingella* 三个属，此外新建立了一个亚科——伊托普蕨亚科 Itopsidemoideae，主要包含三个属 *Itopsidema*、*Donwelliacaulis* 和 *Tiania*。②将 *Shuichengella* 从瓜伊拉蕨科改归入紫萁科，亚科位置待定；将原归入紫萁科紫萁亚科的 *Osmundacaulis*、原归入紫萁科丛蕨亚科的 *Bathypteris* 和 *Anomorrhoea* 认定为亚科位置待定。③提出紫萁科丛蕨亚科所含的 *Zalesskya*、*Iegosigopteris* 和 *Petcheropteris* 三个属为 *Thamnopteris* 的同物异名。④提出 Tidwell 和 Parker (1987) 建立的 *Aurealcaulis* 与现生羽节紫萁属 *Plenasium* 具有亲缘关系，应作为后者的一个已灭绝的亚属 *Plenasium* subg.

Aurealcaulis，并新建羽节紫萁亚属 *Plenasium* subg. *Plenasium*。⑤弃用 *Ashicaulis*，原归入 *Ashicaulis* Tidwell 和 *Millerocaulis* Erasmus ex Tidwell 的具有异质叶柄基硬化环的各种归入现生的绒紫萁属 *Claytosmunda*，而具有同质叶柄基硬化环的各种归入 *Millerocaulis* Erasmus ex Tidwell emend. Vera，并根据其中柱叶隙的发育程度将后者分为三个类群：不完全开裂的 *Millerocaulis s.str* 群、中等开裂的 *Ashicaulis* 群及完全开裂的 *Millerocaulis kolbei* 类群。

综上所述，根据根茎或茎干的解剖特征，紫萁目植物可以划分为两个科一级分类单元，即紫萁科和瓜伊拉蕨科（图 1-7）。紫萁科又划分为两个亚科：紫萁亚

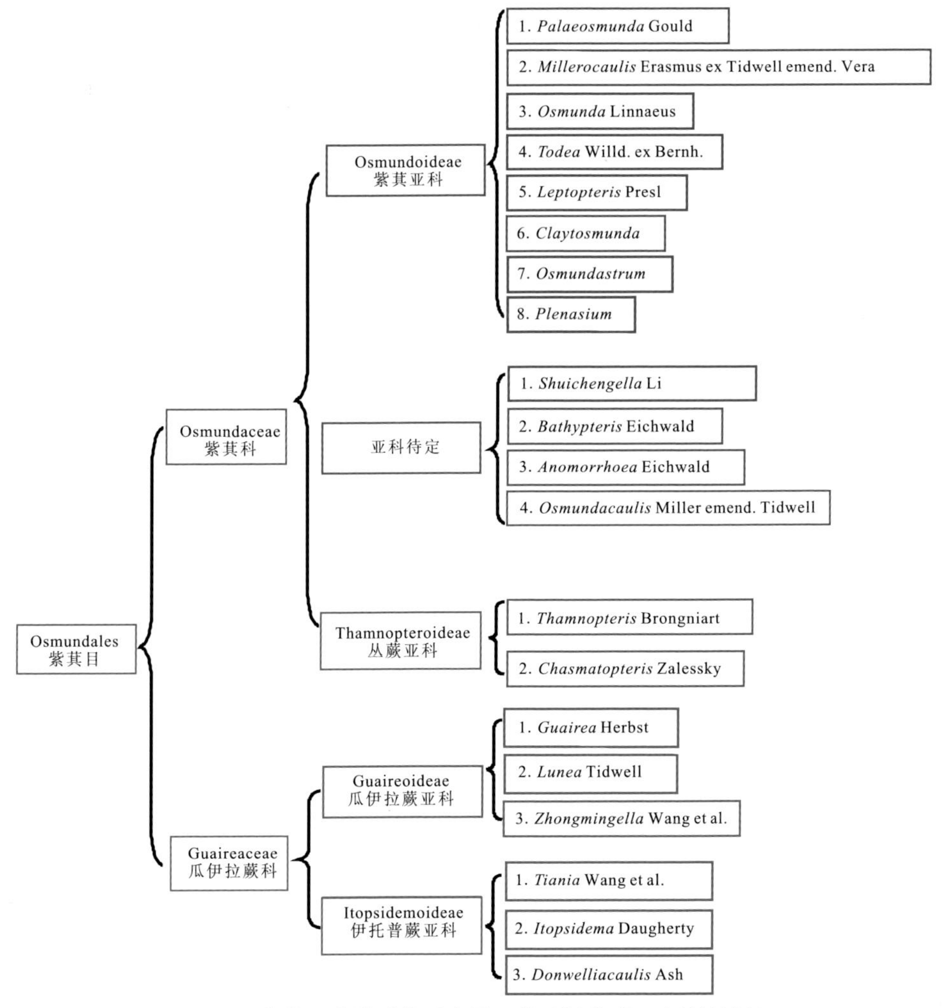

图 1-7 紫萁目分类系统示意图（基于根茎/茎干解剖特征）

（据 Miller，1971；Gould，1970；Herbst，1981；Tidwell，1986，1994；Tidwell and Parker，1987；Tidwell and Ash，1994；Yatabe et al.，1999，2005；Metzgar et al.，2008；Tian et al.，2008a；Wang et al.，2014a，2014b；PPG I，2016；Bomfleur et al.，2017 等总结绘制）

科和丛蕨亚科。其中，紫萁亚科主要包括两个化石属（*Palaeosmunda*、*Millerocaulis*）及六个现生属（*Osmunda*、*Osmundastrum*、*Claytosmunda*、*Plenasium*、*Todea* 及 *Leptopteris*）；而丛蕨亚科则主要包括产自乌拉尔地区晚二叠世的两个化石属，即 *Thamnopteris* Brongniart 和 *Chasmatopteris* Zalessky；此外，紫萁科还包含一些现阶段亚科位置待定的类群，主要包括四个属：*Shuichengella* Li、*Osmundacaulis* Miller emend. Tidwell、*Bathypteris* Eichwald 和 *Anomorrhoea* Eichwald。瓜伊拉蕨科也划分为两个亚科：瓜伊拉蕨亚科 Guaireoideae 和伊托普蕨亚科 Itopsidemoideae。其中，瓜伊拉蕨亚科包含三个属：*Guairea*、*Lunea* 及 *Zhongmingella*；而伊托普蕨亚科主要包含三个属：*Itopsidema*、*Donwelliacaulis* 及 *Tiania*。

近年来，笔者等在辽西北票地区侏罗系髫髻山组采获了大批紫萁科矿化根茎化石。这些化石材料均为硅化保存，矿化程度适中，解剖构造保存完好，且属种类型多样。辽西地区作为北半球为数不多的侏罗纪紫萁科矿化茎干化石产地，生物古地理意义极为重大（Tian et al.，2008a）。对该地区紫萁科茎干化石的研究，不仅能够极大地丰富对北半球侏罗纪紫萁科茎干化石多样性特征的认识，而且能为探究紫萁植物的演化历史提供新的思路。此外，我国辽西地区紫萁植物化石产地具有一定的典型性和代表性，对该地区化石材料的研究将有助于探究紫萁植物的矿化保存机制及其高矿化保存率的原因。

第2章 研究区区域地质概况

本书所涉及的紫萁科矿化茎干化石产地位于辽宁省西部朝阳市下辖北票市长皋乡，主要化石点包括蛇不呆沟、台子山、段嘛沟及头道沟等地（图2-1）。研究区地理坐标为121°00′～121°09′ E，41°43′～41°47′ N。

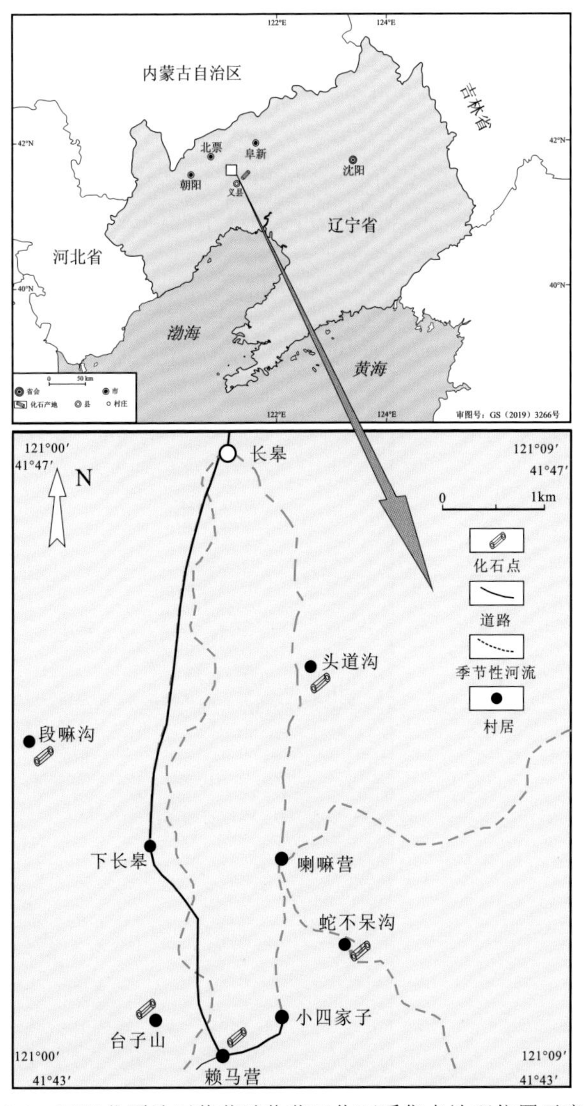

图2-1 辽西北票地区紫萁矿化茎干化石采集点地理位置示意图

2.1 构造背景

辽西地区大地构造位置处于华北板块北部的燕山中生代板内造山带的东段，蒙古—兴安造山带南缘（王根厚等，2001；杨庚和郭华，2002）。在地层分区上，辽西地区属东北地层区冀北—辽西地层分区（许坤等，2003）。该分区的前中生代基底为华北地台，属稳定克拉通地块。但进入中生代以后，该区逐渐成为我国构造活动最为强烈的地区之一，是燕山运动的主要活动区之一。区内侏罗纪沉积盆地以断陷盆地为主，多呈长条状东西向展布，具有沉降幅度大、沉降速率快的特征。

辽西地区侏罗纪构造运动，属于燕山亚构造旋回的早期阶段；该地区侏罗纪主要火山活动分为三期，即早侏罗世（以中基性岩为主）、中侏罗世（以中性岩为主）和晚侏罗世（以中酸性岩为主）（许坤等，2003）。其中，中侏罗世相当于燕山运动I幕晚期阶段，与早期阶段相比构造活动强度明显增大，主要表现为沉降幅度、断陷规模和分布范围的不断扩大，构造方向仍以东西向或北东向为主（图 2-2）。经

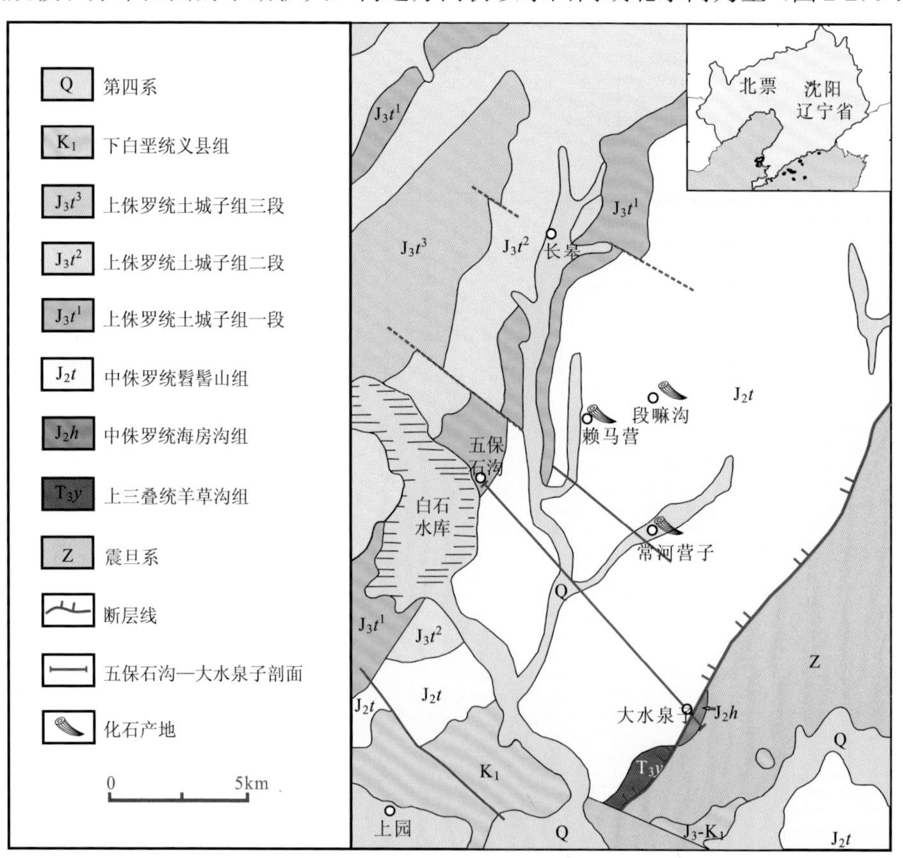

图 2-2　辽西北票长皋地区地质构造简图

历了早侏罗世末燕山运动第 I 幕强烈的构造运动之后，中侏罗世区域挤压应力减弱，伸展作用加强，盆地的分布范围进一步扩大，断陷活动的强度和规模也进一步加大。中侏罗世早期，为粗碎屑岩沉积阶段，沉积了以洪积、冲积-河流相为主的海房沟组砂砾岩，局部可相变为浅湖沼泽相含煤地层（苏玉山等，2008）。中侏罗世晚期，火山活动增强，为火山喷发阶段，堆积形成了髫髻山组火山岩。该组岩性以中性、中基性的安山岩、玄武安山岩和火山角砾岩为主，夹有凝灰岩和沉积岩夹层，形成中侏罗世河流沼泽相火山盆地（陈义贤等，1997）。

2.2 地 层 划 分

辽西地区陆相中生代地层十分发育，且层序较为完整，其中以北票盆地地层序列最为齐全、最具代表性。其侏罗系总厚度在 1694～7674 m（许坤等，2003）。传统上，北票地区侏罗系的主要岩石地层单元自下而上分别为下统的兴隆沟组、北票组，中统的海房沟组、髫髻山组及上统的土城子组等（图 2-3）。

下侏罗统兴隆沟组为一套火山岩地层，岩性以安山岩及其火山碎屑岩和砾岩为主，自上而下分为上砾岩段、上火山岩段、下砾岩段和下火山岩段（王五力等，1989；姜宝玉等，2010）；北票组系一套含煤岩系，分上下两个含煤段，上含煤段以黄绿色砂岩、页岩为主，夹薄层砾岩、黑色页岩及煤线，产少量植物化石；下含煤段以砂岩、页岩为主，夹多层煤线（王五力等，1989），产出丰富的植物化石（张武和郑少林，1987）。

中侏罗统海房沟组主要为一套砂岩、砾岩、页岩及火山碎屑岩互层的岩系，其下部以砾岩为主，上部火山碎屑岩成分逐渐增多（王五力等，1989；姜宝玉等，2010），该组植物化石亦较为丰富（张武和郑少林，1987）。

上侏罗统主要发育土城子组，主要为一套砂岩沉积，可以分为三个岩性段，即一段砂页岩段、二段砂砾岩段（图 2-4G）及三段交错层砂岩段（图 2-4F），其中土城子组三段产出部分植物化石及木化石（郑少林等，2001）。

其中，本书研究材料主要采集自中—上侏罗统髫髻山组。髫髻山组又名蓝旗组，由米家榕、常征路等创建于 1964 年，现指海房沟组之上、土城子组之下的一套火山岩地层。该组与下伏海房沟组呈整合或不整合接触，与上覆土城子组为平行不整合接触（许坤等，2003）。髫髻山组在辽西—冀北地区广泛分布，在辽西地区主要分布在金岭寺—羊山（金—羊）盆地、北票盆地、凌源地区等地（张宏等，1998）（图 2-5）。该组岩性以中性、中基性熔岩及同质火山碎屑岩为主，间夹厚度不等的基性火山岩和砂岩或砂页岩沉积岩层（图 2-3 和图 2-4）（许坤等，2003；姜宝玉等，2010）。该组地层含丰富的植物化石及其他门类化石（郑少林和张武，

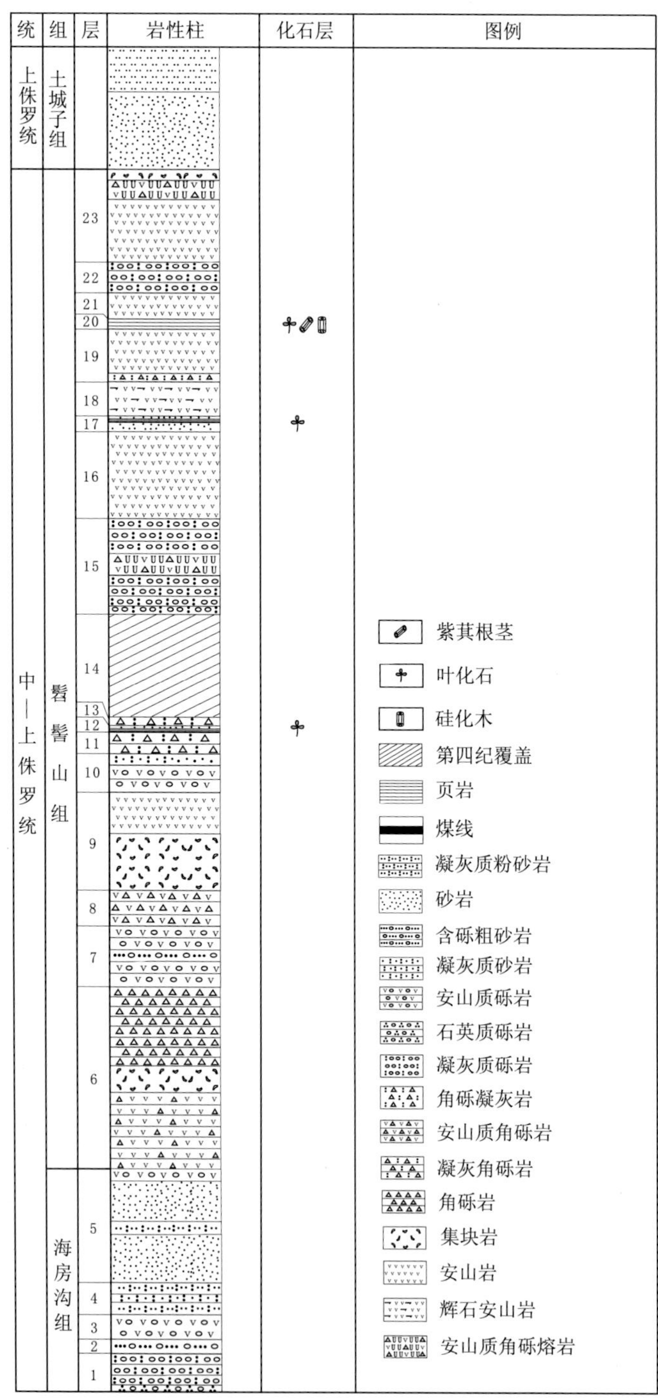

图 2-3　辽西北票地区中—上侏罗统髫髻山组岩性柱状图及紫萁矿化根茎化石产出层位（据王五力等，1989 所做剖面岩性分层描述绘制）

图 2-4　辽西北票地区髫髻山组及土城子组地层剖面

A. 北票长皋地区化石产地远景图；B. 辽宁省北票长皋乡赖马营剖面；C. 辽宁省北票长皋乡台子山剖面；D. 中—上侏罗统髫髻山组砂岩夹层；E. 中—上侏罗统髫髻山组凝灰岩；F. 上侏罗统土城子组三段交错层理；G. 上侏罗统土城子组二段砂岩夹薄层泥岩

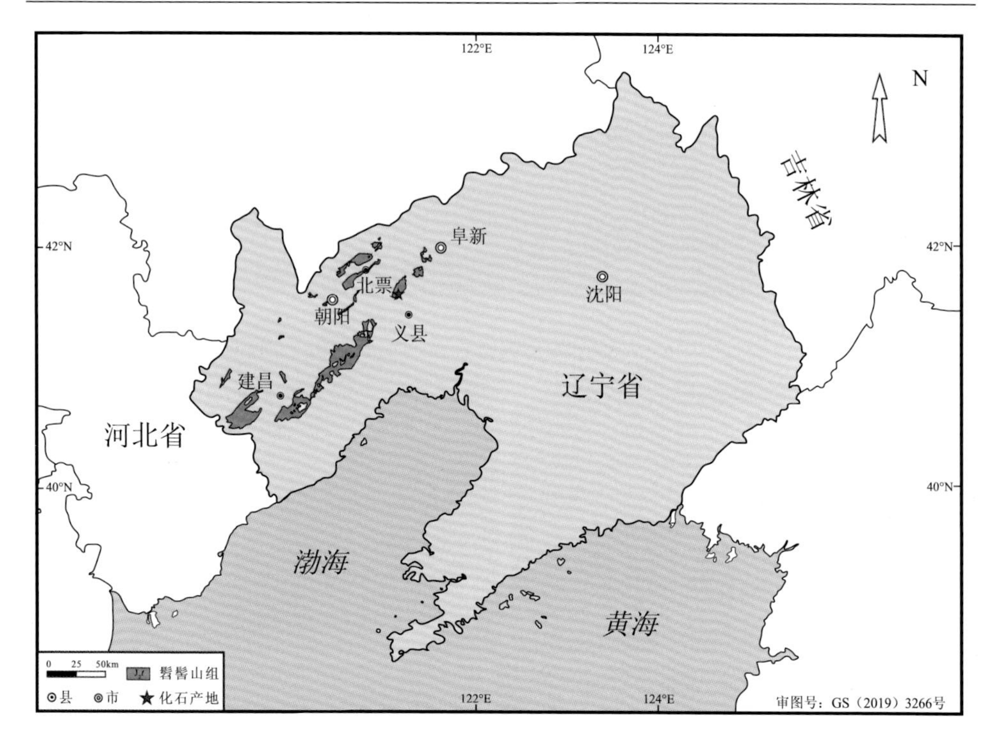

图 2-5　辽西地区中—上侏罗统髫髻山组地层分布图（改自 Tian et al.，2015）

1982；张武和郑少林，1987；浦荣干和吴洪章，1985）；其主要化石产出层位集中在该组大板沟层、蛇不呆层及台子山层等三套凝灰质砂岩夹页岩、煤线层（图 2-3）（Wang et al.，2006b）。其中，本书所涉及的紫萁茎干化石主要产出自髫髻山组第 20 层（台子山层）；此外，该层也是髫髻山组最主要的木化石产出层位。

辽西地区髫髻山组以北票地区大水泉子至五保石沟剖面最具代表性（图 2-3），现将该剖面岩性特征分层介绍如下。

北票地区大水泉子至五保石沟剖面（据王五力等，1989）

上覆地层：土城子组

——————整合——————

中—上侏罗统髫髻山组：

23. 紫灰色安山岩，上部有少量安山质角砾熔岩及集块岩　　173.5 m

22. 灰紫色凝灰质砾岩　　57.9 m

21. 紫灰色安山岩　　49.2 m

20. 灰绿色、灰黄色凝灰质页岩。沿走向向北在台子山地区富产植物化石：*Equisetum* cf. *gracile*、*Neocalamites haifanggouensis*、*Marattiopsis hoerebsus*、*Todites*

williamsonii、*Coniopteris burejensis*、*C. hymenophylloides*、*C. tyrmica*、*Dicksonia changheyingziensis*、*Eboracia lobifolia*、*Cladophlebis acuta*、*Cl. asiatica*、*Cl. burejensis*、*Cl. shensiensis*、*Cl. spinellosus*、*Raphaelia stricta*、*Zamites gigas*、*Ptilophyllum* cf. *pectinoides*、*Anomozamites kornilovae*、*A. sinensis*、*Pterophyllum baotoum*、*P. liaoxiense*、*Tyrmia pachyphylla*、*T. taizishanensis*、*Cycadolepis hallei*、*Cy. nitens*、*Cy. spcisus*、*Cy. spheniscus*、*Cy. szei*、*Williamsoniella sinensis*、*Bennetticarpus* sp.、*Nilssonia orientalis*、*Ctenis chinensis*、*Ct. ananastomosans*、*Ct. pontica*、*Ct. sulcicaulis*、*Yuccites hadrocladus*、*Solenites murrayana*、*Ginkgo huttoni*、*G. lepida*、*G. sibirica*、*Sphenobaiera colchica*、*S. paucipartita*、*Ixostrobus groenlandicus*、*I. schmidtianus*、*Pityocladus taizishanensis*、*Pityophyllum longifolium* 18.6 m

19. 紫灰色安山岩，下部为安山质凝灰角砾岩 98.7 m

18. 灰黑色辉石安山岩 64.0 m

17. 黄灰色凝灰质砂岩夹薄层灰白色粉砂岩及页岩，含植物化石碎片。向北东至蛇不呆沟南山坡，富含植物化石：*Hepaticites shebudaiensis*、*Equisetum laterale*、*E. naktongense*、*Hausmannia shebudaiensis*、*Dicksonia charieisa*、*Coniopteris burejensis*、*C. hymenophylloides*、*C. tyrmica*、*Eboracia lobifolia*、*Cladophlebis asiatica*、*Cl. acuta*、*Cl. shensiensis*、*Raphaelia stricta*、*Zamites gigas*、*Zamiophyllum buchianum*、*Anomozamites angulatus*、*A. kornilovae*、*A. thomasii*、*Pterophyllum burejense*、*P. liaoxiensis*、*P. baotoum*、*Williamsonia shebudaiensis*、*Williamsoniella sinensis*、*Nilssonia liaoningensis*、*Ctenis chinensis*、*Ct. pontica*、*Ct. sulcicaulis*、*Phoenicopsis speciosa*、*Pityophyllum lindstroemi* 29.3 m

16. 灰紫色硅化含碎屑安山岩 161.9 m

15. 灰紫色凝灰质砾岩夹安山质角砾熔岩 179.2 m

14. 第四纪覆盖 197.1 m

13. 紫灰色安山质角砾岩 12.0 m

12. 灰绿色中厚层凝灰质粗粒砂岩，底部夹灰绿色粉砂质页岩及煤线。产植物化石：*Cladophlebis* sp.、*Nilssonia* sp.、*Ctenis* sp.、*Baiera* sp.、*Phoenicopsis* sp.、*Pityophyllum lindstroemi* 等。向北在大板沟富产植物化石：*Dicksonia changheyingziensis*、*Eboracia lobifolia*、*Todites denticulatus*、*T. williamsonia*、*Cladophlebis spinellosus*、*Cl. tarsus*、*Raphaelia stricta*、*Anomozamites angulatus*、*A. kornilovae*、*Pterophyllum baotoum*、*P. festum*、*Tyrmia pterophylloides*、*T. valida*、*Jacutiella denticulate*、*Williamsoniella? exiliforma*、*Cycadolepis hallei*、*Nilssonia compta*、*N. tenuicaulis*、*Ctenis leeiana*、*Ct. pontica*、*Ginkgoites tasiakouensis*、*Ginkgo sibirica*、*Pityophyllum lindstroei*、*Schizolepis dabangouensis*、*Taeniopteris* sp.、*Ginkgo*

cf. *lepida*、*Podozamites lanceolatus* 11.3 m

11. 灰绿色、灰黄色安山质凝灰角砾岩 40.7 m

10. 灰紫色、灰黄色、灰白色凝灰质胶结安山质砾岩及含砾凝灰质砂岩 71.7 m

9. 灰紫色安山质集块岩，上部夹褐色安山岩 183.4 m

8. 灰紫色安山质熔岩角砾岩 66.8 m

7. 灰紫色凝灰质胶结安山质砾岩夹含砾粗砂岩 113.9 m

6. 灰紫色安山质角砾熔岩、角砾岩夹集块岩 346.9 m

——————整合——————

中侏罗统海房沟组

5. 灰黄色凝灰质粗砂岩、含砾砂岩，夹凝灰质粉砂岩，顶部为安山质砾岩 206.6 m

4. 灰黄色薄层凝灰质粉砂岩夹粗粒凝灰质砂岩 60.0 m

3. 灰白色凝灰质胶结安山质砾岩 45.4 m

2. 浅紫灰色凝灰质胶结含砾粗砂岩 26.6 m

1. 灰紫色、灰白色凝灰质胶结砾岩，底部为石英质砾岩 73.2 m

===========断层============

下伏地层：上三叠统羊草沟组砂岩

2.3　髫髻山组地质时代

辽西地区髫髻山组以往多被归入中侏罗世，但其时代归属仍未统一。传统上，大植物化石组合支持将其归入中侏罗世中晚期（张武和郑少林，1987）。近年来，受到冀辽地区髫髻山组若干重大古生物研究新发现的影响，如迄今最早的带毛恐龙——赫氏近鸟龙 *Anchiornis huxleyi*，迄今最古老的真兽类哺乳动物——中华侏罗兽 *Juramaia sinensis* 及达尔文翼龙 *Darwinopterus*、凤凰翼龙 *Fenghuangopterus*、长城翼龙 *Changchengopterus* 等（Hu et al.，2009；Luo et al.，2011；Lü，2009；Lü and Fucha，2011；吕君昌，2010），其时代更是备受关注。该地区火山岩同位素测年的工作日渐受到重视，最新的测年数据显示，髫髻山组的年龄上限为 153～56 Ma，下限为 165 Ma，因此其时代可能为中侏罗世最晚期至晚侏罗世最早期（张宏等，1998），即其层位大体上相当于国际地层表卡洛维期—牛津期。此外，也有观点认为其可能应完全归入晚侏罗世，如 Chang 等（2009）对辽西北票地区髫髻山组最底部的两套火山岩地层的测年数据显示其年龄值分别为（160.7±0.4）Ma 或（158.7±0.6）Ma，这一测年数据则将髫髻山组归入了晚侏罗世早期。本书在综合考量各种时代划分方案后，暂将髫髻山组的时代定为中侏罗世晚期至晚侏罗世早期。

第 3 章　辽西侏罗纪髫髻山组矿化植物群

3.1　矿化植物化石简介

矿化保存是地史时期的植物形成化石的重要途径之一。当地史时期的生物死亡后，在特殊环境下被快速掩埋，得以与空气隔绝，防止腐烂现象的发生；同时，埋藏环境中必须有适量的富含硅质、钙质等成分的矿物质溶液存在，当这些富含矿物质的溶液渗透到生物组织之中（尤其是多孔组织，如脊椎动物的骨骼或植物的木材），通过交代作用逐渐将生物有机质交代替换，最终形成矿化化石。硅酸盐、氧化铁、金属硫化物、碳酸盐和硫酸盐可能参与矿化作用，其中尤以硅化和钙化最为常见。

矿化作用有时被细分为两种类型，即渗矿化（permineralization）和石化（petrification）。针对矿化植物而言，二者的含义基本一致，其主要差别在于渗矿化形成的化石还残留有部分植物有机质，而石化作用形成的植物化石，有机质则完全被矿物质交代（Taylor et al.，2009）。从植物化石的角度而言，最常见的矿化植物类型是木化石（fossil wood 或 petrified wood），尤以硅化木（silicified wood）（图 3-1、图 3-2）或钙化木（calcified wood）最为常见。

树木茎干最终保存为木化石的条件十分苛刻。地质历史时期生存的树木要想成为木化石，必须具备以下条件：①有大量繁茂的森林存在，它们为木化石的形成提供最基本的素材。②特定埋藏环境，即树木必须得到迅速掩埋，以便与空气隔绝，防止腐烂现象的发生。这种迅速掩埋的情况较为少见，因此，树木形成木化石的概率非常小。③埋藏环境中必须有适量的富含硅质或其他成分的矿物质溶液存在。这些矿物质溶液能够在溶解树木木质成分的同时，将自己的矿物成分沉淀于所溶解的孔洞中，发生物质交换替代现象。如果溶解和交替速度相等，且以分子相交换，则可保存树木的微细结构，如生长轮、木射线、管胞及细胞轮廓等。如交替速度小于溶解速度，则主要保存树木的外在形态，其内部微细构造无法保存，最终导致树木仅保存了整体形态，原来成分已荡然无存，全部由含硅钙成分的石质所取代。在树木的木质成分被逐渐交代、替换之后，经过压实、固结、成岩等一系列地质作用，从而形成了我们现在得以看到的木化石（图 3-3）。

图 3-1　四川射洪市瞿河镇上侏罗统蓬莱镇组产出的硅化木

图 3-2　辽宁锦州市义县下白垩统沙海组产出的木化石碎块

图 3-3　木化石的形成过程示意图

在矿化作用的初始阶段，无定形二氧化硅填充了连接细胞的空隙，并沉淀在细胞壁上。在此早期阶段，并没有发生交代替换作用。随着矿化作用的持续进行，细胞壁中的纤维素可能会发生降解。降解的纤维素为在细胞壁之间和之内沉淀二氧化硅提供了空间。保留在细胞壁中的更具抗腐蚀性的木质素继续充当支撑框架，以保持木材细胞的原始结构。其后，二氧化硅逐渐沉积在细胞内腔及木材降解产生的空隙，并最终形成矿化化石。一般而言，初期渗透到生物多孔组织中且替代细胞壁材料的二氧化硅是无定形的，但这种无定形的二氧化硅性质相对不稳定，在之后的数百万年中会缓慢转变为更稳定的形式。在由无定形二氧化硅向更稳定形式的二氧化硅的过渡过程中，涉及持续的聚合和水损失，并逐渐形成更高阶的蛋白石，最终导致热力学上更稳定的石英的形成（Stein et al.，1982）。但在这一过程中，植物的组织结构也有可能遭到破坏。这也正好可以解释，为什么我们在野外能够发现质地坚硬、外观完好的木化石，但在取样切片及制片后，却发现其木材细节特征未保存或保存极差。

木化石的最终形成耗时极为漫长，显然我们无法重现整个过程。但值得关注的是，我们能够从现代木材的倒伏、搬运及埋藏过程中获得一定的线索。诸如，在我国华南、华东和华中地区，尤其是西南四川盆地长江干支流域的一些古河道砂砾层中曾经发现大量阴沉木（又称乌木）（张本光，2010；张贝，2014）（图 3-4），为我们了解木化石的形成过程提供了难得的窗口。

图 3-4 发现自四川射洪涪江流域河道中的阴沉木（王永栋供图）

实际上，不仅种子植物高大的茎干可以形成矿化保存的木化石，蕨类植物的根茎/茎干，种子植物的球果、种子、根乃至叶片等都可以通过矿化作用形成三维保存、保留有植物解剖构造的化石（图 3-5，图 3-6）。

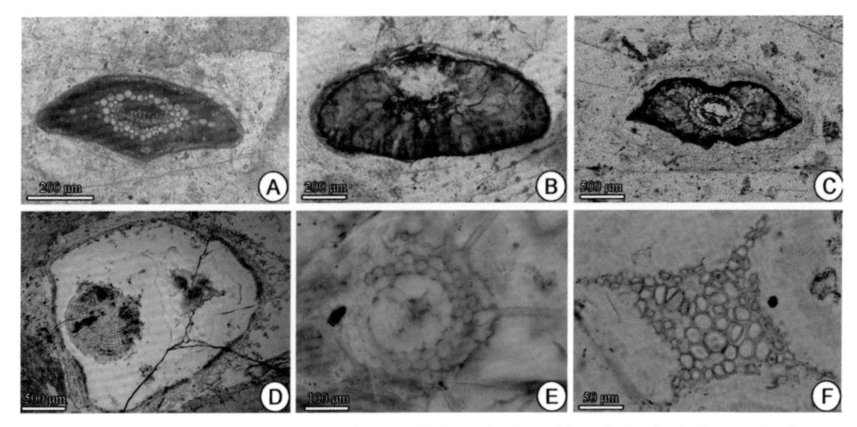

图 3-5　内蒙古科尔沁右翼中旗中侏罗统新民组发现的矿化保存叶化石及根化石

A～C. 几种矿化保存的松柏类叶化石横切面；D. 松柏类根部化石横切面；E、F. 真蕨类不定根化石横切面

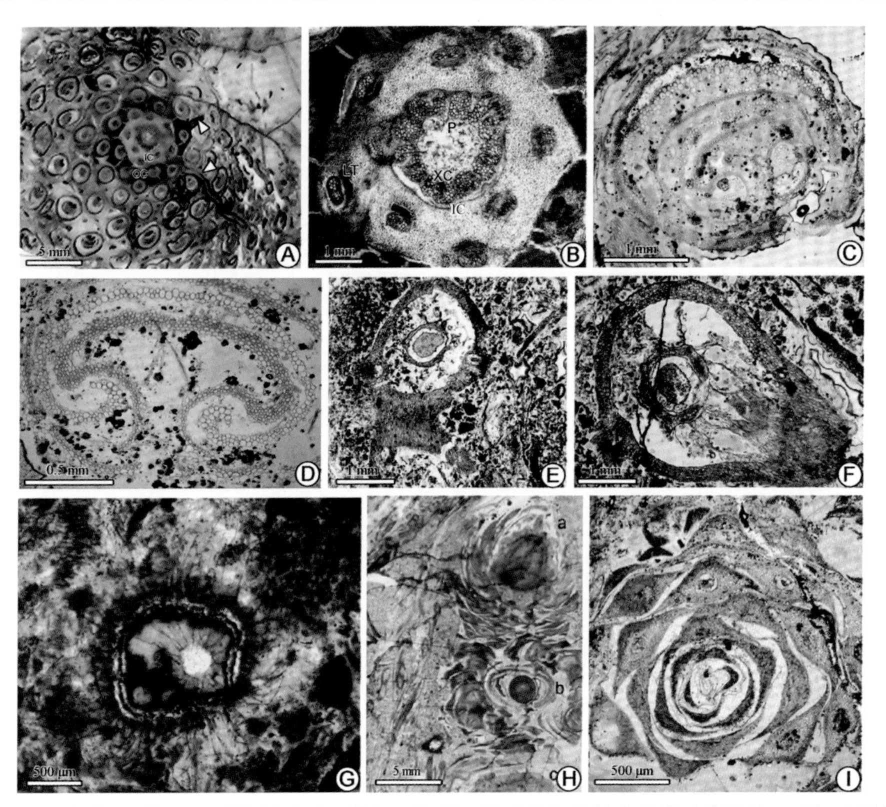

图 3-6　内蒙古科尔沁右翼中旗中侏罗统新民组发现的矿化保存的真蕨类矿化根茎、叶柄及杉科球果化石

A. 紫萁科根茎中柱及皮层，IC 示内部皮层，OC 示外部皮层；B. 紫萁科根茎外韧网管中柱，P 示髓部，XC 示木质部圆筒，IC 示内部皮层，LT 示叶迹；C. 里白科叶柄化石；D. 里白科叶柄化维管束，近轴端两侧内弯；E、F. 管状蕨属根茎及其双韧管状中柱；G. 具外韧网管中柱且表皮具毛基的真蕨类根茎；H、I. 杉科球果化石，a 示其中一个球果的径切面，b 示另一个球果的横切面，c 示一松柏类枝条部分横切面

矿化植物在古植物系统学、植物群性质和陆地古环境重建等领域的研究中具有不可替代的优势。首先，矿化植物保存有大量植物解剖学信息，这些解剖特征不仅具有生物学分类鉴定意义，而且具有重要的植物系统学价值，能够为探究不同植物类群的系统发育及演化特征提供关键证据。其次，矿化保存植物还往往保存有许多植物生理学及生态学信息，如许多矿化植物化石组织内部往往发现有节肢动物的觅食痕迹、蛀孔、粪粒等遗迹化石及真菌菌丝等微生物化石等（Dennis，1969；Osborn et al.，1989；Zhou and Zhang，1989；Slater et al.，2012；Taylor and Krings，2010；Taylor et al.，2009，2014；Krings et al.，2011；Feng et al.，2015a，2015b，2017；Tian et al.，2020）（图 3-7）。

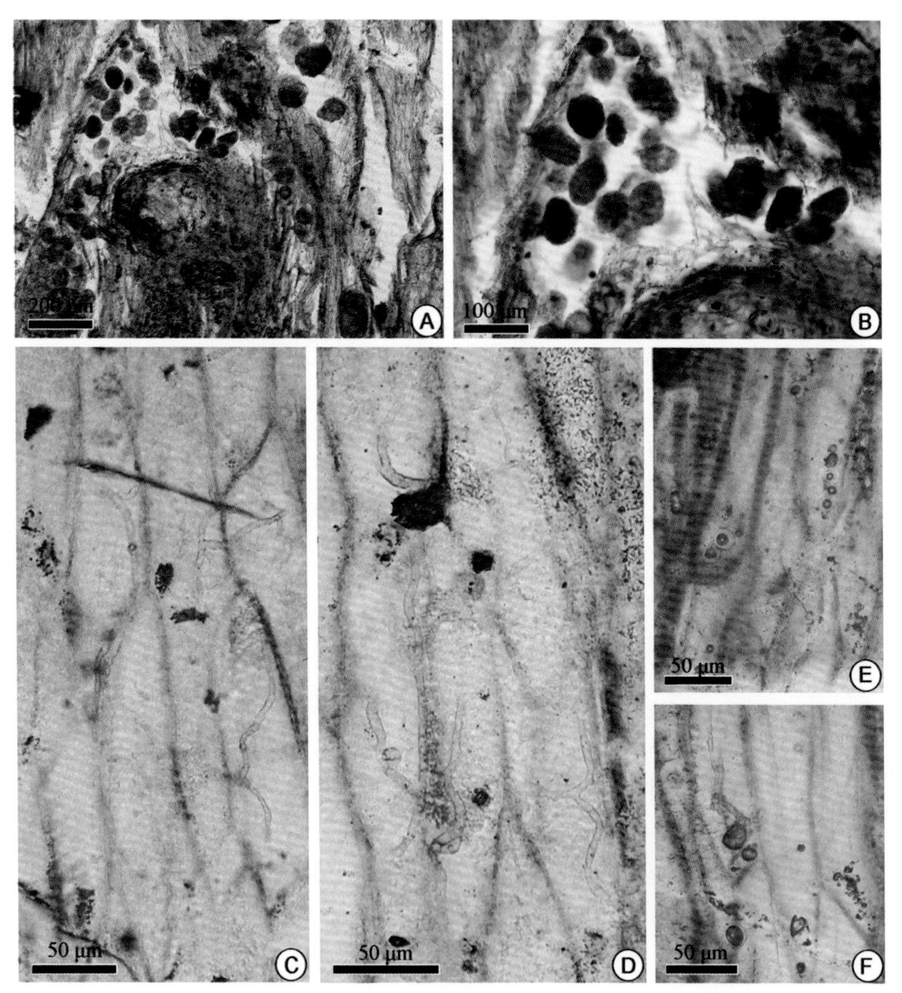

图 3-7　内蒙古科尔沁右翼中旗中侏罗统新民组发现的矿化植物内含节肢动物粪粒及真菌菌丝化石

A、B. 甲螨粪粒化石；C、D. 具横隔的真菌菌丝化石；E、F. 真菌孢子

对这些矿化植物内含化石的深入研究能够探究植物与其他生物门类的生态功能联系及协同演化关系。其中，矿化植物内含真菌菌丝化石在古真菌学（palaeomycology）研究中发挥着重要作用，因为迄今已知的真菌化石记录除少数因特殊保存机制保存在琥珀之中外（Poinar and Singer，1990；Hibbett et al.，1997；Cai et al.，2017），多以菌丝的形式保存在矿化植物之中（Taylor and Krings，2010；Taylor et al.，2009，2014）。对这些真菌菌丝进行细致深入的研究，不仅能够丰富真菌的化石记录，而且能够分析其生态功能（如共生真菌、寄生真菌、致病真菌及木材腐朽菌等），进而探究其与植物的生态关系。

矿化植物化石尤其是木化石是探究陆相古气候、古环境的重要手段。树木生长轮分析是了解地史时期陆相古气候和古环境信息的重要途径，利用木化石生长轮参数开展古气候、古环境分析是当前古植物学研究中一个十分活跃的领域。通过对木化石中保存的古气候、古环境信息的提取，能够揭示树木生长季的气候变化特征，恢复古纬度、古气候、古生态，乃至陆块的转动情况（Douglass，1928；Fritts，1976；Creber and Chaloner，1985；Francis，1986；吴祥定，1990；Ash and Creber，1992，2000；Morgans，1999；宸铁梅等，2000；Brison et al.，2001；Falcon-Lang，2003；Francis and Poole，2002；蒋子堃等，2016；Jiang et al.，2017，2019a）。

3.2 中国中生代矿化植物研究简史

中国矿化植物化石的研究历史十分悠久。20 世纪 20 年代，张景钺（1929）根据产于河北涿鹿夏家沟的侏罗纪木化石标本建立了河北异木（*Xenoxylon hopeiense* Chang），开启了我国木化石研究的先河。20 世纪 50～60 年代，斯行健、徐仁等老一辈古植物学家先后开展了大量木化石的研究工作。最近几十年，我国木化石的研究取得了突飞猛进的发展。现有资料显示，中国绝大多数省份都有木化石的报道，其时代跨度从晚古生代一直延续到新生代，且数量极为丰富。截至 2006 年，中国已报道不同地区各个时代的木化石共计 106 属 181 种（张武等，2006）。

近十年来，我国学者又陆续在不同时代的木化石研究中取得了多项进展。诸如，Xu 等（2017）报道了产自我国新疆塔城地区晚泥盆世（距今约 3.7 亿年）地层中最早的硅化木化石。此外，我国在涉及宁夏晚古生代（Feng，2012；Feng et al.，2012，2013）、新疆晚古生代及早中生代（Shi et al.，2015；Wan et al.，2014，2016，2017a，2017b，2017c）、辽西侏罗-白垩纪（Jiang et al.，2008；Jiang et al.，2012，2016，2017，2019a，2019b；Tian et al.，2015；王秀芹等，2015；Ding et al.，2016）、云南中生代及新生代（Cheng et al.，2007b，2012a，2012b；Feng et al.，2015a，2015b）、四川盆地晚三叠世及侏罗纪（王永栋等，2010；张锋等，2015；Tian et al.，2016b）、内蒙古侏罗纪（Zhang et al.，2018）、浙江早白垩世（Tian et al.，2018a；

朱志鹏等，2018）、黑龙江晚白垩世（Terada et al.，2011；Tian et al.，2018b）、广西新生代（Li et al.，2016；Huang et al.，2016，2018a，2018b）等时代的木化石研究中也取得了大量积极进展。

长期以来，我国中生代木化石研究多集中在木材解剖学及系统学领域，在其他方面，诸如利用树木生长轮参数来重建古气候、古环境及探究植物与其他生物门类相互关系等方面开展较少（王永栋等，2017）。Wang 等（2009）、Yang 等（2013）分别对中国侏罗纪及早白垩世的木化石的多样性、时空分布特征及古气候意义进行了综述分析。丁秋红等（2000）利用异木属木化石对辽西地区早白垩世古气候与古环境特征进行了测算。Wang 等（2006b）简要总结了辽西北票侏罗纪髫髻山组木化石的生长轮与古气候的关系。Feng 等（2015b）、Tian 等（2015）、Wan 等（2016）分别对云南中侏罗世、辽西建昌中侏罗世及新疆晚三叠世异木属（*Xenoxylon* Gothan）木化石的年敏感度（AS）和平均敏感度（MS）进行了分析。Ding 等（2016）对产自辽西北票下白垩统义县组木化石及其古气候指示意义进行了探讨。Zhang 等（2018）对内蒙古扎兰屯地区中侏罗世松科木化石的年敏感度（AS）和平均敏感度（MS）进行了分析。但整体而言，目前我国中生代木化石年轮气候学方面所开展的工作仍较为零星，系统的研究工作亟待开展。在植物与真菌相互作用方面，我国中生代丰富的木化石材料为该领域的研究提供了得天独厚的条件，但目前取得的进展仍相对较少，具有较大的发展潜力。徐仁（1953）最早报道了山东即墨早白垩世木化石内含的担子菌菌丝化石。Feng 等（2015b）报道了云南中侏罗世木化石内含的木材腐朽菌菌丝化石。朱志鹏等（2018）和 Tian 等（2020）分别报道了浙江新昌及黑龙江宝清早白垩世木化石内含的具有典型锁状联合的担子菌菌丝化石，并根据木材腐朽特征，推断其为白腐菌。而在利用中生代矿化植物内含蛀孔、粪粒等遗迹化石探讨植物与昆虫或甲螨相互关系方面，我国的相关报道也十分匮乏（Zhou and Zhang，1989）。

值得关注的是，尽管中国中生代矿化植物化石记录十分丰富，但类型较为单一，多为松柏类裸子植物，而其他裸子植物类群，诸如苏铁类（Wang et al.，2005；Zhang et al.，2006，2012）、银杏类（Jiang et al.，2016）相对少见，真蕨类化石则更为罕见。目前已知，冀北—辽西地区中—上侏罗统髫髻山组是我国中生代矿化植物产出层位中少有的同时发现有真蕨类、苏铁类、银杏类、松柏类等多门类矿化植物化石的层位之一。但该地区发现的矿化真蕨类植物类型也较为单一，均属于具外韧网管中柱的紫萁科植物（Matsumoto et al.，2006；Cheng et al.，2007a；Cheng and Li，2007；Cheng，2011；Yang et al.，2010；Tian et al.，2008a，2013，2014a，2014b）。近年来，黑龙江克山县及邻区晚白垩世地层中发现了部分归属于紫萁科、桫椤科及登普斯基蕨科的矿化茎干化石（Yang et al.，2018；Cheng and Yang，2018；Cheng et al.，2019，2020）；内蒙古科尔沁右翼中旗侏罗纪地层中也发现了紫萁科根茎及里白科叶柄化石（Tian et al.，2018c）。除此之外，我国其他地区中生代地层尚未有真蕨类其他科属矿化材料的发现和报道。

地史时期，真蕨类植物经历了多次辐射演化事件（Rothwell，1987）。其中，中生代辐射演化事件产生了多数现代真蕨植物科一级分类单元（Tidwell and Ash，1994；Pryer et al.，1995；Phipps et al.，2000）。毋庸置疑，中生代是探究现代真蕨类起源及发展的关键时期。就世界范围而言，虽然中生代真蕨植物化石记录十分丰富，但是它们多以叶部压型或印痕形式保存，矿化保存的真蕨类化石数量相对稀少。近几十年来，国外在中生代矿化真蕨类植物研究领域已经取得了大量积极进展，已报道的化石涉及紫萁科、里白科、桫椤科、马通科、碗蕨科等多个类群（Skog，1976；Sharma and Bohra，1976，1977；Millay and Taylor，1990；Tidwell，1986；Tidwell and Ash，1994；Herendeen and Skog，1998；Phipps et al.，2000；Tidwell and Skog，1999；Serbet and Rothwell，1999）。真蕨类矿化根茎化石保存了大量解剖构造特征，储存了丰富的系统发育信息，因而具有重要的分类学和系统学意义，在探究化石真蕨植物解剖特征多样性及系统发育等领域具有重要应用潜力。此外，当前我国报道的中生代矿化植物多为木材化石，其他植物器官较为罕见，如保存有内部解剖构造特征的球果、种子、根、叶等化石少见报道或仍未有报道。

3.3　髫髻山组矿化植物群组成特征

辽西地区髫髻山组产出丰富的化石记录，郑少林和张武于 1982 年首次系统报道了该组产出的植物化石，计 13 属 15 种（郑少林和张武，1982；Wang et al.，2006b）；张武和郑少林（1987）对辽西地区中生代植物化石进行了系统的描述与研究，其中中侏罗统髫髻山组产出植物化石共计报道有 35 属 76 种。近年来，大量矿化植物化石在髫髻山组的发现（丁秋红等，2000；郑少林等，2005；王永栋等，2005；Wang et al.，2006b；Jiang et al.，2008；Tian et al.，2015；蒋子堃等，2016），使该组成为我国北方侏罗系重要的木化石赋存层位之一（Jiang et al.，2008；Wang et al.，2009）。同时，研究人员对髫髻山组植物群性质和属种构成特征的认识也日渐深入。

目前，北票及邻区髫髻山组已报道植物化石共计 47 属 92 种（Jiang et al.，2008）。其中，苏铁类 16 属 40 种，真蕨类植物 10 属 20 种，松柏类植物 10 属 14 种，银杏类 6 属 11 种，楔叶类 2 属 4 种，苔藓类 1 属 1 种，以及分类位置不明的植物 2 属 2 种。从植物群属种组成可以看出，苏铁类在该植物群中占据优势地位，其在整个植物群组合中所占比例近 45%，代表属种包括本内苏铁目 *Zamites*、*Pterophyllum*、*Tyrmia*、*Cycadolepis*、*Williamsoniella*、*Anomozamites* 及苏铁目 *Nillsonia*、*Ctenis* 等（张武和郑少林，1987；Wang et al.，2006b）（图 3-8G～J）。银杏类植物在该植物群中所占比重相对较低，主要代表类型有 *Ginkgo*（或 *Ginkgoites*）、

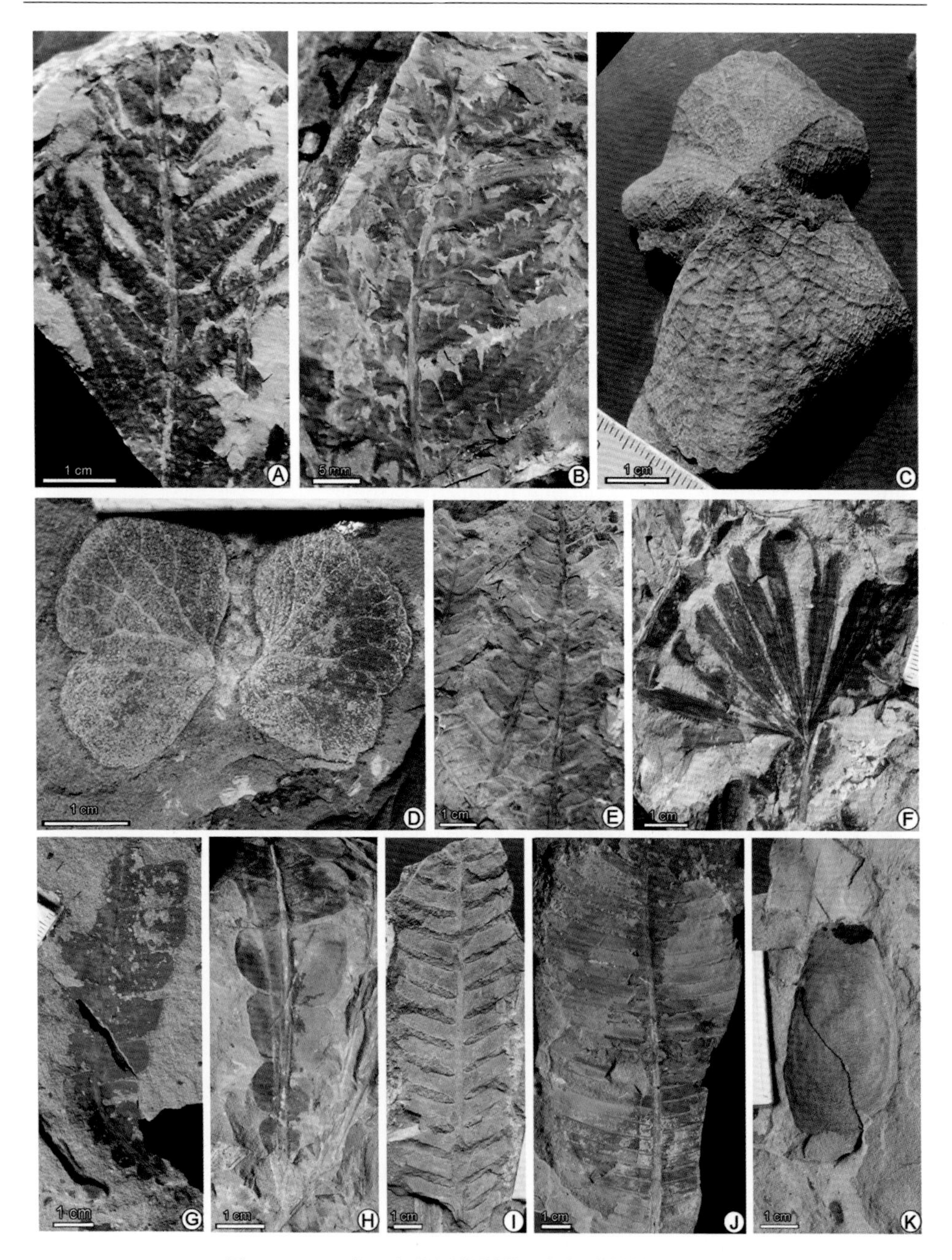

图 3-8　辽西中—上侏罗统髫髻山组代表性植物大化石

A、B. *Coniopteris tyrmica* Zhang et al.；C、D. *Hausmannia shebudaiensis* Zhang et Zheng；E. *Cladophlebis asiatica* Chow et Yeh；F. *Ginkgoites tasiakouensis* Wu et Li；G、H. *Anomozamites kornilovae* Orlovskaya；I. *Pterophyllum liaoxiense* Zhang et Zheng；J. *Tyrmia pachyphylla* Zhang et Zheng；K. *Cycadolepis szei* Zhang et Zheng

Sphenobaiera 和 *Phoenicopsis* 等（图 3-8F）。真蕨类植物的多样性在该植物群中仅次于苏铁类植物，居植物群化石组合中第二位。其中，厚囊蕨类合囊蕨科植物 *Marattia* 继续存在，但仅 1 属 1 种（*Marattia hoerensis*）。双扇蕨科植物也十分稀少，同样仅 1 属 1 种（*Hausmannia shebudaiensis*）（图 3-8C、D），但该种在该植物群中十分丰富，表明其在植物群中多度较高，应为优势种之一；相对而言，早侏罗世较为繁盛的 *Clathropteris* 在组合中未曾发现。蚌壳蕨科植物相对较为发育，包括 3 个属——*Coniopteris*、*Dicksonia*、*Eboracia*（图 3-8A、B）。紫萁科无疑是该植物群中最为繁盛的真蕨类植物之一，主要代表类型包括：*Todites*、*Claytosmunda*、*Millerocaulis* 等；其中，*Claytosmunda* 和 *Millerocaulis* 以矿化根茎的形式保存。此外，被认为与紫萁植物具有密切关系的两个形态属 *Cladophlebis* 和 *Raphaelia* 也占据重要地位。

除大植物化石外，辽西地区髫髻山组还富含孢粉化石，称为"*Osmundacidites-Asseretospora-Classopollis*"组合，该组合基本延续了其下伏海房沟组孢粉组合面貌（蒲荣干和吴洪章，1982，1985）。蒲荣干和吴洪章（1982，1985）将该孢粉组合的主要特征总结如下：①蕨类植物孢子和裸子植物花粉含量近相等。②蕨类植物孢子以 *Osmundacidites*（21.4%）为主，其次为 *Asseretospora*（12.6%），以及 *Cyathidites* 和 *Deltoidospora*（10.5%）。*Converrucosisporites* 含量增高，出现了 *Foveosporites*。③裸子植物花粉以松柏类双气囊粉占优势，其中新型（22%）多于古型（9.1%）。*Classopollis*（15.4%）迅速增高，其他类型与下伏组合相同；代表本内苏铁、苏铁、银杏类的 *Cycadopites* 含量较下伏组合减少。整体而言，该孢粉组合进一步证实了紫萁科植物是髫髻山组植物群的优势组成分子。

辽西地区髫髻山组植物群主要有两种化石保存类型，除叶部压型或印痕化石外，数量丰富且类型多样的矿化植物颇为引人瞩目（Wang et al.，2006b）。从已报道的矿化植物属种类型来看，髫髻山组矿化植物群无疑是我国多样性最为丰富的侏罗纪矿化植物群（Jiang et al.，2019b）。该矿化植物群中尤以紫萁科矿化根茎化石及裸子植物木化石（图 3-9）数量最为丰富，类型最为多样。对于该植物群紫萁科矿化根茎化石部分，本书在第 4 章将做详细论述，本节重点介绍该矿化植物群中除紫萁科之外的其他门类。

Jiang 等（2019b）系统总结了辽西地区髫髻山组木化石的多样性特征，该组共计报道有裸子植物木化石 21 属 30 种，涉及苏铁类、本内苏铁类、银杏类、松柏类等植物大类。其中，尤以松柏类植物类型最为多样，涉及罗汉松科、南洋杉科、松科、红豆杉科、金松科等科一级类群。该矿化植物群常见的木化石形态属主要包括：异木 *Xenoxylon*、叶枝杉型木 *Phyllocladoxylon*、罗汉松型木 *Podocarpoxylon*、

图 3-9　辽西北票地区髫髻山组产出的裸子植物木化石

图 A 中箭头指示两株直立保存的木化石

原始罗汉松型木 *Protopodocarpoxylon*、紫杉型木 *Taxoxylon*、油杉型木 *Keteleerioxylon*、原始雪松型木 *Protocedroxylon*、原始金松型木 *Protosciadopityoxylon*、落羽杉型木 *Taxodioxylon*、原始落羽杉型木 *Protaxodioxylon*、原始柏型木 *Protocupressinoxylon* 和 *Araucariopitys* 等（张武等，2006；Wang et al.，2006b；Tian et al.，2015；Jiang et al.，2019b）。

除松柏类木化石之外，髫髻山组矿化植物群还发现有部分苏铁类及本内苏铁类茎干或繁殖器官，如 *Lioxylon liaoningense*、*Sahnioxylon rajmahalense*、*Williamsoniella sinensis*、*Williamsoniella*? *exiliforma* 等（图 3-10～图 3-12），以及银杏类木化石（图 3-13）（张武等，2006；Zhang et al.，2012；Jiang et al.，2017）。

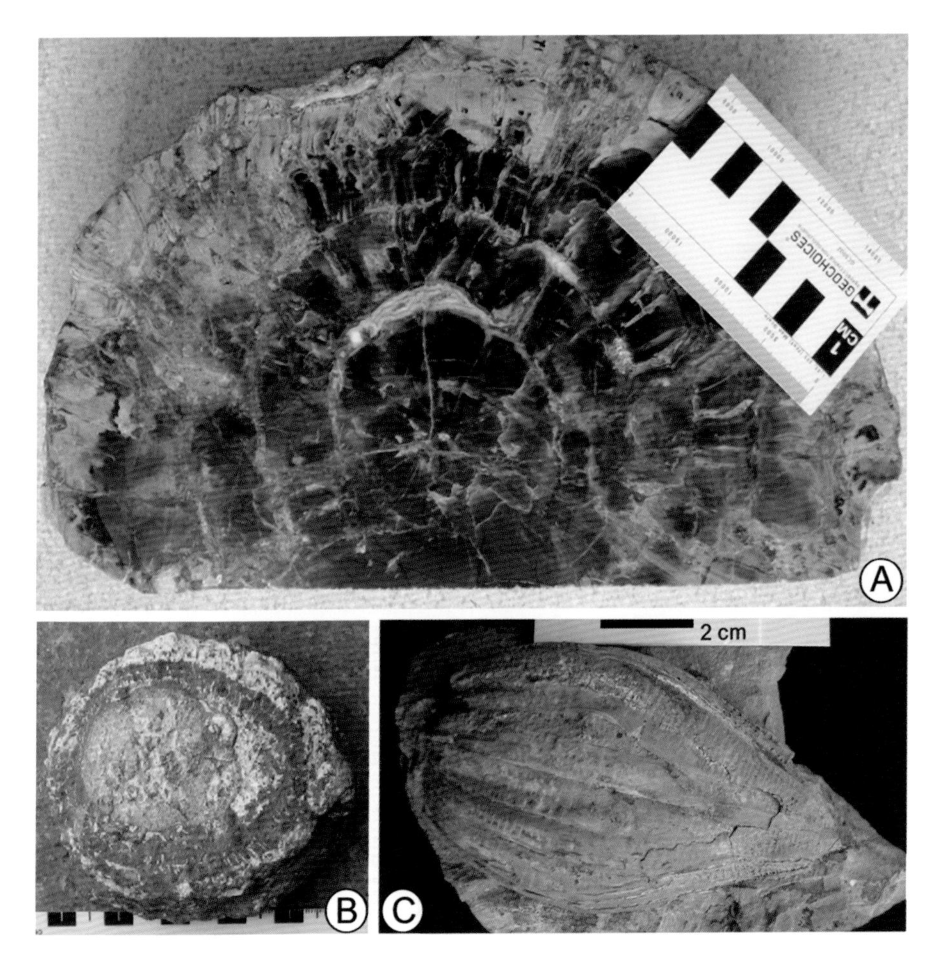

图 3-10　辽西地区髫髻山组苏铁类矿化茎干化石及中华小威廉姆逊球果

A. 李氏中国苏铁木（*Sinocycadoxylon liianum* Zhang et Yang）；B. 辽宁李氏木（*Lioxylon liaoningense* Zhang, Wang, Sakai, Li et Zheng）；C. 中华小威廉姆逊（*Williamsoniella sinensis* Zhang et Zheng）

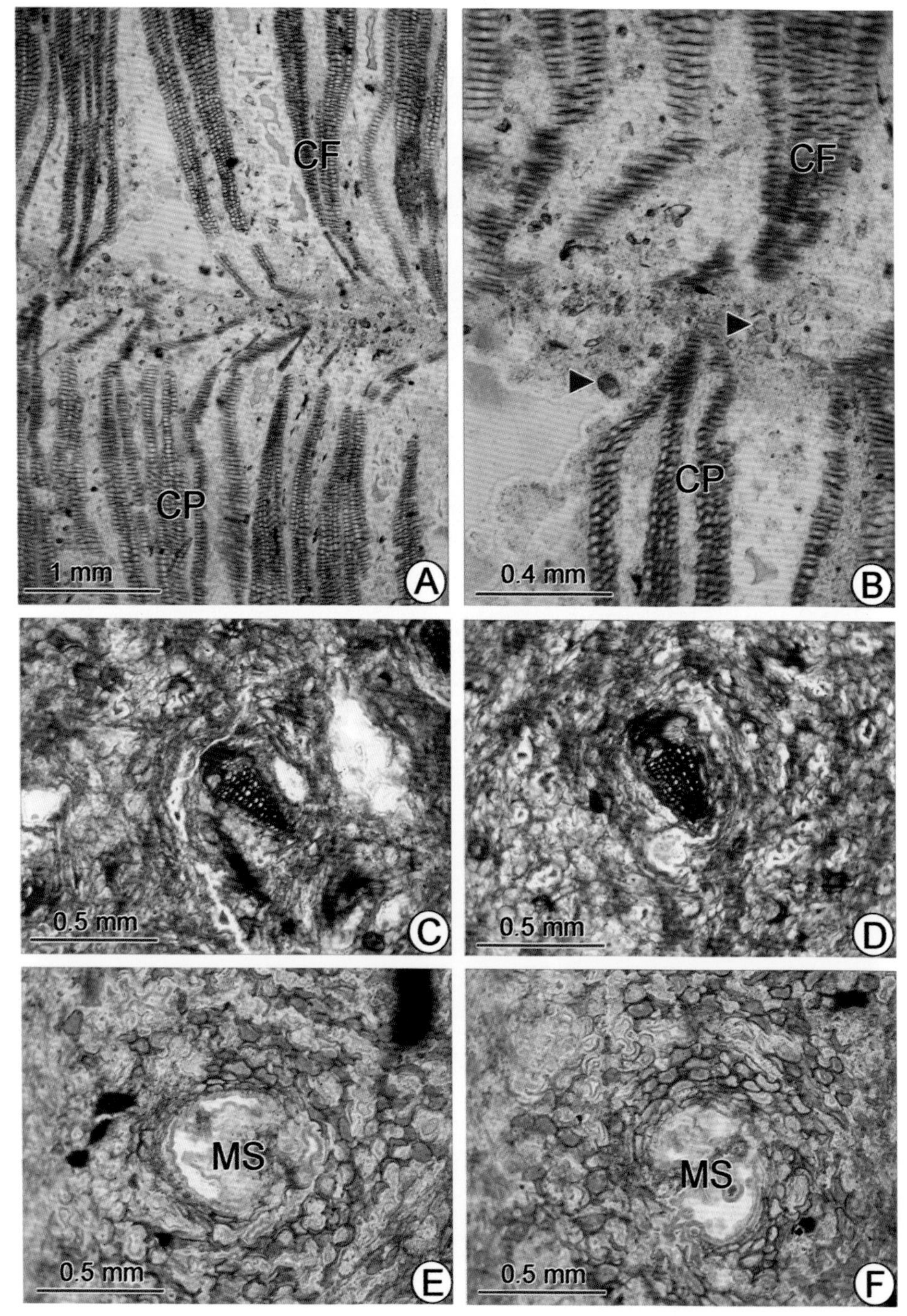

图 3-11　辽宁李氏木（*Lioxylon liaoningense* Zhang, Wang, Sakai, Li et Zheng）

A. 木质部圆筒局部，示向心（CP）和离心（CF）排列的木质部；B. 示向心（CP）和离心（CF）排列的木质部细节，箭头指示转输细胞；C、D. 示扇状髓射线束；E、F. 示黏液腔（MS）

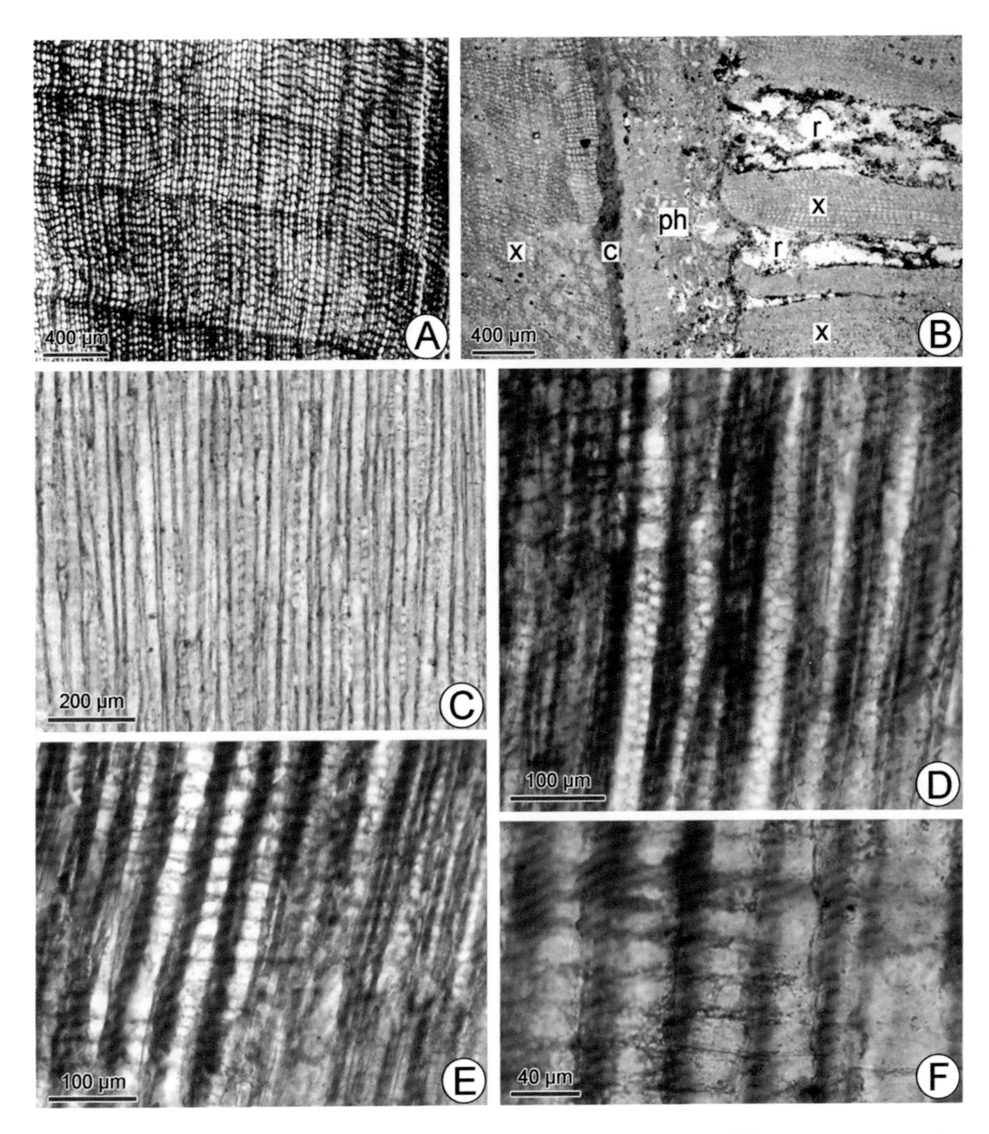

图 3-12　李氏中国苏铁木（*Sinocycadoxylon liianum* Zhang et Yang）（改自 Zhang et al., 2012）

A. 横切面，示明显的生长轮；B. 横切面，示位于茎干外围的一圈木质部圆筒，由次生木质部（x）、形成层（c）、韧皮部（ph）及多列射线（r）等构成；C. 弦切面，示木射线；D. 径切面，示双列互生的管胞径壁纹孔；E. 径切面，示交叉场及交叉场纹孔；F. 示交叉场纹孔细节特征

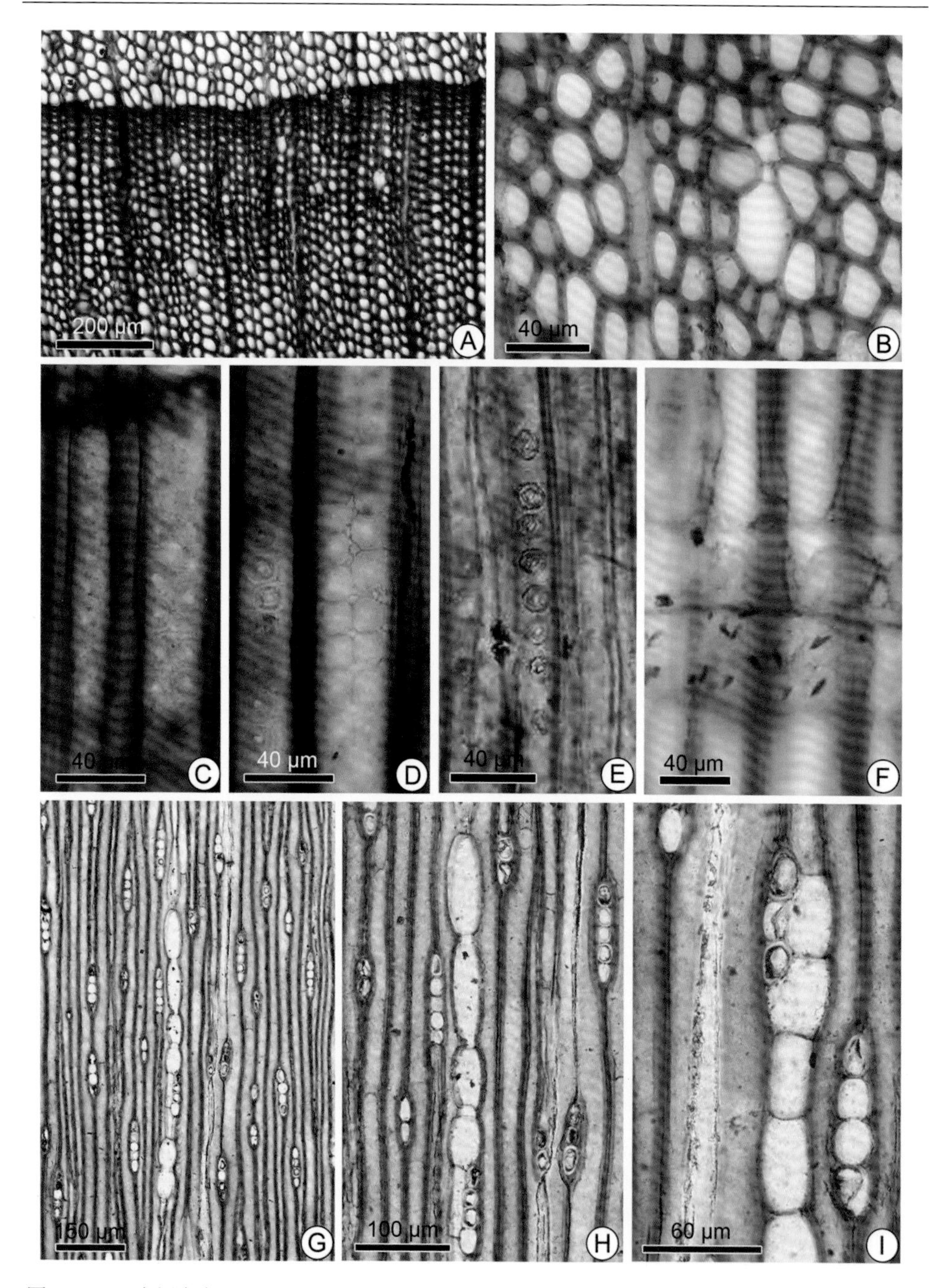

图 3-13　辽宁银杏木(*Ginkgoxylon liaoningense* Jiang, Wang, Philippe et Zhang)(改自 Jiang et al., 2016)

A. 横切面，示生长轮；B. 横切面，示大小不一的管胞；C～E. 径切面，示单列紧挤、双列对生及单列分离的管胞径壁纹孔；F. 径切面，示交叉场纹孔；G～I. 弦切面，示单列木射线及膨大的轴向薄壁组织

第 4 章　辽西侏罗纪紫萁科矿化根茎化石系统学

4.1　紫萁目根茎/茎干的重要解剖特征

现生紫萁目植物仅存紫萁科一科，其植株的茎轴（axes）类型十分多样，多数现生类群具有短小的匍匐状或直立的根茎（rhizomes）（图 4-1），而部分化石类群呈树蕨状，发育较粗大的茎干（stems）。紫萁目矿化茎轴(根茎/茎干)化石的分类鉴定主要依据具有分类鉴定意义的解剖构造特征。一百余年来，许多学者在紫萁目植物茎轴的解剖学及分类学方面做了大量有益尝试（Faull，1901，1910；Seward and Ford，1903）。Hewitson（1962）、Miller（1967，1971）和 Bomfleur 等(2017)对如何利用茎轴解剖特征进行化石及现生紫萁目植物的分类鉴定进行了系统整理和总结，使其不断发展完善并日趋合理。为方便读者理解，现将紫萁目尤其是紫萁科植物茎轴具有分类意义的重要特征简介如下。

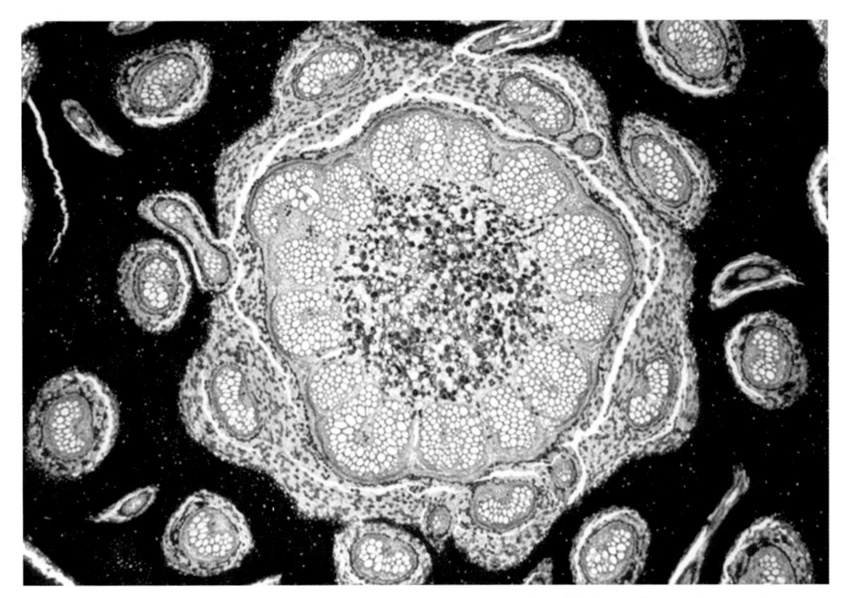

图 4-1　现生紫萁科植物根茎横切面（引自《美国植物学会期刊》网站）

1. 髓部（pith）

在所有紫萁科植物中，已灭绝的丛蕨亚科植物作为一类较为原始的类群，不具有真正意义的髓部。其茎轴中部发育有一由较短管胞形成的中心柱，围绕该中心柱是一个由较长管胞形成的圆筒（次生木质部）。中心柱被认为与紫萁植物髓部的起源有密切关系，如 *Thamnopteris kidstonii* 的中心柱周边具呈单个或呈簇分布的薄壁细胞（Zalessky，1924），这些细胞的大小及形态与管胞完全一致，但不具径壁纹孔，这一特殊现象的存在是对“髓部内生学说”的重要支持（Miller，1971）。相对而言，紫萁亚科植物具有真正意义的髓部（图 4-1~图 4-3），其往往由等长的或长宽比大于 3 的薄壁细胞构成，具数量众多的单纹孔（Miller，1971）。部分紫萁亚科植物的髓部发育有厚壁组织，多数以石细胞的形式存在，该类细胞是正常个体发育过程中由薄壁细胞的细胞壁逐渐增厚而形成。此外，在某些紫萁亚科植物类群中，部分髓部薄壁细胞能够转变为厚壁细胞，而其余部分仍为薄壁细胞，这两类细胞大小、形态完全一致。此外，部分紫萁亚科植物（*Osmundastrum cinnamomeum*）的髓部可见纤维组织（Miller，1971）。Hewitson（1962）指出 *Plenasium javanicum*（*Osmunda javanica*）髓部可见管胞，而这一现象同样见于 *Osmunda regalis* 及 *Todea barbara*（Wardlaw，1946）；Miller（1971）据此提出这些管胞与丛蕨亚科的中心柱管胞类型较为类似，可能属于一种返祖现象。

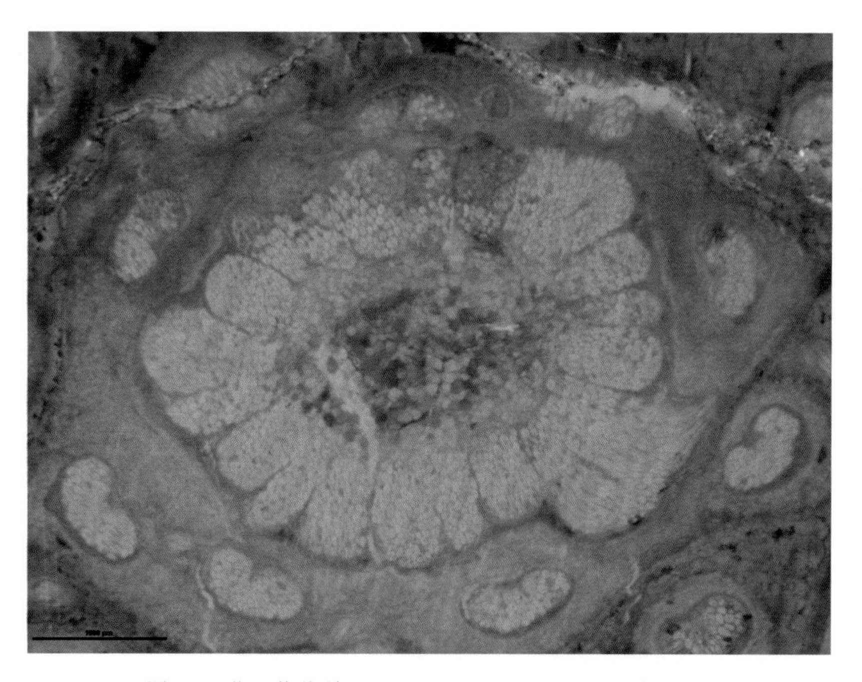

图 4-2　化石紫萁科（*Claytosmunda wangii*）根茎横切面

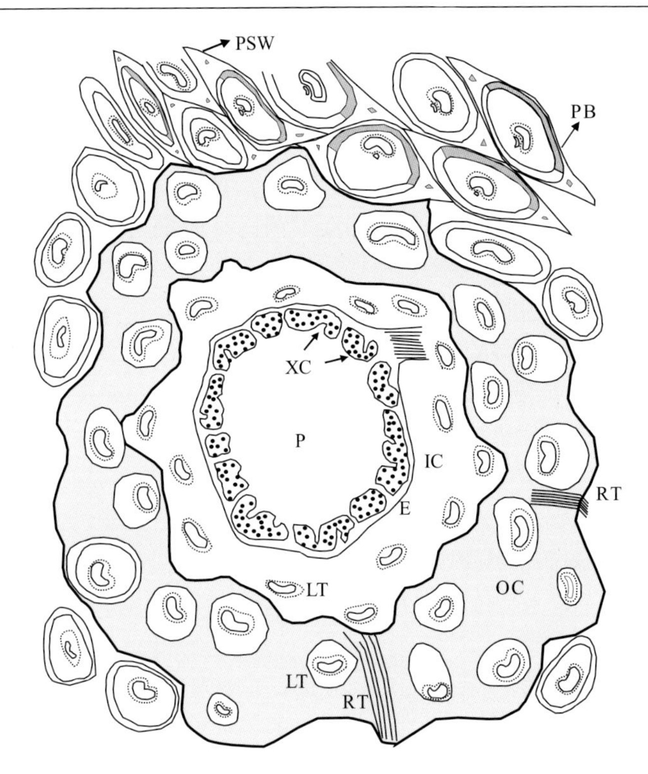

图 4-3　紫萁科（*Claytosmunda liaoningensis*）茎干横切面重要解剖构造特征示意图（据张武和郑少林，1991；略改动）

P=髓部；XC=木质部圆筒；E=中柱鞘；LT=叶迹；RT=根迹；IC=内部皮层；OC=外部皮层；PB=叶柄基；PSW=叶柄基托叶翼

2. 木质部圆筒（xylem cylinder）

紫萁科植物的木质部圆筒由管胞构成，其厚度在不同种之间或同种的不同发育阶段略有差异（Miller，1971）。原生木质部管胞，具环状或螺纹加厚，多见于根茎顶端横切面。最早形成的次生木质部管胞常绕原生木质部分布，这一分布特点能够指示原生木质部发生位置（Miller，1971）。

紫萁科植物的木质部圆筒的原生木质部多为中始式或内始式。尽管 Tidwell 和 Parker（1987）曾提出 *Aurealcaulis* 为外始式，但其后 Bomfleur 等（2017）指出其应属于中始式。紫萁植物的木质部鞘（xylem sheath）由薄壁细胞构成，其在丛蕨亚科植物中多紧贴次生木质部管胞分布，形成一较窄的圆筒；而在具有网状中柱的紫萁亚科植物中（图 4-1~图 4-3），木质部鞘多围绕单个木质部束分布，其在木质部束的近轴端厚度变窄，仅见零星散布的细胞（Miller，1971）。

3. 韧皮部、中柱鞘（phloem, pericycle）

紫萁科植物韧皮部主要由三部分构成：次生韧皮部、多孔层及原生韧皮部，上述部分由薄壁的、具筛孔的筛胞组成（Hewitson，1962）。其中，从蕨亚科植物次生韧皮部可形成一个约几个细胞厚的连续圆筒；而紫萁亚科植物的次生韧皮部则环绕木质部圆筒形成一个连续的环状结构，在两个相邻的木质部束之间多聚集呈楔形或“V”形，其尖端往叶隙内部略伸入（Hewitson，1962）。紫萁科植物韧皮部多位于木质部外侧，称之为“外韧型”（ectophloic），而某些特殊的紫萁类群具有内生韧皮部，如现生的 *Osmundastrum cinnamomeum* 及产自加拿大早白垩世地层的 *Osmundacaulis skidegatensis*（Miller，1971）。

紫萁植物中柱鞘系中柱外缘的一细胞薄层，其位于内皮层内侧。多数情况下，紫萁植物茎干成熟后，中柱鞘易发生破碎，其与原生韧皮部、多孔层共同形成一个管状圆筒，该结构在紫萁茎干化石中由于保存原因多难以识别。

4. 皮层（cortex）

紫萁目紫萁科植物的皮层往往是二分的，可分为内部及外部两部分（图 4-3）；已灭绝的瓜伊拉蕨科植物的皮层不具有明显的二分性。紫萁科植物的内部皮层多由薄壁细胞构成，细胞排列较为疏松，具明显的细胞间隙，具单纹孔。其外部皮层多由较长的纤维构成，纤维末端呈针管状，其横切面呈椭圆形，具单纹孔；外部皮层结构相对致密，未见明显的细胞间隙（Hewitson，1962；Miller，1971）。

5. 叶迹、叶隙（leaf trace, leaf gap）

紫萁目植物叶迹维管束原生木质部具有中始式、亚中始式及内始式等多种形式。现生羽节紫萁属 *Plenasium* 叶迹形成过程较为特殊，其叶迹原生木质部束属“变形的内始式”（Miller，1971）。从蕨亚科植物叶迹维管束横切面呈椭圆形，具一个中始式原生木质部丛。其叶迹形成过程往往是首先在其次生木质部圆筒外缘略凸起部位出现一原生木质部丛，该凸起物往顶端方向逐渐增大，并最终从茎干木质部分离，呈椭圆状，原生木质部丛位于中部。Hewitson（1962）提出内外部皮层叶迹数目在紫萁植物的鉴定中具有重要意义。Miller（1971）指出在中柱不同层面所示叶迹数目会发生改变，该特征不具有决定性意义；但紫萁科植物不同种之间，皮层叶迹数目的多寡存在一定程度的差异，因此该特征具有辅助鉴定意义。

紫萁亚科植物叶迹维管束从中柱木质部分离时，通常具一个内始式原生木质部丛，其叶迹形成过程往往伴随着叶隙的发生。叶隙的存在与否及类型，以往被认为是紫萁科植物亚科和属一级鉴定的主要特征（Miller，1971）。诸如，以往认为丛蕨亚科植物不具叶隙；紫萁亚科植物多数具有叶隙，部分具不完整叶隙，部分具完整叶隙（图 4-4、图 4-5）。

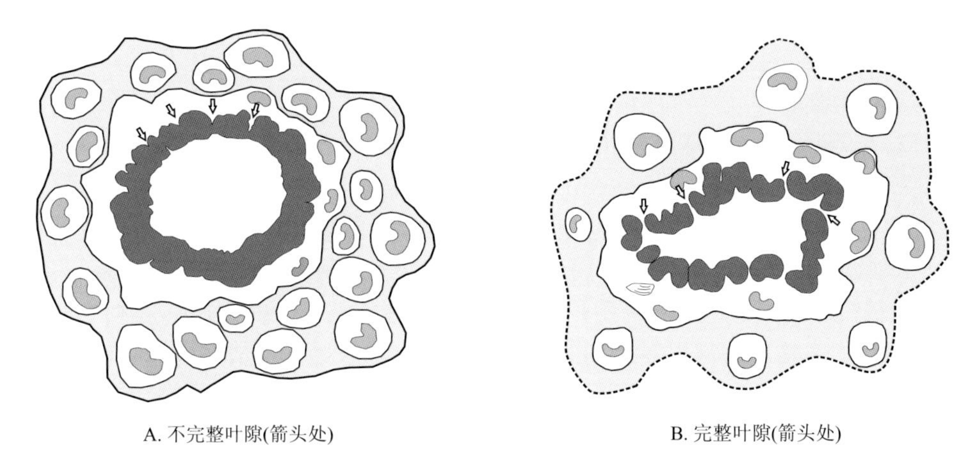

图 4-4　紫萁科茎干中柱横切面示完整及不完整叶隙

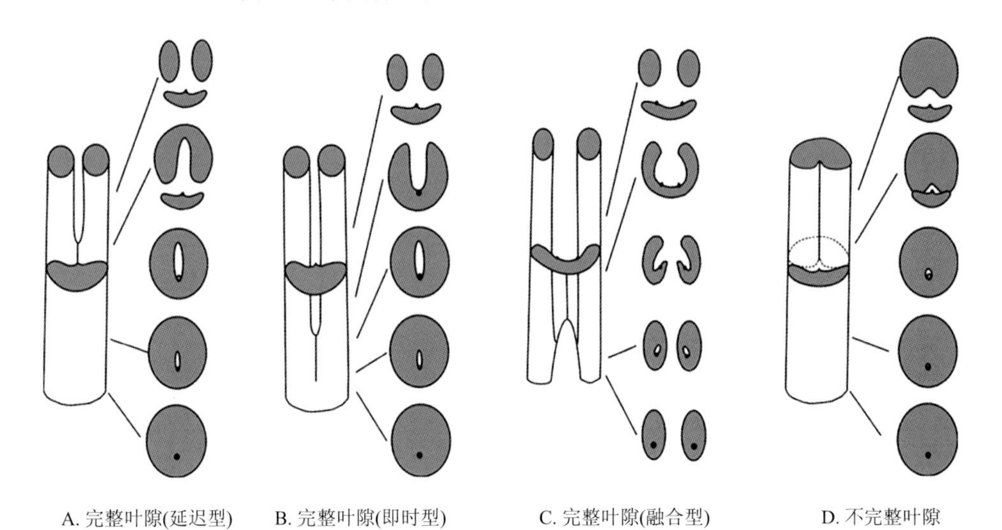

图 4-5　紫萁植物几种常见叶隙发生形式（其中 A～C 据 Miller，1971；D 系作者绘制）

紫萁科植物常见的完整叶隙发生形式主要有三种，即即时型、延迟型和融合型（*Plenasium* 型）（Miller，1971）。即时型叶隙的发生过程中，往往首先是中柱木质部束出现一个中始式原生木质部丛；往顶端方向，位于原生木质部丛近轴端方向的次生木质部管胞开始被木质部鞘细胞所代替，木质部鞘细胞随后形成一个束状组织；在叶迹维管束从木质部圆筒分离前，该束状组织已经实现了与髓部的互通；这一过程导致了一个呈“U”形的次生木质部束的形成，其凹面中间部位具有内始式原生木质部丛；其后，“U”形次生木质部束弯曲处发生断裂，最终形成即时型叶隙（图 4-5B）。如果位于中柱木质部原生木质部丛近轴端的次生木质部管胞并未完全被木质部鞘细胞所代替，会导致形成一“O”形的次生木质部束；当叶迹从木质部圆筒分离时，中柱木质部束形成一开口向外的“U”形结构，其后木质部鞘细胞才完成对近轴端次生木质部管胞的代替，并形成完整叶隙，这种叶隙发生类型被称为“延迟型”(图 4-5A)。“融合型”叶隙主要见于现生 *Plenasium*，故又称“*Plenasium* 型”叶隙（Miller，1971）。该型叶隙的发生过程明显有别于上述两种类型，首先每条中柱木质部束中部形成一中始式原生木质部丛，而后木质部鞘细胞开始替代位于原生木质部丛近轴端的次生木质部管胞，并形成两个相对的“问号”状，每个木质部属在其“问号”的弯曲处具有一内始式原生木质部丛；随后两个相邻的木质部束发生相向弯曲，相互接触并融合形成一宽的“U”形开口向内的结构；在弯曲处发生断裂后，叶迹从中柱木质部圆筒发出，并具有两个内始式原生木质部丛（图 4-5C）。

6. 叶柄基（petiole base）

当叶迹从木质部圆筒分离后，会先后穿透木质部鞘、韧皮部、中柱鞘、内皮层及内、外部皮层等区域，并最终形成叶柄基。在此过程中，上述组织的成分会相应地在叶迹木质部束周围形成相关的圈层结构，其原生木质部丛也会从一个逐渐变为多个（Hewitson，1962）。典型叶柄基由维管束、内部皮层（组成成分与茎干内部皮层一致）、硬化环及外部皮层（组成成分与茎干外部皮层一致）构成。紫萁科叶柄基发展到一定阶段，其两侧薄壁细胞往两端延伸形成两个较短的托叶延伸，往顶端逐渐伸长、增大，进而在其两侧形成呈对称状的托叶翼（也称托叶延伸 stipular wings）；至叶柄基中部，托叶翼长度达到最大；至叶柄基顶端，托叶翼逐渐收窄并消失，最终成为叶柄。植物解剖学上将叶柄基发育有托叶翼的这一段区域称为“托叶翼区”（stipular zone）（图 4-6、图 4-7）。

紫萁植物叶柄基维管束凹面、内外皮层及托叶翼区常常分布有厚壁组织（多为厚壁纤维）。这些厚壁组织的形态及分布特征在叶柄基不同发育水平时呈现出一定的差异，但多在托叶翼达到最大长度时表现最为复杂、最为典型（Hewitson，1962）。Hewitson（1962）进一步指出紫萁植物叶柄基厚壁组织形态及其分布位置具有重要的分类鉴定意义。叶柄基托叶翼内厚壁组织的分布形态各异，但主要分为以下几种类型：①由厚壁纤维结成的较小厚壁纤维束散布在整个托叶翼区；②在靠近硬化环的区域结成较大的厚壁纤维块散布于托叶翼区；③呈线形或者延伸的长条状；④有时上述几种情况会同时存在。在某些紫萁植物类群中，较大厚壁纤维块或长条状厚壁纤维块的局部有时可见部分薄壁纤维组织（Miller，1971）。

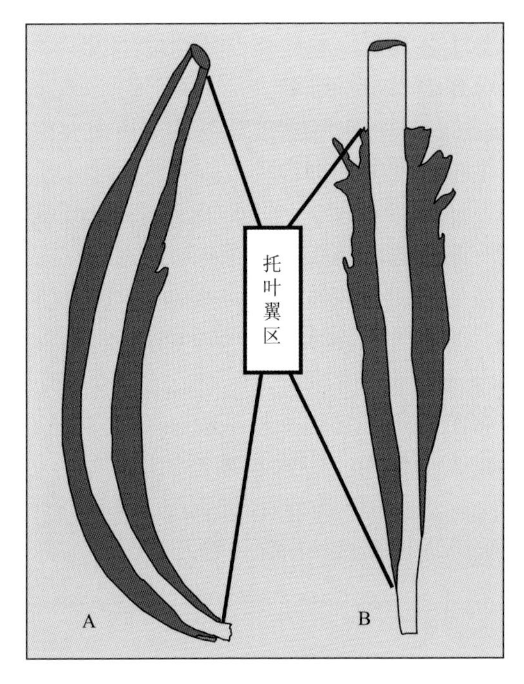

图4-6　现生紫萁植物叶柄基特征示意图（据Miller，1971，略修改）

A. *Claytosmunda claytoniana*（*Osmunda claytoniana*）；B. *Leptopteris superba*

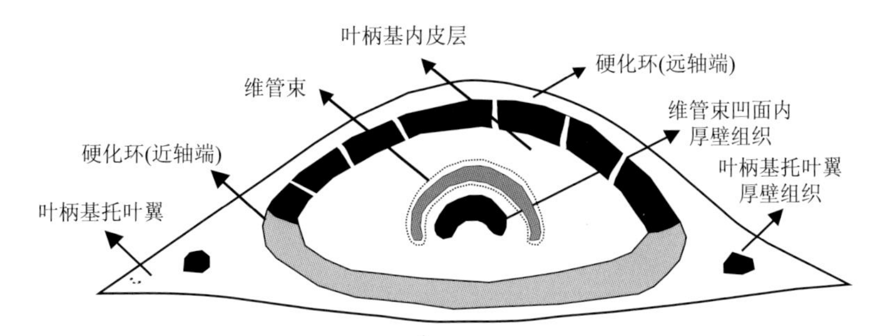

图4-7　典型紫萁科植物叶柄基横切面重要解剖构造特征示意图（据张武和郑少林，1991；略修改）

厚壁纤维组织同样见于叶柄基维管束凹面内（Hewitson，1962；Miller，1967），紫萁科植物的叶柄在托叶翼区基部维管束凹面内具有一个厚壁纤维组织形成的团块（图4-7），在某些紫萁植物类群中该团块沿着叶柄顶部方向逐渐增大，而另外一些类群中该团块逐渐收窄，甚至破碎为许多小块，但这些破碎的小块之间多由1～2个细胞联系着；此外，该团块也有可能分叉为独立的两块，分别位于叶柄基维管束弯曲而形成的半封闭凹面的两侧（Hewitson，1962；Miller，1967）。

现生紫萁科植物的许多种叶柄基内部皮层内含有较小的厚壁纤维丛，不同种之间纤维丛的形态及数量各异，在某些化石紫萁植物类群中这些厚壁纤维束可以形成一个环绕维管束分布的厚壁纤维鞘。

硬化环（sclerotic ring）是紫萁植物叶柄基的一个重要组成结构。部分紫萁植物的硬化环为同质，全部由薄壁纤维构成；而另外一部分紫萁植物的硬化环为异质，即除薄壁纤维外，还含有部分厚壁纤维组织。厚壁纤维在异质硬化环上的分布类型各异，且在同一个种的叶柄基不同发育水平也存在差异，但多呈带状见于硬化环远轴端或近轴端。桂皮紫萁属 *Osmundastrum* 较为特殊，其硬化环具有三个独立的厚壁纤维块，分别位于硬化环的远轴端顶部及两侧（Hewitson，1962；Miller，1971）。

Tian 等（2021）对紫萁类植物的叶柄基硬化环类型进行了系统总结，共计划分出 5 个大类（图 4-8），分别为：1. 叶柄基硬化环同质，完全由薄壁纤维构成；2. 叶柄基硬化环异质，具三个厚壁纤维块，分别位于其硬化环两侧及远轴端；3. 叶柄基硬化环异质，硬化环近轴端具一明显厚壁纤维带；4. 叶柄基硬化环异质，硬

类型		主要特征	代表化石
1		叶柄基硬化环同质，完全由薄壁纤维构成	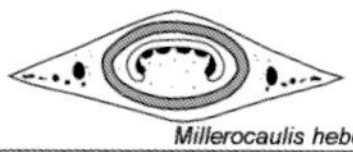 *Millerocaulis hebeiensis*
2		叶柄基硬化环异质，具三个厚壁纤维块，分别位于其硬化环两侧及远轴端	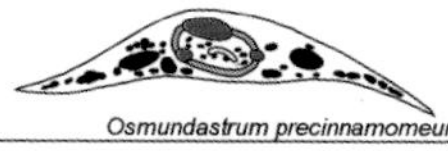 *Osmundastrum precinnamomeum*
3		叶柄基硬化环异质，硬化环近轴端具一厚壁纤维带	 *Osmunda regalis*
4	4.1	叶柄基硬化环异质，硬化环远轴端具一明显厚壁纤维带	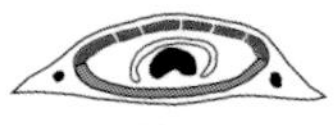 *Claytosmunda liaoningensis*
	4.2	叶柄基硬化环异质，硬化环远轴端具厚壁纤维带，但仅见于远轴端外侧	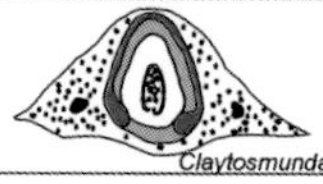 *Claytosmunda tekelili*
	4.3	叶柄基硬化环异质，硬化环远轴端具一两侧膨大、中部收窄的厚壁纤维带	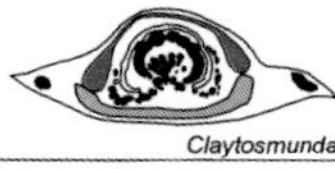 *Claytosmunda wangii*
	4.4	叶柄基硬化环异质，硬化环远轴端具厚壁纤维带，最初该带完全占据整个远轴端，其后退缩至两侧	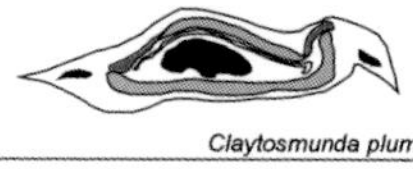 *Claytosmunda plumites*
5		叶柄基硬化环异质，其硬化环最外侧环绕一薄层的厚壁纤维带	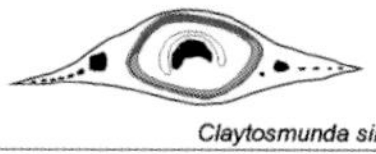 *Claytosmunda sinica*

图 4-8　紫萁目植物叶柄基硬化环主要类型及特征对比示意图（改自 Tian et al., 2021）

化环远轴端具厚壁纤维带，但仅见于远轴端外侧；5. 叶柄基硬化环异质，其硬化环最外侧环绕一薄层的厚壁纤维带。其中，第 4 类又进一步细分为四个小类：4.1. 叶柄基硬化环异质，硬化环远轴端具一明显厚壁纤维带；4.2. 叶柄基硬化环异质，硬化环远轴端具一厚壁纤维带，但仅见于远轴端外侧；4.3. 叶柄基硬化环异质，硬化环远轴端具一两侧膨大、中部收窄的厚壁纤维带；4.4. 叶柄基硬化环异质，硬化环远轴端具厚壁纤维带，最初该带完全占据整个远轴端，其后退缩至两侧。

叶柄基厚壁组织的分布特征在紫萁科植物属种鉴定上发挥着重要作用（Miller，1971；Tian et al.，2008a），需要获得其叶柄基在不同发育水平上形态特征的连续变化。紫萁植物的叶柄基在生长过程中往往在叶柄基外套中自下而上分布，因此要获取其连续变化特征需要进行连续切片，往往费时费力。图 4-9 给

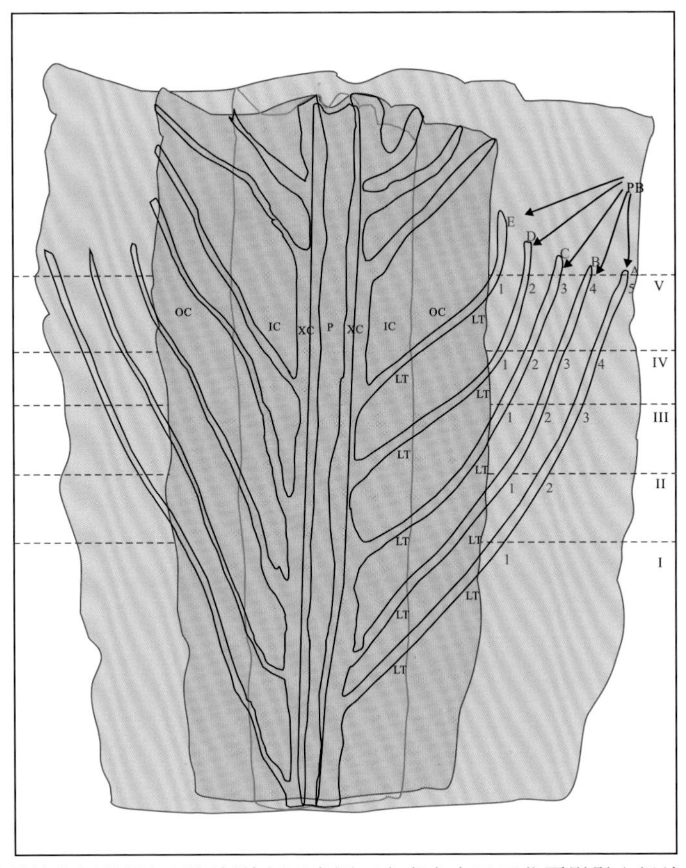

图 4-9　紫萁科植物根茎纵切面解剖特征示意图（参考产自辽西北票髫髻山组编号为 DMG-34 的根茎标本径切面绘制）

数字 1~5 代表叶柄基不同的发育水平，罗马数字 I~V 代表根茎的不同水平面；字母 A~E 代表 5 个独立的叶柄基；P=髓部；XC=木质部圆筒；IC=内部皮层；OC=外部皮层；LT=叶迹；PB=叶柄基

出了紫萁科植物纵切面解剖特征示意图，假设叶柄基 A 总共经历 1～5 五个发展阶段，但实际操作中我们难以将该叶柄基单独分离出来，制备其五个发育阶段的薄片，因而难以获取该叶柄基的连续变化特征；但从图 4-9 中我们可以看到，在根茎的水平面Ⅴ处分布有距离中柱由近及远的五个叶柄基（E—D—C—B—A）；从叶柄基发育的角度考虑，这五个叶柄基刚好处在五个不同的发展阶段；由此可见，只需制备紫萁科植物根茎任意水平的横切面，即可获得叶柄基的连续变化特征。

7. 根迹特征（roots）

紫萁类植物的不定根多自靠近中柱位置的叶迹发出（Hewitson，1962）。根迹维管束横切面多呈纺锤形，具二极型原生木质部丛，而维管束外围则由木质部鞘、韧皮部、维管束鞘、内皮层及皮层构成（图 4-10）。根迹往往能够穿越皮层及叶柄基外套，但一般难以穿透叶柄基硬化环（Miller，1967）。现生 *Osmunda* 及 *Plenasium* 每个叶迹多发出两条根迹，而其余现生紫萁植物多只有一条根迹发出（Hewitson，1962）。

图 4-10　化石紫萁科植物典型的具二极型原生木质部的根迹

8. 紫萁茎干生长习性（growth habits）

绝大多数现生紫萁科植物及部分化石类型具有根状茎，呈匍匐状紧贴地面生长。但现生的 *Todea barbara* 及已灭绝的紫萁茎属 *Osmundacaulis* 则呈树蕨状，具有直立生长特性。紫萁植物的生长习性可以通过观察其茎干/根茎横切面上根迹在皮层及叶柄基外套区的生长角度进行判定（Miller，1971）。具根状茎的类群，其根迹形成后多直接从原地向茎干外部发出，因此其茎干横切面所展示的根迹绝大多数呈现出纵切或斜切状；而具直立茎的标本，其根迹在形成后多延伸至茎干底端才向外发出，因此其茎干横切面的根迹多呈横切状。

部分紫萁植物的茎干呈二歧状分叉，形成两个近乎等径的分支，如果存在一支大于另一支的情况，则较大的一支可能会再次分叉（Faull，1901）（图 4-11）。分叉主要是靠中柱组织的延展而形成的，在中柱延展的同时，伴随着与延展压扁方向垂直的中柱组织的收缩，两个中柱逐渐分离，并渐呈圆形（Miller，1971）。

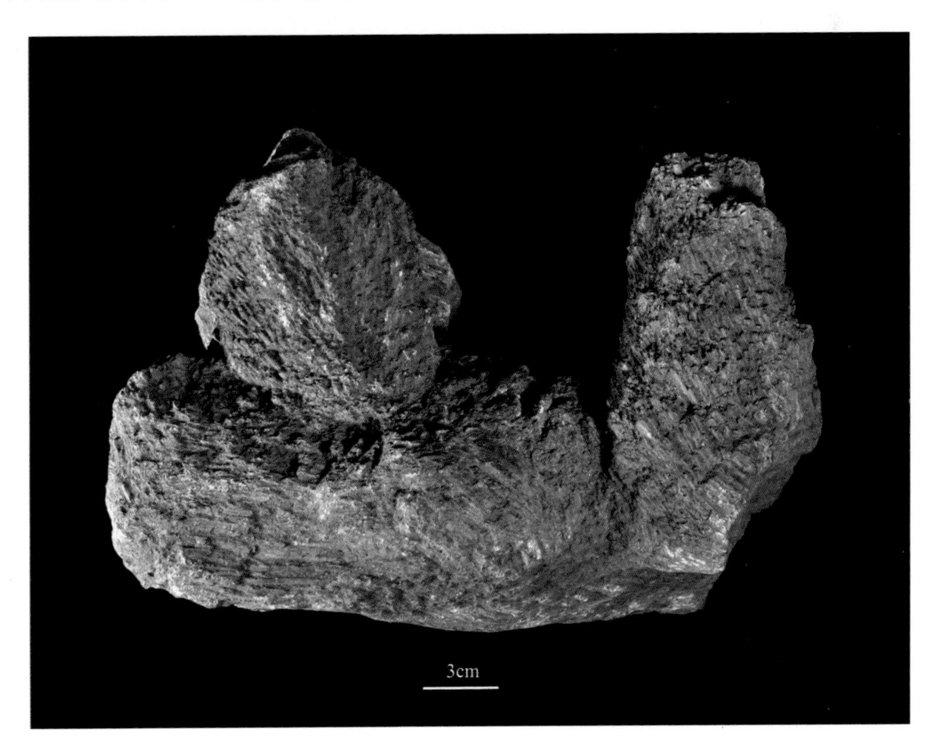

图 4-11　辽西北票髫髻山组产出的具分叉的紫萁科茎干化石

4.2 化石材料及主要技术手段

本书所涉及的化石材料，主要来自项目组成员对辽西地区的多次野外考察。项目组成员先后在辽西北票市长皋乡的蛇不呆沟、赖马营、喇嘛营、台子山、段嘛沟等地进行地层层序的厘定和剖面观察，并在中—上侏罗统髫髻山组采集到了大量紫萁矿化根茎化石、木化石及部分植物叶片化石。其中，在髫髻山组总计获得紫萁矿化根茎标本约 75 块（图 4-12），其中茎干解剖构造保存较好的有近 50 块。对部分保存较好的标本进行了切片，总计制作薄片 93 枚。本书共描述其中的 30 块标本（表 4-1），所涉及的化石标本及薄片保存于辽宁古生物博物馆及中国科学院南京地质古生物研究所古植物标本库。

图 4-12　现生及化石紫萁植物茎干

A. 产出自北票地区髫髻山组的部分紫萁茎干化石；B. 现代紫萁植物 *Osmunda japonica* Thunb. 茎干，示宿存的叶柄基外套；C～E. 紫萁矿化茎干化石，示叶柄基外套；F. 紫萁矿化茎干化石，示横切面

表 4-1　辽西北票地区保存较好的紫萁根茎化石统计表

标本编号	类型	保存地点
PB21406-21410	*Millerocaulis beipiaoensis*	中科院南京地质古生物研究所
LMY-249	*M. bromeliifolites* sp. nov.	辽宁古生物博物馆
DMG-41	*Claytosmunda liaoningensis*	辽宁古生物博物馆
LMY-1	*C. liaoningensis*	辽宁古生物博物馆
LMY-12	*C. liaoningensis*	辽宁古生物博物馆
LMY-20	*C. liaoningensis*	辽宁古生物博物馆
LMY-116	*C. liaoningensis*	辽宁古生物博物馆
LMY-248	*C. liaoningensis*	辽宁古生物博物馆
LMY-250	*C. liaoningensis*	辽宁古生物博物馆
LMY-251	*C. liaoningensis*	辽宁古生物博物馆
SBD-13	*C. liaoningensis*	辽宁古生物博物馆
SBD-211	*C. liaoningensis*	辽宁古生物博物馆
DMG-I	*C. liaoningensis*	辽宁古生物博物馆
DMG-32	*C. liaoningensis*	辽宁古生物博物馆
DMG-42	*C. liaoningensis*	辽宁古生物博物馆
LMY-17	*C.* cf. *liaoningensis*	辽宁古生物博物馆
LMY-129	*C.* cf. *liaoningensis*	辽宁古生物博物馆
PMOL-B01252	*C. plumites*	辽宁古生物博物馆
PMOL-B01253	*C. plumites*	辽宁古生物博物馆
PMOL-B01254	*C. zhangiana*	辽宁古生物博物馆
DMG-56	*C.* cf. *plumites*	辽宁古生物博物馆
LMY-275	*C.* cf. *plumites*	辽宁古生物博物馆
LMY-305	*C.* cf. *plumites*	辽宁古生物博物馆
TZS-16	*C.* cf. *plumites*	辽宁古生物博物馆
DMG-40	*C. preosmunda*	辽宁古生物博物馆
LMY-88	*C. preosmunda*	辽宁古生物博物馆
LMY-109	*C. preosmunda*	辽宁古生物博物馆
PB21634	*C. wangii*	中科院南京地质古生物研究所
PB21635	*C. wangii*	中科院南京地质古生物研究所
SBD-2	*C. zhengii* sp. nov.	辽宁古生物博物馆

对已获取的标本逐一进行了观察、测量、照相及描述，制作了详细的数据清单。所有标本采用 Nikon D500 和 Olympus 4070 数码相机进行拍摄。研究矿化保存的植物化石最常规的方法为切片法（slicing method）或撕片法（peeling method）。撕片法的优点在于使用简便，且对标本的损坏较小，尤其适用于矿化基质较软的煤核（coal ball）研究。而切片法最大的优点在于可以直接观察保存了三维结构的植物化石解剖构造，且适用范围广泛，各种基质的矿化标本均可以采用该方法。

本书所涉及的紫萁科矿化茎干化石主要为硅化保存，基质较硬，且由于其中柱外侧皮层区及由叶柄基和不定根组成的外套部分连接较为松散，并不十分适合采用撕片法。鉴于此，本书主要采用常规切片法来获取茎干解剖构造特征。

1. 切片法

本书针对紫萁矿化茎干化石采用常规木化石切片方法（Hass and Rowe，1999），具体操作步骤如下。

1）镜检

将岩块用环氧树脂胶粘在载玻片上，用电锯获取厚切片，用显微镜镜检，挑选结构保存较好的切面，确定出最理想的研磨面。

2）磨片

用 400 号金刚砂作为研磨剂，转速不要太快（200 r/min 左右），在磨盘上手工研磨，以便更好地控制片子的厚度。

3）干燥

磨完后，先将金刚砂研磨剂在流水下彻底冲洗，然后将玻片放在干燥器内或电热盘上（不超过 80℃）进行干燥。

4）翻片

待玻片干燥后，将薄片移到另一载玻片上并翻片。具体步骤为：①将环氧树脂胶加在新的生物载玻片上，放在电加热台上，加热到 180℃（或略低于熔点的温度），以便减少气泡的产生；②将装有切片的载玻片放在电加热台上加热；③待环氧树脂胶熔化后，用两把镊子将薄片水平夹起，将切片移至新的载玻片，并翻转粘在新载玻片上。

5）研磨切片反面

待环氧树脂胶变硬后，对切片的另一面进行研磨，直到将切片磨到理想的程度。同时要保证薄片尽量置于玻片的中央。研磨最后阶段将磨盘上的金刚砂替换为 600 号或 800 号。研磨过程中注意边研磨边在镜下观察，直至达到理想的观察效果。

6）封片

将研磨好的切片及载玻片放在电加热台上加热，将胶体均匀涂抹在薄片上，用镊子将盖玻片轻轻压在薄片上。封片过程是薄片制作过程中的常规步骤之一，但鉴于使用盖玻片封片会导致在高倍镜下观察时景深降低而无法准确对焦，部分薄片并未封片。

2. 室内显微研究方法

所制备的切片在封片后，于显微镜下对标本进行观察并记录。观察标本薄片时，本书既采用了常规的生物透视显微镜观察，也尝试使用体视显微镜对部分标本进行了观察。观察效果显示茎干切片直接在体视显微镜下获取的图像效果更为理想。分别利用 ACT-1C DXM1200C 图像采集软件在 Nikon E600 生物透视显微镜下，以及 NIS-Element F 3.0 Software 图像采集软件在 Nikon SMZ800N 体视显微镜下对标本进行了拍照工作，共获取标本解剖构造照片 1200 余张。所获取照片利用 Photoshop CS3 及 CorelDraw 14 软件进行了颜色、亮度、对比度、色差、曝光度、饱和度等相关修片工作。

4.3　系统古生物学

本书基于 Bomfleur 等（2017）最新的关于紫萁目茎干的分类方案开展系统描述工作，共计描述了辽西地区中—上侏罗统髫髻山组产出的紫萁科矿化茎干化石材料 2 属 10 种，其中包括 2 个新种及 2 个比较种，主要归入紫萁科植物 2 个属，即绒紫萁属 *Claytosmunda*（Yatabe, Murak. et Iwats.）Metzgar et Rouhan（8 种，其中包括 1 个新种及 2 个比较种）及米勒茎属 *Millerocaulis* Erasmus ex Tidwell emend. Vera（2 种，其中包括 1 个新种）。除上述统计标本之外，Cheng 和 Li（2007）及 Cheng（2011）还分别报道了与当前标本产于同一产地及层位的 *Claytosmunda sinica*（Cheng et Li）Bomfleur, Grimm et McLoughlin 以及 *C. chengii*（原 *Ashicaulis claytoniites* Cheng）。Yang 等（2010）也曾简要报道了与当前标本产于同一产地和层位的紫萁科矿化茎干及叶化石共同保存的材料，但未作详细系统学研究；但作者等据其根茎叶柄基解剖形态特征分析，认为其可能属于 *Millerocaulis beipiaoensis*。综上所述，辽西地区当前共计报道有紫萁科矿化茎干化石 2 属 12 种。此外，与辽西地区邻近的冀北地区髫髻山组地层也发现有 2 种紫萁科矿化茎干化石，即河北紫萁茎（*Osmundacaulis hebeiensis*）和巨髓阿氏茎（*Ashicaulis macromedullosus*），根据 Bomfleur 等（2017）最新的关于紫萁目茎干的分类方案，上述两种现已分别被修订为 *Millerocaulis hebeiensis*（Wang）Tidwell 及 *M. macromedullosus*（Matsumoto et al.）Vera。

真蕨植物门 Pteridophyta

紫萁目 Osmundales

紫萁科 Osmundaceae Martinov, 1820

紫萁亚科 Osmundoideae sensu Tidwell, 1994

绒紫萁属 *Claytosmunda*（Yatabe, Murak. et Iwats.）Metzgar et Rouhan, 2016

模式种：*Claytosmunda claytoniana*（L.）Metzgar et Rouhan, 2016

属征：茎干中心具髓，由薄壁细胞构成。中柱木质部管状，通常较薄（径向多约 15 个管胞厚，少数达 20 个管胞厚）。叶迹原生木质部在从中柱木质部分离处呈中始式，进入皮层区后转变为内始式，其首次分叉发生在皮层最外部，或脱离皮层区之后。茎干皮层区二分，主要分为由薄壁细胞构成的内部皮层和由厚壁细胞构成的外部皮层。外部皮层均质，通常较内部皮层厚。叶柄具一对托叶翼，内具形态、大小多样的厚壁纤维组织；叶柄维管束内向弯曲（常呈马蹄形）。叶柄硬化环异质，其远轴面具一厚壁纤维带，往往后期发育为一对对生、分离或轻微连接的厚壁组织块（编译自 Bomfleur et al.，2017）。

分布时限：中三叠世至现在。

辽宁绒紫萁 *Claytosmunda liaoningensis*（Zhang et Zheng）Bomfleur, Grimm et McLoughlin
（图版 1~9）

1991　*Millerocaulis liaoningensis* Zhang et Zheng，张武和郑少林，页 714-727，图版 I～V，插图 3，4

1994　*Ashicaulis liaoningensis* Zhang et Zheng emend. Tidwell, Tidwell, 253-261

2018c　*Ashicaulis liaoningensis* Zhang et Zheng emend. Tidwell, Tian N, Wang YD, Zhang W, Zheng SL, Zhu ZP, Liu ZJ, 165-176, fig. 3

标本：DMG-I，32，41，42；LMY-1，12，20，116，248，250，251；SBD-13，211，所有薄片均保存于辽宁古生物博物馆。

描述：共计涉及 12 块标本，其中编号为 LMY-251 的保存较好（图版 1A），其髓部特征保存完好，直径约 1.0～2.0 mm，异质，以薄壁细胞为主，局部可见细胞壁加厚的薄壁细胞（图版 1B～D）。中柱为典型的外韧网管中柱，木质部圆筒厚约 0.5～0.7 mm（约有 12～15 个管胞厚），由 15～18 个木质部束组成（图版 1C；2B，C；4C；5B；6C；7B～H）；单个木质部束横切面多呈“O”或“U”形），原生木质部为中始式（图版 5D）；叶隙较明显，属典型的完整叶隙，多为即时型（图版 1B，C；2B，C；4B，C；5B；6C；7B～H）。紧贴中柱外侧的韧皮部、木质部鞘、内皮层等结构挤压在一起，局部破裂，保存较差，细节特征不明。

皮层位于中柱外围，分为内、外两部分（图版 1B；2B；3B；4B；5B；6B；8A）。内部皮层厚约 0.5～0.6 mm，由薄壁细胞组成；在内部皮层中叶迹数为 13～15 个；外部皮层厚 0.5～0.7 mm，叶迹数约为 16 个。内部皮层区的叶迹维管束多呈肾形，近轴面微弯，仅具一个原生木质部丛，内始式（图版 2D；3C；4D；5C；8D）；外部皮层区的叶迹与内部皮层区的叶迹整体形态类似，但其维管束近轴端凹面的弯度略增大，原生木质部丛仍多为 1 个（图版 1E；3C；5D；8F），个别标本可见分叉为 2 个（图版 4E）。

外部皮层外侧可见多个叶柄基，并紧密排列在一起，形成一个连续的叶柄基外套（mantle of petiole bases）。靠近皮层区的叶柄基，硬化环表现为同质，均由薄壁纤维组成（图版 3E；9A）；进入叶柄基托叶区后，硬化环远轴端出现一个很窄的厚壁纤维带，约占据整个环周长的 1/3（图版 1F；6D；9B）；随着离中柱距离的增大，厚壁纤维带的宽度和长度也逐渐增大。至托叶翼区中部，其叶柄基硬化环厚壁纤维带完全占据整个远轴端，其长约占整个环周长的 1/2（图版 1G；2F；3E，F；4F；5F；6D；9C）。靠近皮层区的叶柄基，其维管束凹面未见厚壁组织；但进入叶柄基托叶区后，其维管束凹面先开始出现一个近圆形的厚壁组织块，其后发展为半月形至弓形（图版 2H；3H），或呈条带状。此外，进入叶柄基托叶区的叶柄基，其两侧托叶翼内各具一个较大的厚壁组织块，形状近卵形，靠近硬化环一端略粗，往另一端逐渐收窄，随着距中柱距离的增大，该厚壁组织块逐渐增大（图版 1G；2F～H；3E，F；4F，G；5G，H；6D～F；9B～E）。叶柄基内部皮层未见厚壁组织。

该种当前的标本不定根较发育，其根迹维管束部分从叶迹和叶柄基的维管束发出，也有部分直接从中柱的木质部束发出。在横切面中，不定根具有明显的二极型原生木质部丛（图版 9F）。

值得关注的是，在该种的所有标本中，编号为 DMG-I 的一块十分引人瞩目，该标本由一个主根茎及两个自主根茎分出的分叉构成（图版 7A）；其主根茎呈扁圆柱状，直径超过 20 cm；分叉根茎呈圆柱状，直径约 10 cm（图版 7A）。一般认为紫萁植物的茎干分叉呈二歧状，分叉所形成的两支近乎等径，如果存在一支大于另一支的情况，则较大的一支可能会再次分叉。该标本的发现，显示紫萁植物可能存在不等轴二歧分叉的现象，即存在一个主根茎，分叉自主根茎发出后往上部直立生长，而主根茎则一直保持匍匐生长。

比较与讨论：辽宁绒紫萁 *Claytosmunda liaoningensis* 最早由张武和郑少林（1991）报道于辽宁省阜新市王府镇中侏罗统蓝旗组（现改称髫髻山组）。该种原定名为辽宁米勒茎（*Millerocaulis liaoningensis* Zhang et Zheng），其典型特征为：叶柄基硬化环异质，远轴端具厚壁纤维带，维管束凹面内具一个半月形厚壁组织块，两侧托叶翼内各具一块状厚壁组织（张武和郑少林，1991）。Tidwell（1994）根据该种中柱具完整叶隙的特征，将其归入新建立的阿氏茎属（*Ashicaulis* Tidwell），即 *Ashicaulis liaoningensis*（Zhang et Zheng）Tidwell。其后，Bomfleur 等（2017）基于最新分类方案将该种归入绒紫萁属。此外，该种也曾发现于我国内蒙古科尔沁右翼中旗中侏罗统新民组（Tian et al.，2018c）。

当前北票地区所发现的 12 块标本的叶柄基硬化环远轴端均具有厚壁纤维带，维管束凹面内具半月形厚壁组织块，两侧托叶翼内各具一厚壁组织块，上述特征与张武和郑少林（1991）报道的自阜新地区发现的 *Claytosmunda liaoningensis* 的模式标本基本一致，因此被归入该种。

产地：辽宁省阜新市王府镇；北票市长皋乡蛇不呆沟、赖马营、段嘛沟等地；内蒙古科尔沁右翼中旗。

层位：中—上侏罗统髫髻山组、新民组。

辽宁绒紫萁（比较种）*Claytosmunda* cf. *liaoningensis*（Zhang et Zheng）Bomfleur, Grimm et McLoughlin

（图版 10～12，图 4-13，图 4-14）

标本：LMY-129，LMY-17，保存于辽宁古生物博物馆。

描述：标本整体轮廓为圆柱形，长约 4.5 cm，直径约 5.0 cm，根茎外具一由宿存的叶柄基套及不定根形成的外套（图版 10A；12A）；根茎未见分叉，横切面仅见单个中柱（图版 10A）。

髓腔较大，直径约 1.5 mm×2.0 mm（图版 10D），异质，既见薄壁细胞，又见厚壁细胞（图版 10F；12C）；中柱为管状，其木质部圆筒厚度约 0.8 mm（约 13 个管胞厚），具不完整叶隙，叶隙深度约占木质部圆筒厚度的 1/7～1/6（图版 10D，E；图 4-13）；韧皮部、中柱鞘、内皮层等保存较差，局部可见呈“V”形的韧皮部（图版 10E）。

皮层位于中柱的外围，分为内、外两部分；内部皮层厚约 0.9～1.4 mm，似由薄壁细胞构成，含叶迹约 12 个（图版 10D，12B；图 4-13）。内部皮层叶迹维

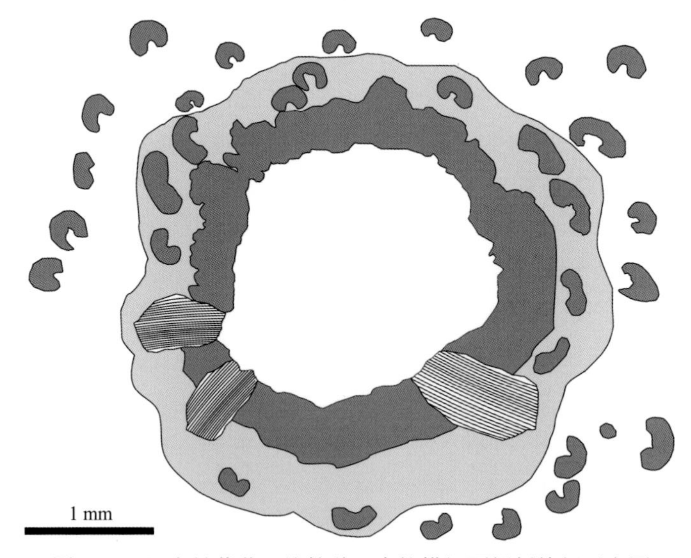

图 4-13　辽宁绒紫萁（比较种）中柱横切面解剖特征示意图

管束近轴面微弯，呈肾形，仅具一个原生木质部丛，内始式（图版 10E；12D，E）；外部皮层界线不明，厚约 1.8～2.0 mm，似由厚壁细胞构成，含叶迹数超过 18 个；外部皮层叶迹与内部皮层叶迹基本特征类似，其维管束凹面的弯度较内部皮层叶迹略增大，渐呈“C”形，具两个原生木质部丛（图版 12F）；叶迹原生木质部第一次分叉位置在外部皮层。

叶柄基硬化环为异质，远轴端具一厚壁纤维带；在托叶翼区基部，该纤维带约占据整个硬化环的 1/3（图版 10G；图 4-14）；至托叶翼区中部，该厚壁带逐渐占据整个硬化环的 1/2（图版 10H，12G；图 4-14），叶柄基维管束凹面具一圆形较大厚壁组织块（图版 10H，12H；图 4-14），至最外围叶柄基区，该厚壁组织块逐渐变为半月形（图版 11A，B；12I；图 4-14），托叶翼内具一巨大的团块状厚壁组织块，占据整个托叶翼的大部分空间（图版 12I；图 4-14）；叶柄基内皮层未见厚壁组织。

不定根十分发育，仅从中柱木质部束直接发出的就超过 3 条（图版 11C；12G）。

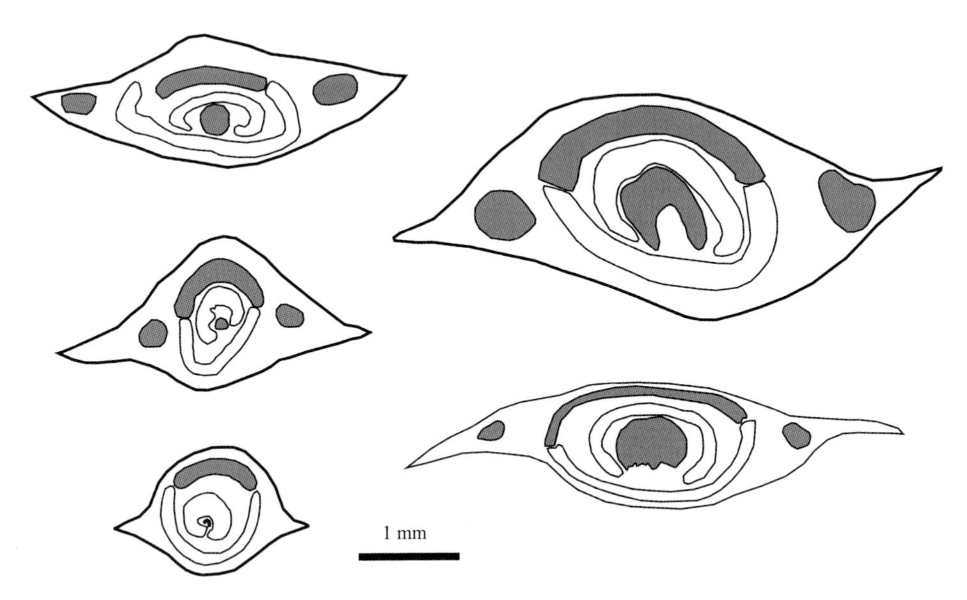

图 4-14　辽宁绒紫萁（比较种）叶柄基特征示意图

比较与讨论：当前标本中柱属管状中柱，发育有不完整叶隙。按照传统分类方案（Tidwell，1994），其应被归入米勒茎属 *Millerocaulis*。但根据 Bomfleur 等（2017）的分类方案，叶隙的差别不宜作为属一级分类依据；且因当前标本具异质叶柄基硬化环，相应地应归入绒紫萁属 *Claytosmunda*。在目前已报道的绒紫萁属各种中，当前标本与 *C. liaoningensis* 在叶柄基特征方面基本一致，如二者的硬化环远轴端均为厚壁纤维带所占据，叶柄基维管束凹面及托叶翼内各具一厚壁组织块等；二者的主要差异在于 *C. liaoningensis* 的模式标本中柱具典型的完整叶隙，而当前新材料多具不完整叶隙。鉴于此，将当前标本暂定为：辽宁绒紫萁（比较种）（*C.* cf. *liaoningensis*）。

产地：辽宁省北票市长皋乡赖马营村。

层位：中-上侏罗统髫髻山组。

似普拉姆绒紫萁 *Claytosmunda plumites*（Tian et Wang）Bomfleur, Grimm et McLoughlin
（图版 13～15；图 4-15，图 4-16）

2014a *Ashicaulis plumites* Tian et Wang, Tian N, Wang YD, Philippe M, Zhang W, Jiang ZK, Li LQ, 209-219, figs. 1-4

标本：PMOL-B01252，PMOL-B01253，保存于辽宁古生物博物馆。

种征：外韧网管中柱；木质部圆筒约 9～10 个管胞厚，由 20 个木质部束组成；叶隙明显，为即时型或延迟型；皮层分内、外两部分，内皮层含叶迹约 16～18 个，外皮层含叶迹约 13 个；叶柄基托叶翼区基部，硬化环为异质，厚壁纤维带占据环的远轴端，其约占整个环周长的 1/3，但其厚度较环近轴端薄壁纤维带略窄，维管束呈“C”形，维管束凹面及托叶翼内各具一厚壁组织块，叶柄基内皮层未见厚壁组织；往叶柄基顶端方向，维管束凹面内厚壁组织块形态经历一系列变化，由块状逐渐变为新月形—短棒状—伞状—蘑菇状等；硬化环厚壁纤维带在托叶翼基部位置占据整个环的远轴端，往叶柄基顶部方向，逐渐向两侧退缩（呈长带状），最终退缩到远轴端最外侧，并略膨大；根迹不甚发育（编译自 Tian et al.，2014a）。

描述：正模标本直径超过 6.0 cm，长约 7.0 cm，根茎外具一由宿存的叶柄基套及不定根形成的外套（图版 13A）；根茎未见分叉，横切面仅见单个中柱（图版 13B；14A，B）。

髓部直径约 0.9 mm×3.0 mm，保存较差，具体特征不明（图版 13D）。中柱为典型的外韧网管中柱，约由 20 个木质部束组成，木质部圆筒厚约 0.4～0.5 mm，约有 9～10 个管胞厚，叶隙较宽，属典型的完整叶隙（图版 13C，14C；图 4-15）。韧皮部、中柱鞘、内皮层等结构特征不明。

皮层位于中柱的外围，分为内、外两部分；内部皮层厚约 0.85 mm，细胞组成特征不明，含 16～18 个叶迹；外部皮层厚约 1.5～2.5 mm，约含 13 个叶迹（图版 13B；14C；图 4-15）。内、外部皮层叶迹特征较为相似，略呈肾形，副模标本显示，内部皮层叶迹具单个原生木质部丛（图版 14E），外部皮层叶迹具单个或两个原生木质部丛（图版 14F，G），叶迹原生木质部首次分叉位置发生在外部皮层。

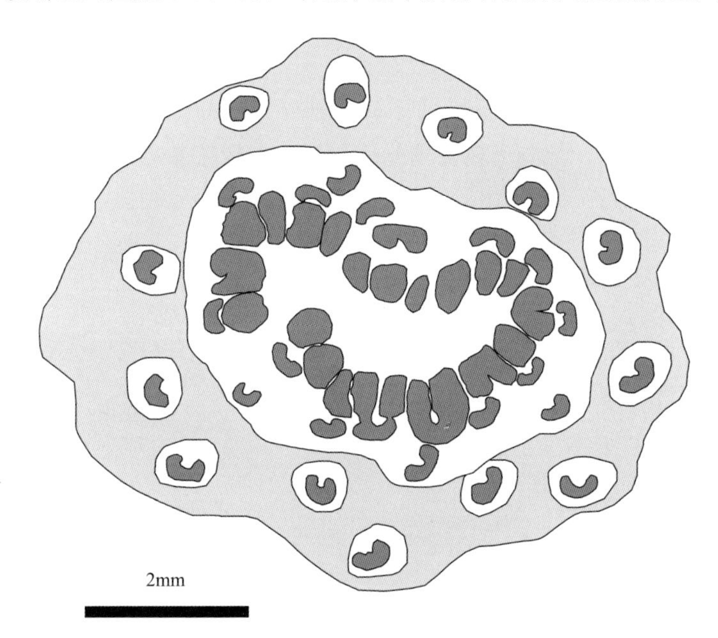

图 4-15　似普拉姆绒紫萁中柱横切面解剖特征示意图（引自 Tian et al.，2014a）

叶柄基出现于外部皮层的外侧，数量较多。叶柄基托叶翼区基部位置，硬化环为异质，一厚壁纤维带占据环的远轴端外侧，约占整个硬化环周长的 1/3，但其厚度较硬化环近轴端略窄，维管束呈“C”形，维管束凹面及托叶翼内各具一厚壁组织块，叶柄基内皮层未见厚壁组织（图版 13D，E；14H；图 4-16）；往叶柄基顶端方向，维管束凹面内厚壁组织块形态经历一系列变化（由块状逐渐变为新月形—短棒状—伞状—蘑菇状等）（图版 13F～H；14I；15A，B；图 4-16）；叶柄基硬化环远轴端厚壁纤维带亦经历了一系列连续变化，厚壁纤维带由占据整个环的远轴端（图版 13E，F），逐渐退缩到远轴端的两侧（呈长带状）（图版 13G，H），最终退缩到远轴端的最外侧，并略膨大（图版 13I；14I；15A，B；图 4-16）；至托叶翼区中上部，叶柄基维管束逐渐收窄，近 1～3 个管胞厚（图版 13F～H；14I；15A，B；图 4-16）。托叶翼内厚壁组织块呈条带状，靠近硬化环方向略粗，往托叶翼尖端方向收窄；不定根不甚发育，零星可见从中柱木质部束发出。

比较与讨论：当前标本因具有二分的皮层、叶柄基具托叶翼等紫萁科植物茎干的典型特征，理应被归入紫萁科；另因其具有异质叶柄基硬化环，而应被归入绒紫萁属。*C. plumites* 叶柄基硬化环远轴端厚壁纤维带分叉为相互独立的两块，且未发生明显的膨大，因而与 *C. liaoningensis*、*C.* cf. *liaoningensis*、*C. zhangiana*、*C. wangii* 及后文描述的 *C.* cf. *plumites* 差异明显，而与 Cheng 等（2007a）描述的产于同一产地、层位的 *C. preosmunda* 在这一特征上更为相似；但后者的中柱往往不发育完整的叶隙，此外其叶柄基维管束凹面厚壁纤维块呈半月状且近轴端不膨大，因而也与 *C. plumite*s 存在明显差异。*A. plumites* 在叶柄基维管束凹面内厚壁组织方面特征极为独特（其近轴端显著膨大），与目前已报道的紫萁科现生及化石标本均有较大差别，但与产自美国北达科他州古新统 Fort Union 组的 *Osmunda pluma* 颇为相似，且二者在叶柄基硬化环特征方面也十分相似，显示二者之间可能具有一定的亲缘关系。

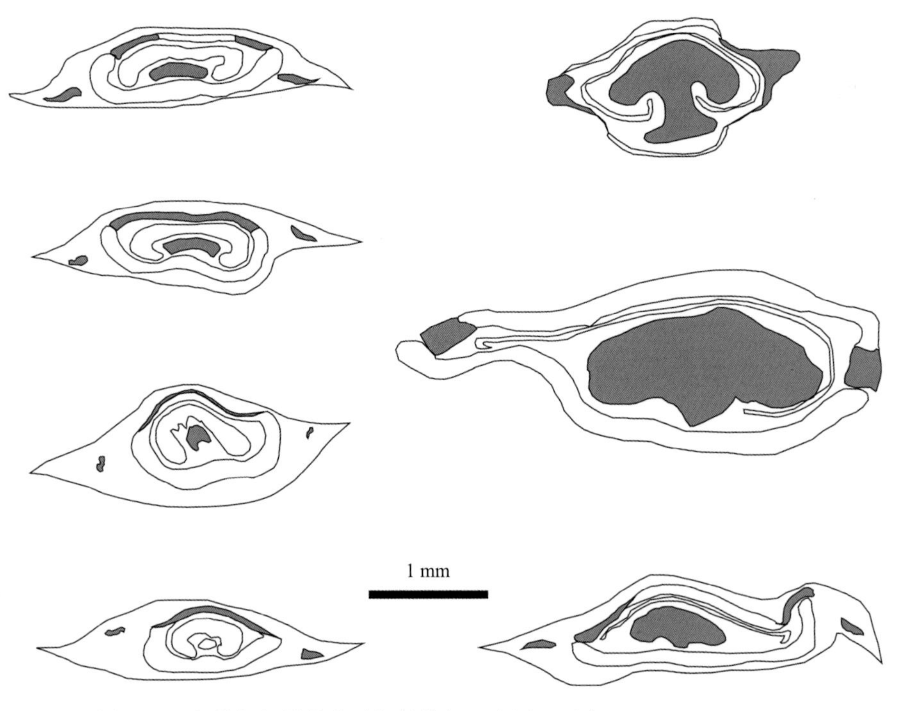

图 4-16　似普拉姆绒紫萁叶柄基特征示意图（引自 Tian et al.，2014a）

产地：辽宁省北票市长皋乡赖马营村、台子山。
层位：中—上侏罗统髫髻山组。

似普拉姆绒紫萁（比较种）*Claytosmunda* cf. *plumites*（Tian et Wang）Bomfleur, Grimm et McLoughlin
（图版 15～19，图 4-17，图 4-18）

标本：LMY-275，DMG-56，LMY-305，TZS-16，保存于辽宁古生物博物馆。

描述：编号为 LMY-275 的标本直径超过 10.0 cm，长约 8.0 cm（图版 16A），根茎具明显分叉，横切面可见两个中柱（图版 16B），中柱外具一由宿存的叶柄基及不定根形成的外套；髓部直径约 0.8 mm×2.5 mm，局部可见薄壁细胞（图版 16D）。中柱为典型外韧网管中柱，木质部圆筒厚约 0.4～0.5 mm，约有 11～12 个管胞厚，由约 14 个木质部束组成（图版 16D；17C；18D；19C），叶隙属典型的完整叶隙，既有即时型（图版 16D，E），也有延迟型（图版 16D）；韧皮部、中柱鞘等特征不明。

标本的皮层区具有二分性：内部皮层厚约 0.6～0.8 mm，细胞组成特征不明，约含 13 个叶迹；外部皮层厚约 1.5～2.5 mm，约含 13 个叶迹（图版 16C；17B；18C；图 4-17）。内部皮层叶迹维管束略呈肾形，具单个原生木质部丛（图版 19E）；外部皮层叶迹维管束多呈“C”形，也仅具单个原生木质部丛（图版 16F；17D；18F），推测叶迹维管束原生木质部丛首次分叉发生在叶柄基区。

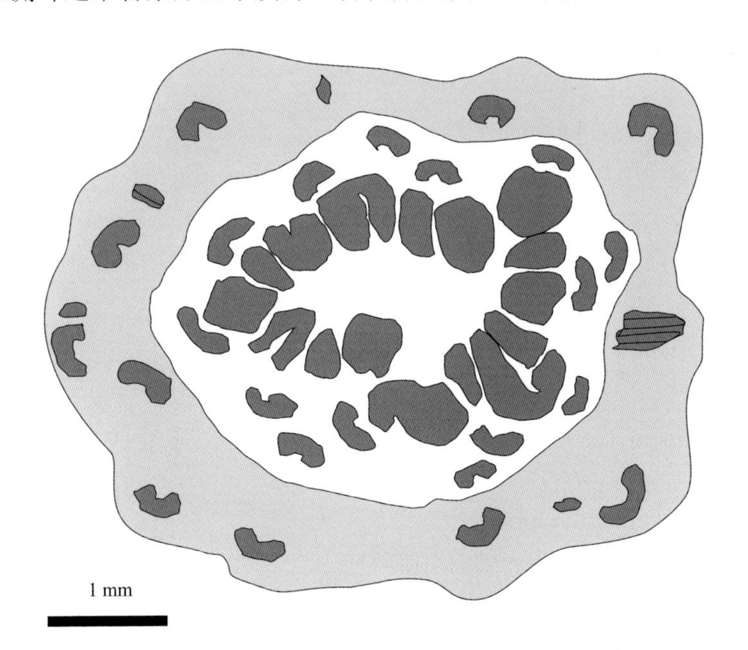

图 4-17　似普拉姆绒紫萁（比较种）中柱横切面解剖特征示意图

叶柄基托叶翼区基部，叶柄基硬化环为异质，一厚壁纤维带占据环的远轴端，其约占整个环周长的 1/3，维管束呈“C”形，维管束凹面及托叶翼内各具一较小的厚壁组织块，叶柄基内皮层未见厚壁组织（图版 16G；19D；图 4-18）。往叶柄基顶部方向，维管束凹面内厚壁组织块逐渐增大，且由团块状逐渐变为新月形，托叶翼内团块状厚壁组织也逐渐增大，往托叶翼尖端方向收窄（图版 16H；19F；图 4-18）。至叶柄基托叶翼区顶部，维管束凹面内厚壁组织块变为粗壮的短棒状，且近轴面中部略凸起（图版 18G；图 4-18）。出托叶翼区后，叶柄基维管束被挤压得极窄，维管束凹面内厚壁组织逐渐呈蘑菇状（图版 17H～J；18H；19F，G；图 4-18）；叶柄基硬化环远轴端自始至终为厚壁纤维带占据。

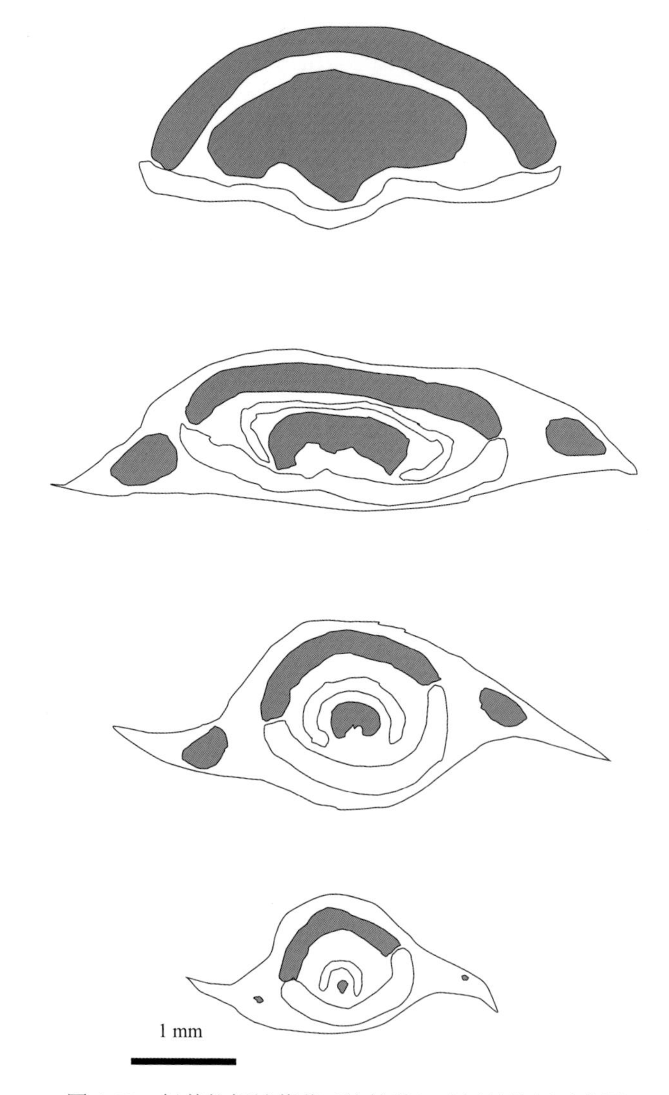

图 4-18　似普拉姆绒紫萁（比较种）叶柄基特征示意图

比较与讨论：当前标本具有紫萁科植物茎干的典型特征（如具二分的皮层、叶柄具托叶翼等）。根据 Bomfleur 等（2017）的分类方案，当前标本因具异质叶柄基硬化环，而应被归入绒紫萁属。其叶柄基特征在硬化环方面与 *C. liaoningensis* 和 *C.* cf. *liaoningensis* 十分相似，其硬化环远轴端完全被厚壁纤维带所占据。但其叶柄基维管束凹面厚壁组织块近轴端具显著凸起，在这一特征上与 *C. plumites* 更为接近；且二者在中柱特征方面也十分接近。故暂将其定为 *C.* cf. *plumites*。

产地：辽宁省北票市长皋乡。

层位：中—上侏罗统髫髻山组。

原始紫萁绒紫萁 *Claytosmunda preosmunda*（Cheng, Wang et Li）Bomfleur, Grimm et McLoughlin
（图版 20～22）

2007a *Millerocaulis preosmunda* Cheng Y M, Wang Y F, Li C S, 1351-1358, figs. 1-3

标本：DMG-40；LMY-88，109，保存于辽宁古生物博物馆。

描述：当前共计发现有三块标本，其中标本 LMY-88 与 LMY-109 保存有中柱特征。茎干直径约 10～15 mm，外部具由叶柄基及不定根形成的外套（图版 20A，B；21A，B）。管状中柱，髓部直径约 2.0 mm，圆筒厚度约 0.5～0.7 mm（10～14 个管胞厚），具不完整叶隙，占据木质部圆筒厚度的 1/10～1/8（图版 20D；21D）；皮层分内外两部分，内部皮层厚约 1.0～1.5 mm，外部皮层厚约 1.5～2.0 mm，整个皮层区约含 30 个叶迹（图版 20C；21C）。皮层区叶迹维管束呈“C”形，受保存条件限制，叶迹维管束原生木质部丛数量难以识别，因此暂无法确定其首次分叉的具体位置。

叶柄基硬化环异质，其远轴端发育厚壁纤维带，在托叶翼区基部，其往往占据整个远轴端；往托叶翼区顶端方向，厚壁纤维带中部逐渐收窄（图版 20G；21H，I），并发生分叉，最终退缩至硬化环两侧（图版 20H；21J）；叶柄基维管束凹面内具一半月形厚壁组织，维管束皮层未见厚壁组织；叶柄基托叶翼内具一异质厚壁组织块及零星厚壁组织丛（图版 20G，H；21F～J；22A～F）。

比较与讨论：当前描述的标本因具有网管中柱、二分的皮层及硬化环和具托叶翼的叶柄基等特征，无疑应归入紫萁科（Hewitson，1962；Miller，1967，1971）；另因存在异质叶柄基硬化环，可以进一步被归入绒紫萁属（Bomfleur et al.，2017）。在已报道的绒紫萁属各种中，当前标本与 Cheng 等（2007a）描述的产自同一产地、层位的 *C. preosmunda* 在中柱（不具完整叶隙）及叶柄基特征（硬化环两侧各自具一厚壁纤维块、叶柄基维管束凹面内具一半月形厚壁组织、叶柄基托叶翼内具一异质厚壁组织块及零星厚壁组织丛）方面基本一致，因此归入该种。尽管编号为 DMG-40 的标本未保存中柱特征，但其叶柄基特征与该种特征描述基本一致。

产地：辽宁省北票市长皋乡段嘛沟及赖马营村。

层位：中—上侏罗统髫髻山组。

王氏绒紫萁 *Claytosmunda wangii*（Tian et Wang）Bomfleur, Grimm et McLoughlin

（图版 23～27；图 4-19，图 4-20）

2014b *Ashicaulis wangii* Tian et Wang, Tian N, Wang Y D, Zhang W, Jiang Z K, 671-681, figs. 1-5

标本：PB21634，PB21635，保存于中国科学院南京地质古生物研究所。

种征：外韧网管中柱；髓部异质，主要由薄壁细胞构成，零星散布厚壁细胞；木质部圆筒约为 14～15 个管胞厚，由 15～17 个木质部束组成，中始式；具完整叶隙，多为即时型；内部皮层较外部皮层略大，约含 7～10 个叶迹；外部皮层约含 11～15 个叶迹；叶迹从木质部圆筒分离时仅具一个原生木质部丛，首次分叉位置在叶柄基区；刚脱离皮层区的叶柄基，硬化环为同质，维管束凹面及托叶翼内均无厚壁组织，内部皮层散布零星厚壁组织；叶柄基托叶翼区略往上，硬化环逐步转变为异质，其远轴端外侧出现一厚壁纤维带，约占整个硬化环厚度的 1/2，维管束凹面内出现一弓形厚壁组织块及零星碎块，托叶翼内具一较大厚壁组织块及多个零星小块，叶柄基内皮层零星散布厚壁组织；进入托叶翼区中部，叶柄基硬化环远轴端厚壁纤维带两端膨大，维管束凹面内厚壁组织块呈弯曲的串珠状；托叶翼区上部，硬化环远轴端厚壁纤维带两端进一步膨大，维管束极窄，仅 2～3 个管胞厚。出托叶翼区，硬化环远轴端中部及近轴端极度收窄，远轴端两侧强烈膨大。

描述：该种正模标本（PB21634）整体轮廓为扁圆柱形，长约 5.0 cm，直径约 3.0～5.0 cm（图版 23A）；副模标本（PB21635）根茎显示其具有分叉的特性，横切面可见 2 个中柱（图版 25B）；根茎中柱外侧具一由宿存的叶柄基套及不定根形成的外套（图版 23A；25A；27A）。

髓部直径约 1.5 mm×2.0 mm，异质，由薄壁细胞构成，零星散布厚壁细胞（图版 23F；25E）。中柱为典型的外韧网管中柱，由 15～17 个木质部束组成，木质部圆筒厚约 1.0～1.2 mm，大约有 14～15 个管胞厚（图版 23D；25C，D；27C；图 4-19）。在横切面中，木质部束为中始式原生木质部；叶隙较宽，属典型的完整叶隙，多为即时型，也见有延迟型（图版 23E；25F；27C）。韧皮部、中柱鞘、内皮层等挤压在一起，在木质部圆筒外侧形成一连续的层状结构，但细胞组成特征未保存，局部可见呈“V”形的韧皮部（图版 23D）。

皮层区分为内、外两部分：内部皮层厚约 0.4 mm，由薄壁细胞组成，约含 9～

12 个叶迹（图版 23C；27B；图 4-19）；外部皮层厚 0.7～0.8 mm，叶迹数约为 12～15 个。内部皮层叶迹维管束略呈肾形，仅具一个原生木质部丛，叶迹木质部束的近轴面微弯，为内始式（图版 23E；25G；27D）；外部皮层叶迹与内部皮层叶迹基本特征类似，但其维管束凹面的弯度略增大，原生木质部丛仍为一个（图版 23G；25H；27E），故叶迹维管束原生木质部第一次分叉发生在叶柄基区。

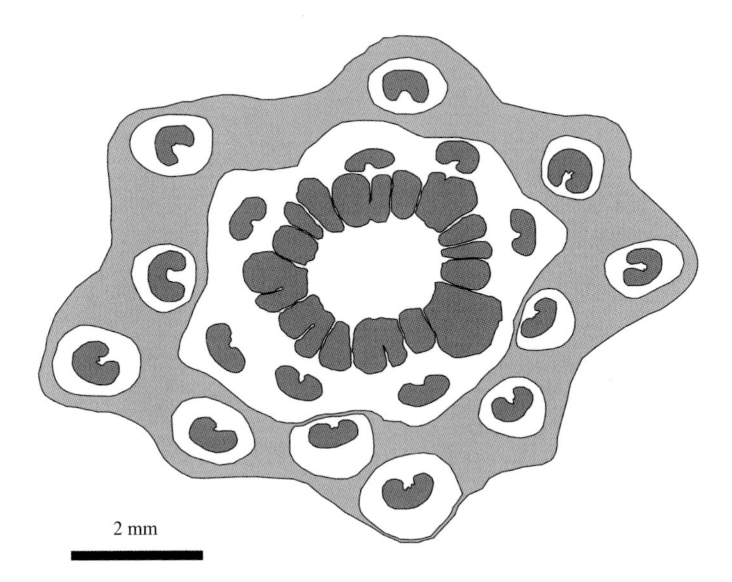

图 4-19　王氏绒紫萁中柱横切面解剖特征示意图（引自 Tian et al.，2014b）

叶柄基出现于外部皮层的外侧，受矿化过程中挤压作用影响，许多叶柄基产生变形。靠近皮层叶柄基，硬化环为同质，维管束呈肾形，维管束凹面无厚壁组织，两侧托叶翼内各具一厚壁组织块，内部皮层散布零星厚壁组织（图版 23H；24A；27F；图 4-20）；叶柄基托叶翼区基部略往上位置，硬化环变为异质，在环的远轴端外侧出现一厚壁纤维带，约占整个硬化环厚度的 1/2，维管束逐渐变为“C”形，维管束凹面内出现一弓形厚壁组织块及零星碎块，托叶翼内出现一较大厚壁组织块及多个零星小块，叶柄基内皮层零星散布厚壁组织（图版 24B；26A；27G；图 4-20）；叶柄基托叶翼区中部，硬化环远轴端厚壁纤维带两端略膨大，维管束凹面内厚壁组织块呈弯曲的串珠状，局部发生破碎（图版 24C，D；图 4-20）；托叶翼区上部，硬化环逐渐变窄，远轴端仍为厚壁纤维带占据，纤维带两端略膨大为块状，维管束极窄，仅 2～3 个管胞厚，维管束凹面内厚壁组织块体积增大（图版 24E；26B；图 4-20）。出托叶翼区后，硬化环远轴端中间部分即整个近轴端极度收窄，远轴端两侧强烈膨大（图版 24F；26C～F；27H；图 4-20）。

不定根不甚发育，根迹维管束具明显二极型木质部束（图版 26B；27E）。

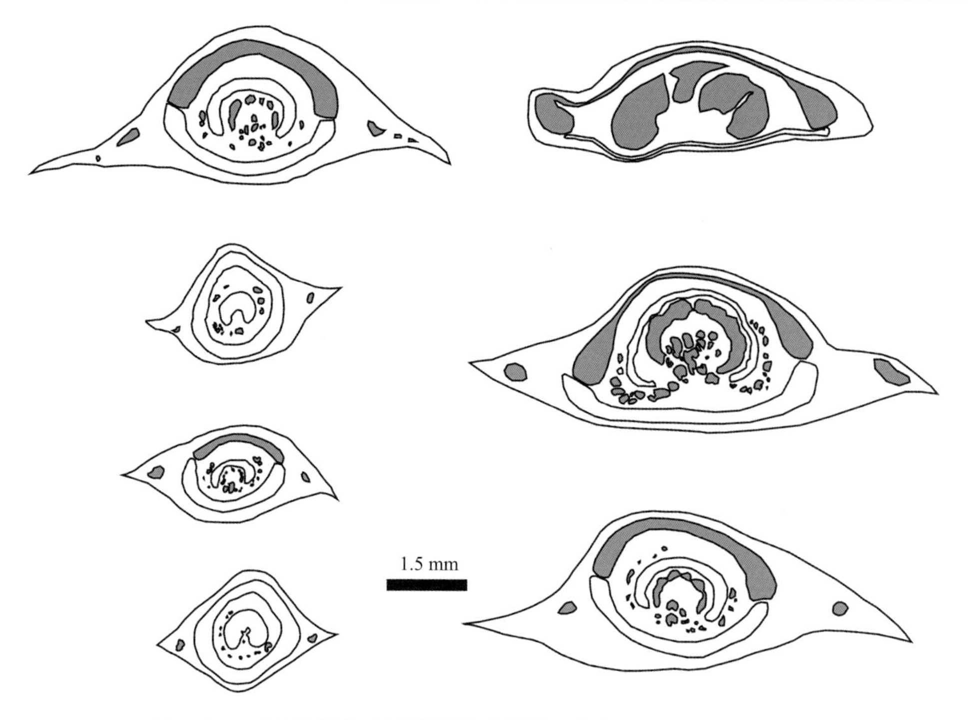

图 4-20　王氏绒紫萁叶柄基特征示意图（引自 Tian et al.，2014b）

比较与讨论： *Claytosmunda wangii* 在叶柄基硬化环特征方面十分独特，其成熟的叶柄基硬化环远轴端厚壁纤维带中部往往发生明显的收窄，且两侧显著膨大。这一特征与南极地区下白垩统的 *C. tekelili* 较为相似（Vera，2012），但后者托叶翼内发育大量厚壁纤维组织而与该种存在差别。此外，该种与后文描述的 *C. zhangiana* 也具有一定的相似性，但后者叶柄基维管束凹面内厚壁组织块的形态与其不同，且叶柄基内皮层未见厚壁纤维组织。

产地： 辽宁省北票市长皋乡。

层位： 中—上侏罗统髫髻山组。

张氏绒紫萁 *Claytosmunda zhangiana* Tian, Wang et Jiang
（图版 28，图 4-21，图 4-22）

2021　*Claytosmunda zhangiana* Tian, Wang et Jiang, Tian N, Wang Y D, Jiang Z K, 104414, pls. I-II, fig. 1

标本： PMOL-B01254，保存于辽宁古生物博物馆。

描述： 该种模式标本（PMOL-B01254）体型较大，最大处直径超过 12 cm，长约 7.0 cm，直径约 5.0 cm（图版 28A）；根茎未见分叉，横切面仅见单个中柱（图版 28B）；根茎外具一由宿存的叶柄基套及不定根形成的外套（图版 28B）。

髓部的直径约 1.7 mm×3.0 mm，保存较差，细胞组成特征不明（图版 28C；图 4-21）。中柱为外韧网管中柱，木质部圆筒厚约 0.47 mm，约有 11～13 个管胞厚，由 20～24 个木质部束组成，叶隙较宽，属较典型的完整叶隙（图版 28C；图 4-21）。韧皮部、中柱鞘、内皮层等结构保存较差，特征不明。

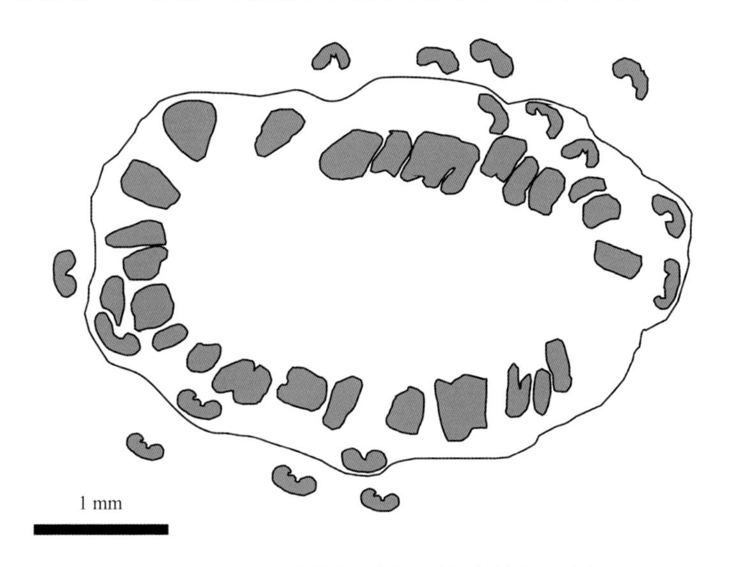

图 4-21　张氏绒紫萁中柱横切面解剖特征示意图

皮层区破损较严重，内部皮层厚约 0.85 mm，细胞组成特征不明，含 8～10 个叶迹；外部皮层保存较差，界线不明显，叶迹数多于 8 个（图版 28C；图 4-21）。内部皮层叶迹维管束略呈肾形，近轴面呈弯曲状，为内始式，仅具一个原生木质部丛（图版 28D）；外部皮层叶迹与内部皮层叶迹基本特征类似，叶迹维管束原生木质部丛仍为一个（图版 28E），故叶迹原生木质部首次分叉位置在叶柄基区。

叶柄基出现于外部皮层的外侧；在靠近皮层区域叶柄基硬化环表现为异质，厚壁纤维带占据整个环的远轴端，维管束呈“C”形，约 5 个管胞厚，维管束凹面及托叶翼内均无厚壁组织（图版 28F；图 4-22）。在离茎较远处，叶柄基托叶翼区中部，远轴端厚壁纤维带中间部分逐渐收窄，而两端出现明显膨大，维管束收窄且逐渐变为浅“C”形，维管束凹面内未见厚壁组织，两侧托叶翼内各具一块状厚壁组织，叶柄基内皮层未见厚壁组织（图版 28G；图 4-22）。至叶柄基托叶翼区上部，硬化环远轴端厚壁纤维带两端继续膨大，使整个厚壁纤维带呈哑铃状，维管束渐成带状，两端往中心方向弯曲，维管束凹面可见几个相互分离的厚壁组织块，排列成近带状，托叶翼内厚壁组织块体积增大，呈团块状（图版 28H；图 4-22）。不定根不甚发育，多见于内部皮层（图版 28C）。

比较与讨论： *C. zhangiana* 在叶柄基硬化环特征方面十分独特，其成熟的叶柄基硬化环远轴端厚壁纤维带中部往往发生明显的收窄，且两侧异常膨大，导致整个远轴端厚壁纤维带呈哑铃形。这一特征使其明显有别于该属其他各种，但与产自同一产地、层位的 *C. wangii* 具有一定的相似性，二者之间的差异前文已述，此处不再赘述。

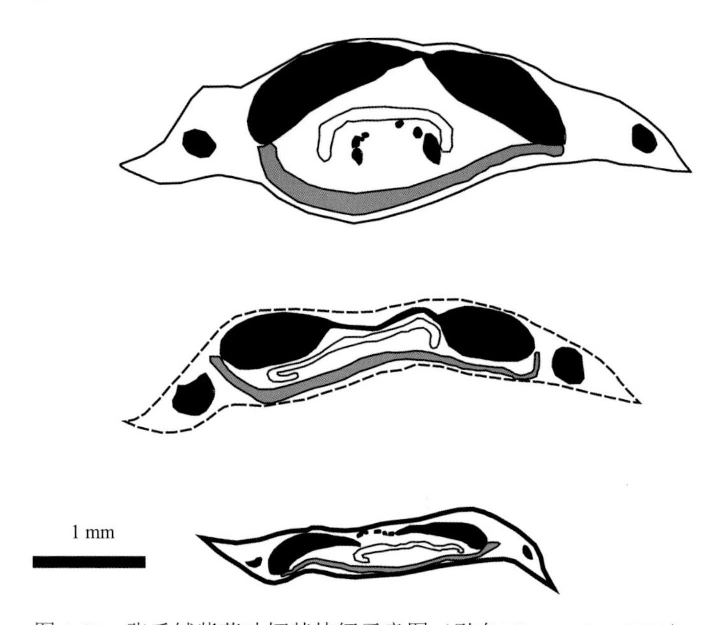

图 4-22　张氏绒紫萁叶柄基特征示意图（引自 Tian et al.，2021）

产地： 辽宁省北票市长皋乡段嘛沟村。

层位： 中—上侏罗统髫髻山组。

郑氏绒紫萁（新种）*Claytosmunda zhengii* sp. nov.
（图版 29，图 4-23，图 4-24）

词源： 种名 *zhengii* 献给中国地质调查局沈阳地质调查中心郑少林研究员，感谢他为我国中生代矿化植物研究做出的重要贡献，以及对本书在标本鉴定过程中给予的帮助和支持。

正模： SBD-2，保存于辽宁古生物博物馆。

种征： 外韧管状中柱，叶隙不完整；木质部圆筒约 12 个管胞厚；皮层位于中柱外围，分为内、外两部分，内部皮层含叶迹数多于 5 个；外部皮层较内部皮层厚，叶迹数约为 25 个；叶迹原生木质部第一次分叉位置在叶柄基区；靠近中柱区域叶柄基硬化环为异质，其远轴端具一厚壁纤维带；叶柄基维管束凹面内未见厚壁组织，叶柄基内皮层具一环维管束分布的厚壁组织带；两侧托叶翼内各具一厚壁组织块；托叶翼区中部，原环绕维管束分布的厚壁组织带近轴端的一部分融合为一大块，并进入维管束凹面内，托叶翼内具大量厚壁组织块；至叶柄基区最外围，维管束凹面内厚壁组织块逐渐变为两块，并与内部皮层厚壁组织相连。

描述： 标本整体轮廓外形呈短粗圆柱形，长度大于 10.0 cm，最粗处直径约 6.5～7.0 cm，叶迹及叶柄基辐射状围绕中柱分布（图版 29A）。髓部的直径约 3.0 mm，内部结构未保存，组成特征不明（图版 29C）。根茎未见分叉，标本横切面仅见单个中柱，直径约 4.0～5.0 mm（图版 29A）。中柱木质部圆筒厚约 0.8～1.0 mm（约 12 个管胞厚），未见明显的完整叶隙，仅见不完整叶隙，属典型外韧管状中柱（图版 29C；图 4-23），中柱原生木质部丛位置不明；韧皮部、木质部鞘等结构保存较差。

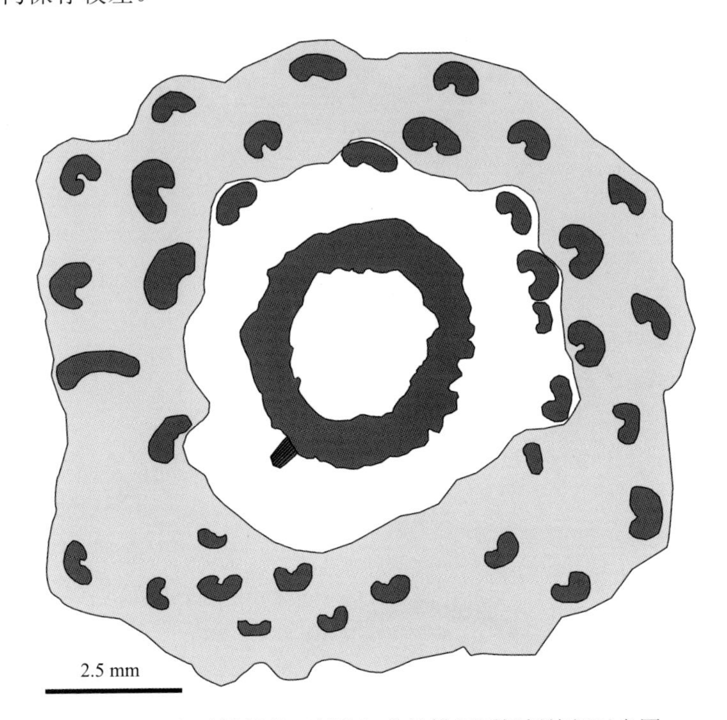

图 4-23　郑氏绒紫萁（新种）中柱横切面解剖特征示意图

皮层位于中柱的外围，分为内、外两部分：内部皮层厚约 1.5 mm，保存较差，所含叶迹数多于 5 个；外部皮层较内部皮层厚，约 3.0 mm，叶迹数约为 25 个（图版 29B；图 4-23）。内部皮层叶迹呈肾形，叶迹木质部束近轴面微弯（图版 29C）；外部皮层叶迹与内部皮层叶迹基本一致，其木质部束也仅具单个原生木质部丛（图版 29D）。

叶柄基围绕中柱呈放射状分布；靠近中柱区域，叶柄基托叶翼区基部位置，硬化环为异质，其远轴端具一厚壁纤维带，维管束呈“C”形，维管束凹面内未见厚壁组织，叶柄基内皮层具一环维管束分布的厚壁组织带，两侧托叶翼内各具一厚壁组织块（图版 29E；图 4-24）；叶柄基托叶翼区中部，原环绕维管束分布的厚壁组织带近轴端的一部分融合为一大块，并进入维管束凹面内，托叶翼内具大量厚壁组织块（图版 29F；图 4-24）；至托叶翼区顶部，维管束凹面内厚壁组织块逐渐变为两块，维管束为浅“C”形（图版 29G，H；图 4-24）。不定根不甚发育，部分从中柱木质部束直接发出（图版 29B）。

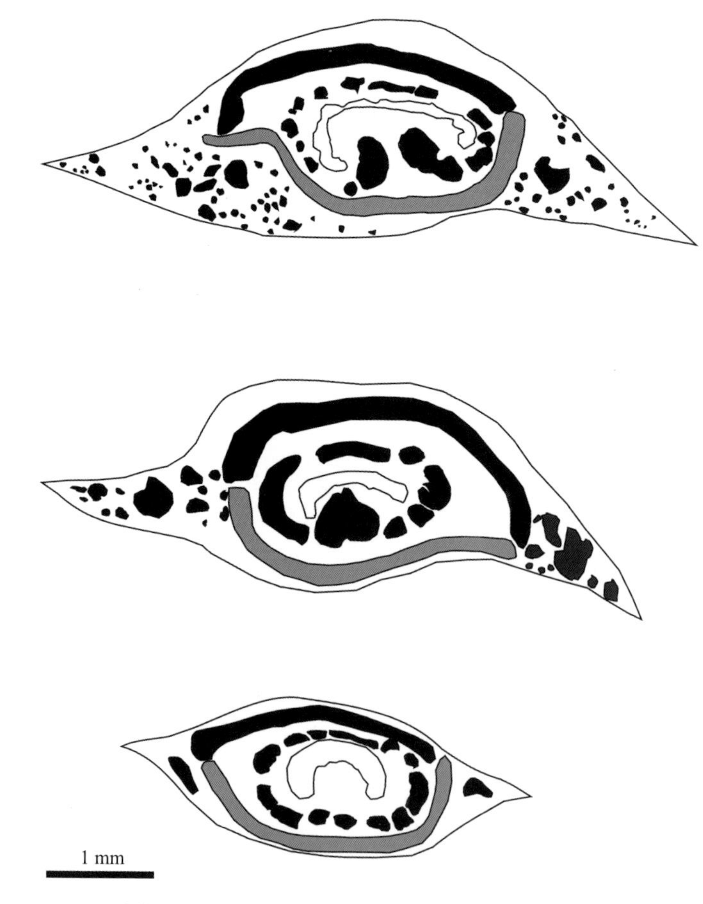

图 4-24　郑氏绒紫萁（新种）叶柄基特征示意图

比较与讨论：当前标本多为不完整型叶隙，中柱属管状中柱，按照传统分类方案应被归入 *Millerocaulis*。但鉴于其叶柄基具异质硬化环，根据 Bomfleur 等

（2017）的分类方案，应归入 *Claytosmunda*。当前新材料最显著的特征是叶柄基内发育大量厚壁纤维组织，这一特征在现生及化石 *Claytosmunda* 中并不十分常见，而更多见于具同质叶柄基硬化环的 *Millerocaulis*。在现已报道的中生代 *Claytosmunda* 各种中，这与产自南半球南极地区的 *C. tekelili* 及北美的 *C. embreeii* 较为相似。但 *C. tekelili* 叶柄基硬化环远轴端厚壁纤维带中部显著收窄且两侧膨大，而当前新材料则不具该特征。整体而言，当前新材料与 *C. embreeii* 特征更为相似，但后者维管束凹面内具多个大小不一的厚壁纤维块，而当前新材料则具两个相对分布的较大厚壁纤维块。此外，在当前新材料中，叶柄基内皮层的厚壁纤维组织明显环绕在维管束外侧，也与 *C. embreeii* 存在差异。故将其定为郑氏绒紫萁（新种）（*Claytosmunda zhengii* sp. nov.）。

产地：辽宁省北票市长皋乡蛇不呆沟村。

层位：中—上侏罗统髫髻山组。

米勒茎属 *Millerocaulis* Erasmus ex Tidwell emend. E.I. Vera, 2008

模式种：*M. dunlopii*（Kidston et Gwynne-Vaughan）Tidwell, 1986

属征：茎干通常呈根茎状至（半）直立状；中心具髓，由薄壁细胞构成。中柱木质部圆筒呈管状，通常较薄（径向最多约20个管胞厚），具明显的叶隙。中柱木质部为中始式。茎干皮层区二分，分为主要由薄壁细胞构成的内部皮层和由厚壁细胞构成的外部皮层。叶柄具一对托叶翼，叶柄维管束内向弯曲（常呈马蹄形）。叶柄硬化环横切面呈圆形或椭圆形，同质到逐渐或分散的异质（编译自Bomfleur et al.，2017）。

评论：*Millerocaulis* 的名称首先由 Erasmus（1978）于一篇未正式发表的文章中提出，因而不属于合法的属名，后由 Tidwell 于 1986 年撰文正式建立 *Millerocaulis* Erasmus ex Tidwell 1986（Tidwell，1986）。该属的建立是为了替代“米勒分类系统”中的 *Osmundacaulis herbstii* 群。不久之后，Forsyth 和 Green 提出建立澳洲紫萁属 *Australosmunda* Forsyth et Green 的建议，并认为该属应包括解剖特征与 *Millerocaulis* 相似，但中柱不具叶隙的各种（Hill et al.，1989）。然而，*Millerocaulis* 中的一些种，包括其模式种 *Millerocaulis dunlopii* 在内也是没有或少有叶隙，这实际造成了 *Australosmunda* 与 *Millerocaulis* 的同物异名。鉴于此，Tidwell（1994）将该属内具有明显的大量叶隙的种拆分出来，组成新属 *Ashicaulis* Tidwell，剩余的没有叶隙或仅具不完整叶隙的种归为修订后的 *Millerocaulis* Erasmus ex Tidwell emend. Tidwell。

此后，Herbst（2001）、Vera（2008）等对 *Ashicaulis* 的合理性提出了质疑，他们认为不应将是否存在完整的叶隙作为化石紫萁科茎干属一级分类的鉴定特征，并提出 *Ashicaulis* 及 *Millerocaulis* 解剖特征基本一致应该予以合并，并重新定义了 *Millerocaulis* Erasmus ex Tidwell, 1986 non 1994 emend. Vera 2008。Bomfleur 等（2017）将原归入 *Ashicaulis* 的各种中具有同质叶柄基硬化环的类型重新修订为 *Millerocaulis*，而将原归入 *Ashicaulis* 与 *Millerocaulis* 各种中具异质硬化环的类型归入现代属 *Claytosmunda*。同时，Bomfleur 等（2017）基于叶隙的发育程度将该属进一步划分为三个类群，即不完全开裂的狭义米勒茎群（*Millerocaulis s.str* group）、中等开裂的阿氏茎群（*Ashicaulis* group）和完全开裂的科尔本米勒茎干群（*Millerocaulis kolbei* group）。笔者等认为这一分类方案基本合理，故本书采用这一分类方案。

分布时限：三叠纪至白垩纪中期。

北票米勒茎 *Millerocaulis beipiaoensis*（Tian et al.）Bomfleur, Grimm et McLoughlin
（图版 30～32；图 4-25，图 4-26）

2013 *Ashicaulis beipiaoensis* Tian et al., 2013, 页 328-339，图 2-6

标本：PB21406-21410，保存于中国科学院南京地质古生物研究所。

描述：该种模式标本（PB21406）整体轮廓外形呈长圆锥形，长约 5.5 cm，最粗处直径约 3.5～4.0 cm；根茎外部具由叶柄基和不定根组成的环套，其内部由中柱、髓部及内外部皮层构成。根茎分叉，横断面呈椭圆形，可见两个中柱（图版 30A），中柱直径约 4.0～5.0 mm；叶柄基呈辐射状围绕中柱分布（图版 30A，B；32B）。

该种髓部直径约 1.5～3.5 mm（图版 30C；32C；图 4-25），正模标本未保存髓部细胞结构，副模标本显示其髓部为同质，由薄壁细胞构成。中柱属典型外韧网管中柱（图版 30C；图 4-25）；木质部圆筒厚约 0.8～1.2 mm（约有 12～15 个管胞厚），由 13～16 个木质部束组成（图版 30C；图 4-25），中柱原生木质部呈“U”形或短棒状（图版 30D），为中始式；叶隙大多数为完整叶隙，为即时型（图版 30E）。正模标本韧皮部、中柱鞘等结构保存较差，副模标本可见韧皮部，位于木质部圆筒外侧（图版 32E）。

皮层位于木质部圆筒外围，分为内、外两部分（图版 30A，B；32B；图 4-25）。内部皮层厚约 1.5～2.0 mm，由薄壁细胞组成，含叶迹 10 个左右（图版 30A，B；32B；图 4-25）；外部皮层厚约 1.5 mm，叶迹数约为 10～12 个。内部皮层叶迹略呈肾形，叶迹维管束近轴面微弯，为内始式，具单个原生木质部丛（图版 30F）；外部皮层叶迹与内部皮层叶迹基本特征类似，但其维管束较内皮层叶迹略扁，叶迹维管束具两个原生木质部丛（图版 30G），表明叶迹原生木质部束首次分叉位置发生在外部皮层。

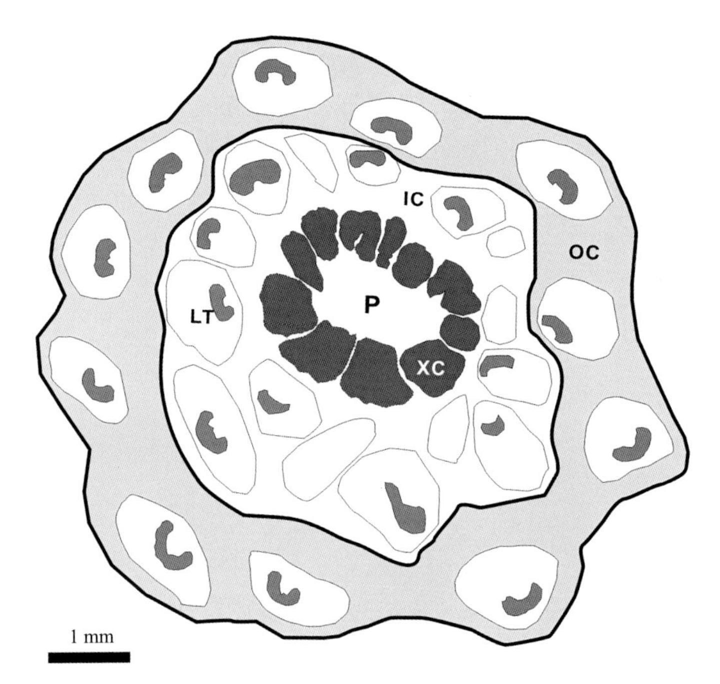

图 4-25　北票米勒茎中柱横切面解剖特征示意图（引自 Tian et al.，2013）

叶柄基围绕中柱呈放射状分布，具椭圆形硬化环，在叶柄基各发育阶段均表现为同质（图版 30H；31A～E；32G，H；图 4-26）。叶柄基内部皮层细胞组成特征不明，未见厚壁组织。在托叶翼区基部，叶柄基两侧托叶翼内及维管束凹面内均不发育厚壁组织块（图版 30H；31A，C；图 4-26）；至托叶翼区中部，维管束凹面厚壁组织块开始出现，呈近圆形（图版 31B，D；32G；图 4-26），两侧托叶翼内厚壁组织块开始出现，并且逐渐增大；至托叶翼区顶部，维管束凹面内厚壁组织块逐渐变为半月形（图版 31E；32H；图 4-26），两侧托叶翼中除一较大厚壁组织块外，周边还零星分布较小的厚壁组织（图版 31E；32H；图 4-26）。叶柄基维管束“C”形弯曲度增大，具多个原生木质丛（图版 31A～E）。

中柱木质部束管胞纵切面可见梯纹纹孔（图版 31H）。不定根较发育（图版 31F），根迹维管束具二极型原生木质部（图版 31G）。

比较与讨论：鉴于标本具典型外韧网管中柱及同质叶柄基硬化环，故应归入 Vera（2008）重新定义的米勒茎属（*Millerocaulis* Erasmus ex Tidwell, 1986 non 1994 emend. Vera 2008）。Bomfleur 等（2017）根据中柱叶隙的发育程度，将该属进一步分为三个类群，即不完全开裂的 *Millerocaulis s.str* 群、中等开裂的 *Ashicaulis* 群及完全开裂的 *Millerocaulis kolbei* 群；据此特征，该种无疑应归入 *Ashicaulis* 群。

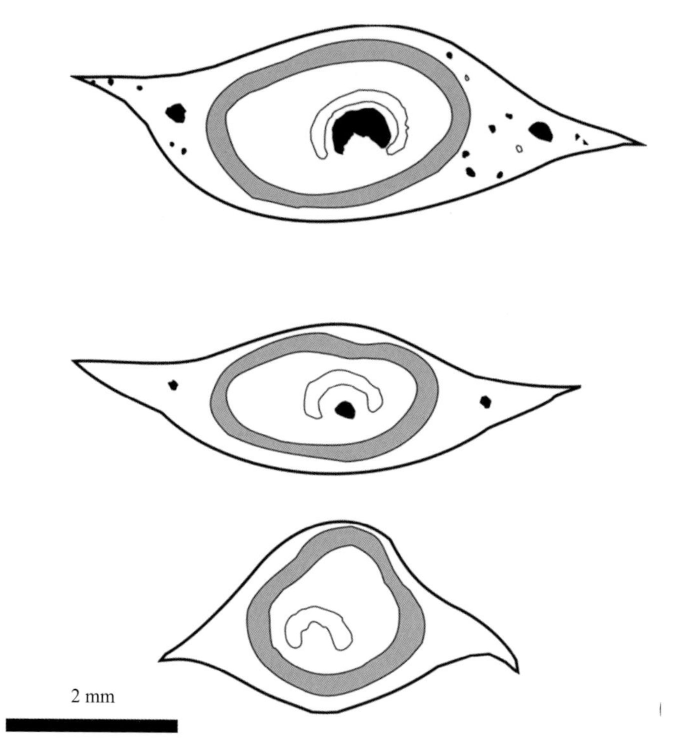

图 4-26　北票米勒茎叶柄基特征示意图（引自 Tian et al.，2013）

目前归入该群的种共计约 22 种（Bomfleur et al.，2017），多数报道自冈瓦纳地区，劳亚大陆报道相对较少。总体来看，该种在叶柄基特征上与报道自印度白垩纪地层的 *M. amarjolensis*（Sharma）Tidwell 最为相似，但后者叶柄基维管束凹面内未发育厚壁纤维组织（Sharma，1973）。

产地：辽宁省北票市长皋乡蛇不呆沟村。

层位：中—上侏罗统髫髻山组。

似鬼薇米勒茎（新种）*Millerocaulis bromeliifolites* sp. nov.
（图版 33；图 4-27，图 4-28）

词源：种名 *bromeliifolites* 来源于该种在叶柄基特征方面与现生 *Plenasium bromeliifolium*（Presl）Presl 具有较高的相似性。

模式标本：LMY-249，保存于辽宁古生物博物馆。

特征：中柱及皮层区域保存较差，中心部位具一疑似中柱，类似于管状中柱；叶柄基硬化环同质；维管束呈"C"形，具多达 15 个原生木质部丛，两端向内弯曲，厚度较窄；柄基托叶翼较短，托叶翼内具一较大的厚壁组织块，周围散布大量较小的厚壁组织丛，其较大的厚壁组织块外侧具一呈细长条状的厚壁组织链，末端探入托叶翼尖端；维管束凹面内具一巨大的厚壁组织块，呈元宝状，往其近轴端中部维管束开口方向呈凸起状。

描述：当前标本呈椭圆柱形，直径最宽处约 5.5 cm，长度约 5.0 cm（图版 33A）；中柱及内外皮层区域保存较差，中心部位具一环状物，局部放大可见疑似管胞（图版 33C；图 4-27），因此推断该环状物为疑似中柱。此外，皮层虽未保存，但可以确定皮层区厚度较窄，仅约 0.5～0.8 mm，所含叶迹数不明（图版 33B）。

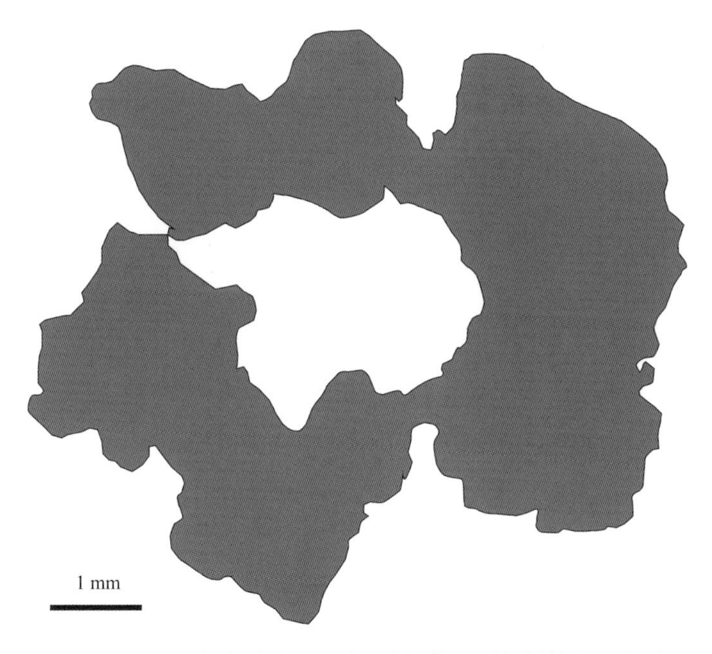

图 4-27　似鬼薇米勒茎（新种）中柱横切面解剖特征示意图

叶柄基特征十分独特，典型叶柄基硬化环为同质（图版 33E～H），由薄壁纤维构成；维管束呈“C”形，具多达 15 个原生木质部丛，两端向内弯曲，厚度较窄，局部仅 1～2 个管胞厚（图版 33F～H；图 4-28）。叶柄基托叶翼较短，托叶翼内具一较大的厚壁组织块，其远轴端一侧具一由多个较小的厚壁组织块形成的细长条状结构，末端探入托叶翼尖端；同时，较大厚壁组织块周围散布大量较小的厚壁组织丛（图版 33F～H）。叶柄基维管束凹面内具一巨大的厚壁组织块，其近轴端往往向维管束开口方向凸起，整体呈元宝状（图版 33F～H；图 4-28）。

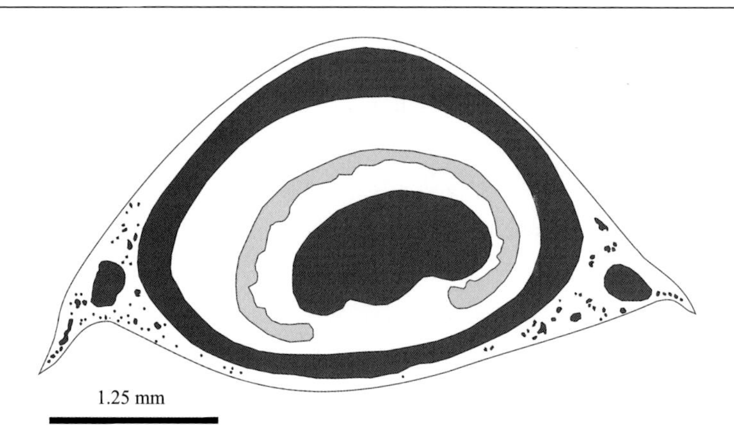

图 4-28　似鬼薇米勒茎（新种）典型叶柄基特征示意图

比较与讨论：鉴于标本具典型的同质叶柄基硬化环，故应归入 Vera（2008）重新定义的米勒茎属（*Millerocaulis* Erasmus ex Tidwell, 1986 non 1994 emend. Vera 2008）。目前，米勒茎属共计报道有约 28 种，因该种中柱细节特征不明，暂时无法确定其属于狭义米勒茎群（*Millerocaulis s.str* group）还是阿氏茎群（*Ashicaulis* group）。当前标本叶柄基维管束凹面厚壁纤维组织块特征十分独特，在已报道的米勒茎属各种中均未有发现，故将其确定为新种。值得关注的是，该种的叶柄基特征与现生羽节紫萁属的 *Plenasium bromeliifolium*（原 *Osmunda bromeliifolium*）十分相似（Hewitson，1962），二者的主要差别在于后者叶柄基内皮层有一些散生分布厚壁纤维丛，而当前标本暂未发现。在所有紫萁科植物中，*Plenasium* 的叶迹形成过程十分独特（Miller，1967，1971；Bomfleur et al.，2017）。由于当前标本中柱特征及叶迹形成特征未明，二者之间的关系暂时难以确定。

产地：辽宁省北票市长皋乡赖马营村。

层位：中—上侏罗统髫髻山组。

4.4　辽西紫萁科根茎化石的分类检索表

基于根茎的解剖特征，本书总结制作辽西—冀北地区中—上侏罗统产出的 14 种紫萁科根茎化石的分类检索表。

辽西—冀北地区中—上侏罗统髫髻山组紫萁科矿化根茎分类检索表

1 叶柄基硬化环同质…………*Millerocaulis* Erasmus ex Tidwell emend. Vera 2，2'

2 叶柄基维管束凹面不具厚壁组织块…………………………… *M. macromedullosus*

2’ 叶柄基维管束凹面具厚壁组织块……………………………………………… 3，3’
3 叶柄基维管束凹面仅具厚壁组织呈带状 …………………………… *M. hebeiensis*
3’叶柄基维管束凹面厚壁组织呈块状 …………………………………………… 4，4’
4 叶柄基维管束凹面厚壁组织块近轴端呈凸起状 ………… *M. bromeliifolites* sp. nov.
4’叶柄基维管束凹面厚壁组织块近轴端不凸起或呈半月形 ………… *M. beipiaoensis*
1’ 叶柄基硬化环异质 …… *Claytosmunda*（Yatabe et al.）Metzgar et Rouhan 5，5’
5 厚壁纤维组织仅见于叶柄基硬化环远轴端………………………………… 6，6’
6 叶柄基硬化环远轴端全部为厚壁纤维组织所占据……………………… 7，7’
7 叶柄基硬化环远轴端厚壁纤维组织中部收窄且两侧膨大……………… 8，8’
8 叶柄基内皮层不具厚壁组织块且维管束凹面厚壁组织块数量少…· *C. zhangiana*
8’ 叶柄基内皮层具厚壁组织块且维管束凹面厚壁组织块数量较多……… *C. wangii*
7’ 叶柄基硬化环远轴端全部为厚壁纤维组织中部不收窄………………… 9，9’
9 维管束凹面具一个较大厚壁组织块…………………………………………… 10，10’
10 中柱具完整叶隙 ……………………………………………………………… 11，11’
11 叶柄基维管束凹面厚壁组织块近轴端呈凸起状 …………………… *C.* cf. *plumites*
11’ 叶柄基维管束凹面厚壁组织块近轴端不凸起 ………………… *C. liaoningensis*
10’ 中柱叶隙不发育，或为不完整叶隙 ………………………… *C.* cf. *liaoningensis*
9’ 维管束凹面具不止一个较大厚壁组织块，且叶柄基内皮层及托叶翼内均具有大量纤维组织块 ………………………………………………………… *C. zhengii* sp. nov.
6’ 叶柄基硬化环远轴端厚壁纤维组织位于两侧且相互不连接…………… 12，12’
12 中柱具完整叶隙，叶柄基托叶翼内具一个较大同质的纤维组织块，且维管束凹面厚壁组织块近轴端呈凸起状……………………………………………… *C. plumites*
12’ 中柱具不完整叶隙，叶柄基托叶翼内具一个异质的纤维组织块，且维管束凹面厚壁组织块近轴端不呈凸起状 ……………………………………… *C. preosmunda*
5’ 厚壁纤维组织不仅见于叶柄基硬化环远轴端，近轴端外围也有分布… 13，13’
13 中柱具完整叶隙，且叶柄基托叶翼内仅具一个较大纤维组织块 …… *C. chengii*
13’ 中柱具不完整叶隙，且叶柄基托叶翼内仅具一个较大纤维组织块及多个较小的排列成线性的纤维组织块 ……………………………………………………… *C. sinica*

第5章　紫萁目植物矿化机制及高矿化保存率探究

紫萁目植物化石分布十分广泛，被认为是化石记录最多的真蕨植物类群（Arnold，1964；Miller，1971；Tidwell and Ash，1994）。该目现已报道的化石超过 180 种，令人瞩目的是，其中有近百种是基于矿化标本建立的（Tian et al.，2008a；Bomfleur et al.，2017），约占总比例的 50%以上，这一高比率在所有真蕨植物类群中相对少见，其他真蕨类植物则罕有矿化根茎材料报道。

近年来，我国辽西及邻区中侏罗统髫髻山地层中陆续报道了部分紫萁科矿化标本（Wang，1983；张武和郑少林，1991；Matsumoto et al.，2006；Cheng and Li，2007；Cheng et al.，2007a；Cheng，2011；Tian et al.，2013，2014a，2014b，2020）。结合本书研究工作，辽西及邻区中侏罗世紫萁矿化茎干化石的多样性达到了 2 属 14 种，是目前已知北半球侏罗纪紫萁茎干化石多样性最高的产地，表明该地区在中侏罗世时期是紫萁植物在北半球重要的活动中心（Tian et al.，2008a），因此辽西地区材料具有一定的典型性和代表性。Tian 等（2010）对紫萁科植物的高矿化保存率进行了初步探讨，本章以中国辽西地区中—上侏罗统髫髻山组材料为例，从髫髻山组植物群的组成特征、群落特征及矿化保存条件等方面入手，对紫萁科植物矿化机制和高矿化保存率进行再探讨。

5.1　辽西地区髫髻山组植物群群落特征

截至 2008 年，据统计分析辽西北票及邻近地区髫髻山组已报道植物化石共计 47 属 92 种（Jiang et al.，2008）。其中，苏铁类 16 属 40 种，真蕨类植物 10 属 20 种（其中叶化石 8 属 17 种，见表 5-1），松柏类植物 10 属 14 种，银杏类 6 属 11 种，楔叶类 2 属 4 种，苔藓类 1 属 1 种，以及分类位置不明确的植物 2 属 2 种。从植物群属种组成可以看出，苏铁类在该植物群中占据优势地位，其在整个植物群组合中所占比例近 45%，代表属种包括本内苏铁目 *Zamites*、*Pterophyllum*、*Tyrmia*、*Cycadolepis*、*Williamsoniella* 及苏铁目 *Nillsonia*、*Ctenis* 等（张武和郑少林，1987；Wang et al.，2006b）。银杏类植物在该植物群中所占比重相对较低，主要代表类型为 *Ginkgo*、*Sphenobaiera* 和 *Phoenicopsis* 等。真蕨类植物的多样性在该植物群中仅次于苏铁类植物，为植物群化石组合中第二位。其中，厚囊蕨类莲座蕨科植物 *Marattia* 继续存在，但仅 1 属 1 种（*Marattia hoerensis*）。双扇蕨科植物亦十分稀少，同样仅 1 属 1 种（*Hausmannia shebudaiensis*），但该种在该植物群中十分丰富，表明其在植物群中多度较高，应为优势种之一；相对而言，早侏罗世较为发育的 *Clathropteris* 在组合中未曾发现。蚌壳蕨科植物相对较为发育，包括 3 个属——*Coniopteris*、*Dicksonia* 和 *Eboracia*。紫萁科无疑是该植物群中最为繁盛的真蕨类植物，主要类型包括：*Todites*、*Claytosmunda*、*Millerocaulis* 等，其中，*Claytosmunda* 和 *Millerocaulis* 以矿化根茎的形式保存。此外，被认为与紫萁植物具有密切关系的两个形态属 *Cladophlebis* 和 *Raphaelia* 也占据重要地位。紫萁科植物在该组的繁盛在微体古植物方面也体现得十分明显。如前文所述，辽西地区髫髻山组产出“*Osmundacidites-Asseretospora-Classopollis*”孢粉组合（蒲荣干和吴洪章，1982，1985）。在该组合中，蕨类植物孢子和裸子植物花粉含量大致相等；但值得关注的是，代表紫萁科植物的 *Osmundacidites* 在整个孢粉组合中的高百分含量（21.4%），进一步证实辽西地区侏罗纪髫髻山组沉积时期紫萁科植物可能极度繁盛。

表 5-1　辽西北票地区髫髻山组植物群真蕨类植物叶部化石记录

科	属种数目	属种名
合囊蕨科 Marattiaceae	1 属 1 种	*Marattia hoerensis*
紫萁科 Osmundaceae	1 属 2 种	*Todites denticulatus* *T. williamsonii*
双扇蕨科 Dipteridaceae	1 属 1 种	*Hausmannia shebudaiensis*
蚌壳蕨科 Dicksoniaceae	3 属 6 种	*Coniopteris burejensis* *C. hymenophylloides* *C. tyrmica* *Dicksonia charieisa* *D. changheyingziensis* *Eboracia lobifolia*
分类位置未定 Insertae Sedis（Osmundaceae ?）	2 属 7 种	*Cladophlebis acuta* *Cl. asiatica* *Cl. haiburnensis* *Cl. shensiensis* *Cl. spinellosus* *Cl. tarsus* *Raphaelia stricta*

辽西北票地区髫髻山组数量丰富且类型多样的矿化植物也颇为引人瞩目。其中尤以松柏类裸子植物木化石数量最为丰富，代表类型包括 *Araucarioxylon*、*Pinoxylon*、*Protopiceoxylon*、*Xenoxylon*、*Haplomyeloxylon* 等（Jiang et al.，2008），这些新发现使我们对整个髫髻山组植物群的性质有了新的认识。对于矿化植物类群除松柏类木化石、紫萁矿化茎干外，髫髻山组还发现有部分苏铁类和本内苏铁类茎干或生殖器官（如 *Lioxylon liaoningense*、*Williamsoniella sinensis*、*Williamsoniella*? *exiliforma* 和存在争议的 *Sahnioxylon rajmahalense*）以及银杏类木化石（张武等，2006；Zhang et al.，2012；Jiang et al.，2016）。

根据该植物群组合生态学特征，整个髫髻山组植物群可简单划分为 4 个主要植物群落：沿岸水生植物群落（节蕨类占优势）、沼泽湿生植物群落（紫萁科、双扇蕨科占优势）、浅滩和平原湿生–中生灌木–乔木植物群落（紫萁科、苏铁类占优势）及高地中生–旱生乔木植物群落（银杏类和松柏类占优势）（图 5-1）。现代紫萁类植物多生活在亚热带或暖温带沼泽或河湖沿岸，北票髫髻山组植物群中紫萁科植物无疑在沼泽湿生植物群落中占据绝对性优势，而一些树蕨类紫萁植物则有可能在灌木–乔木植物群落中占据一定地位。

图 5-1　辽西地区中侏罗世晚期髫髻山期火山喷发间歇期古环境复原图

（据张武等，2006，略调整）

A: *Anomozamites*; Cl: *Cladophlebis*; Ct: *Ctenis*; E: *Equisetites*; Eb: *Eboracia*; G: *Ginkgo*; Ja: *Jacutiella*; N: *Neocalamites*; Ph: *Phoenicopsis*; Pt: *Pterophyllum*; Sp: *Sphenobaiera*; Za: *Zamites*

5.2　紫萁科植物易于矿化保存的机制

目前，北票髫髻山组植物群中已报道的紫萁矿化茎干化石共计 2 属 12 种，与该植物群中紫萁植物叶部化石的比例约为 2∶1，这一比例显示紫萁植物矿化保存的概率甚至要高于叶部压型保存。对髫髻山组植物群中紫萁科植物矿化保存原因主要分两个层次加以探讨：①包括紫萁科植物在内大量矿化植物矿化的原因；②紫萁科植物相较于其他真蕨类植物更易于矿化的原因。以下就上述两个问题加以讨论。

5.2.1　髫髻山组植物矿化原因及形成条件

地质历史时期，矿化植物化石的形成环境十分多样，不能同一而论（张武等，2006）。其中，部分属原地埋藏环境，诸如正在茂盛生长的森林，遭遇到火山喷发事件，一部分树木被迅速焚毁，而一部分树干残留于火山灰中，仍然直立于原来生长的位置，其后长期浸泡在富含矿物质的溶液中，伴随着后期成岩作用，最终形成硅化木。另一种成因环境则为异地埋藏，如生长在河湖岸边或低洼谷地中的森林，常常被水淹没，或被水流携带的大量泥沙、砾石掩埋，在后期成岩的过程中，如果有含二氧化硅的水溶液或碳酸盐溶液渗入，同样可以形成硅化木或钙化木。此外，生长在山地斜坡上的森林，受地震、重力或山洪暴发产生的大规模滑坡和泥石流影响而遭到破坏，形成许多倒木堆，并被泥石流的泥沙、砾石深埋于地下，在后期成岩作用中也可以形成类型各异的木化石。

整体而言，植被矿化保存所需的条件极为苛刻，必须具备以下几个要素：①必须有大量繁茂的森林植被存在，此为植物的矿化保存提供最基本的素材。②特异埋藏环境，即树木必须得到迅速掩埋，以便与空气隔绝，只有满足此条件才能进行下一步的过矿化及成岩过程；这种特异埋藏环境极为难得，因此尽管地史时期陆表曾多次出现繁茂的森林植被，但保存成为木化石的仅占极少数。③埋藏环境中必须有适量的富含硅质、钙质或其他成分的矿物质溶液存在。这些矿物质溶液能够慢慢地渗透到木材的每个细胞及各种细微的组织结构中，发生物质交换替代作用；最后，在合适的温度、压力条件下经过压实、固结、成岩等一系列地质作用，最终使植物得以矿化保存。

三叠纪末期的印支运动对古中国大陆的古地理格局产生了重大影响。在我国西南地区印支运动导致特提斯海的最终闭合，而在我国东部地区导致古太平洋板块与古亚洲大陆板块东缘发生了斜向俯冲，进而激发兴安岭—太行山—武陵山一线东侧出现强烈的构造运动和岩浆活动（刘本培和全秋琦，1996）。该线以东早、中侏罗世多发育含煤沉积地层，而从中侏罗世晚期开始则以强烈的火山喷发、岩浆侵入和构造运动为特征（刘本培和全秋琦，1996）。中—晚侏罗世髫髻山组沉积时期，辽西地区正处在这一火山、构造运动多发区，因此髫髻山组以一套中、基性火山岩为主。火山活动间歇期，适宜的雨热条件伴随着火山喷发带来的丰富营养物质，使北票地区在髫髻山组沉积时期植被十分繁盛，且多样性较高，这无疑为植被的矿化保存提供了良好的素材。构造运动、火山活动频发，往往能够导致一部分根茎、树干残留于火山灰中，并原位埋藏。此外，频繁的火山活动也使盆地内发生差异升降运动、地震、泥石流等事件的概率大大增加，易于将大量植被快速掩埋。火山活动往往会带出大量的地下矿物质热液，其主要成分多为 SiO_2，会在陆表低洼处形成大量富含矿物质的河湖、沼泽；另外，散落下来的火山灰进入水体后也会大量溶解。因此，辽西地区在髫髻山组沉积时期能够很好地满足植物矿化保存所需的三个重要条件。

髫髻山组作为我国北方侏罗系重要的矿化植物产出层位，迄今为止已报道了大量矿化植物（Wang et al.，2006b；Jiang et al.，2008；Jiang et al.，2012，2016；Tian et al.，2015）。髫髻山组矿化植物类群最大的特色在于保存了类型相当丰富的具完美解剖构造的松柏类裸子植物木化石。理论上讲，辽西地区在髫髻山组沉积时期为矿化材料的形成所提供的便利条件对各类型的植物而言应当是平等的，但迄今被发现和报道的矿化材料多为松柏类植物和紫萁茎干，其他类群较为少见，以下就这一问题简做讨论。

在整个髫髻山组矿化植物群落中数量最多的为松柏类裸子植物，但松柏植物在整个植物群组合序列中所占的比例并不大，笔者认为这与松柏类植物的生活习性有密切关系。松柏类植物主要生长于高地中生–旱生乔木植物群落，由于距离水体相对较远，这可能显著降低了松柏类植物叶片保存为化石的概率。就当时的实际情况而言，松柏类植物在植物群中所占的比例应该较现在所报道的要高许多，并因此在矿化植物群落中获得更高的矿化保存比例。此外，松柏类植物主要生长于山地斜坡环境，在地震、重力流或山洪暴发时，其易于受到大规模的滑坡和泥石流的影响而被推倒，并被泥石流的泥沙、砾石带到低地迅速深埋起来。松柏类裸子植物及被子植物等高等级植物的木材主要由管胞、筛胞、导管、筛管等构成，这些管状组织在植物生存时主要起运输水分、无机盐及有机物的作用；而在其死亡并被快速埋藏后，这些茎干内部存在的大量管状空隙则为矿物质溶液的进入、附着及最终实现交代作用提供了良好的通道。这也是松柏类裸子植物及被子植物易于形成木化石的重要因素。

髫髻山组植物群中苏铁类植物为最大的优势类群，理论上其保存为矿化材料的概率也应最大，但迄今为止苏铁类植物仅报道约 4 属 5 种矿化植物化石，如代表苏铁类茎干的 *Lioxylon liaoningense*、*Sinocycadoxylon liianum*，矿化保存的繁殖器官（双性花）化石 *Williamsoniella sinensis*、*Williamsoniella*? *exiliforma*，以及疑似归属于苏铁类的茎干化石 *Sahnioxylon rajmahalense*。总体而言，髫髻山组矿化苏铁类植物的多样性远低于松柏类植物。这一比例应是基本正常的，因为如前文所述松柏类植物的实际多样性尤其是实际存在的植株数量可能远大于苏铁类植物。此外，苏铁类植物多繁盛于浅滩和平原湿生–中生灌木–乔木植物群落中，且茎干都暴露在外部，容易被火山喷发活动摧毁，反而是繁殖器官由于个体较小更易于被快速掩埋。

髫髻山组植物群中包括苔藓类、石松类、有节类在内的植物类群未有矿化材料报道，可能是由于上述类群本身在植物群中居于次要地位，属种多样性相对较低，导致矿化保存的概率更小。此外，目前该矿化植物群的研究程度仍有待加深，上述类群理论上也应该存在矿化保存化石；随着后续研究的深入，一些新的矿化保存植物类群类型也存在被发现的可能性。

5.2.2　紫萁科植物易于矿化保存的机制初探

如前文所述，北票地区髫髻山组沉积时期为植物的矿化保存提供了良好的条件，理论上讲这为所有类群的植物提供了同等的矿化保存的可能性。但在所有真蕨类植物中，仅紫萁植物得以实现矿化保存，迄今为止该地区仍未有其他真蕨类植物矿化保存的实例，这一特殊的现象应当是由一系列原因共同导致的。

首先，从植物群落属种组成特征的角度分析，紫萁科植物在髫髻山组植物群真蕨类植物中所占比例最高，不计紫萁植物矿化类型，紫萁植物所占的比例达到了 50%以上。假定各类型真蕨类植物矿化保存的难易度和概率一致，则紫萁科植物由于其本身的繁盛，在形成的矿化标本中所占比例一定仍然是最高的。在该植物群真蕨类植物中蚌壳蕨类植物居第二位，因此其矿化保存的比例也应仅次于紫萁植物，而这一点也在化石记录中有所体现，张武和郑少林（1987）曾报道过 *Coniopteris hymenophylloides* 的一件根茎与茎叶相连的半矿化标本（尽管并非真正意义上的矿化标本，但部分叶柄基得以保存）。其他真蕨类植物因本身多样性较低，保存为矿化标本的概率则相对更低。

其次，从植物生态学的角度考虑，现生紫萁科植物多生活在沼泽湿地或者河流堤岸环境。现已证实紫萁植物为典型的活化石植物（Phipps et al.，1998；Jud et al.，2008），其在地史时期的演化速率相对较慢，自中生代以来该类植物形态特征未发生明显改变，据此可以较明确地推断在髫髻山组沉积时期紫萁科植物应当是沼泽湿地生态群落中占据主导地位的优势类群。大规模频发的火山喷发活动造成火山灰的大量散落，在将紫萁植物叶部摧毁的同时，却可以轻易地将浅埋在湿地中的茎干部分在原地迅速掩埋，并为下一步的过矿化过程提供充足的矿物质溶液。而生活在堤岸的紫萁植物类群也极易在泥石流或洪水事件中被带到低洼处异地快速埋藏。可见紫萁植物的生活习性对实现矿化保存也具有重要意义。近年来对从北票地区获取的紫萁茎干化石外部形态特征的分析显示，部分标本的叶柄基仍突出存在（指示较短距离的搬运或未搬运），而另外一部分则相对较为光滑（指示相对较长距离的搬运）（图 5-1），根据这一保存特征推断紫萁植物既可以实现原地埋藏，也能够实现异地埋藏。

王谋强等（1996）和罗世家（2001）对现代紫萁植物的研究表明，现代紫萁植物喜温暖湿润地区的酸性壤土或砂壤土，对酸性土壤具有一定的指示意义；辽西地区髫髻山组沉积时期，火山的频繁活动无疑将导致大量致酸性物质进入大气，进而形成酸雨，造成土壤的酸化，这有可能在抑制部分不具耐酸性植物的生存的同时，反而为紫萁科植物的繁盛提供了必要条件。

现代紫萁植物为多年生植物，在自然界中自然更新率极低，寿命多在 15 年以上（何义发，2002）。较长的生命周期，使紫萁植物有更大的可能性遇到适宜形成过矿化植物的条件，因而较其他一年生的真蕨类植物在形成矿化植物的过程中具有更大的优势。

此外，最重要的一点，紫萁科植物特殊的内部形态解剖特征使其较其他类型的植物更易于矿化。紫萁科植物的根状茎外部往往有宿存的叶柄基和不定根，它们在紫萁植物的中柱外侧共同构成一个外套（吴兆洪和秦仁昌，1991），各叶柄基彼此紧挨，绕中柱呈放射状排列。但叶柄基彼此之间毕竟存在大量的空隙，这为矿物质溶液的进入提供了良好的通道，这些空隙甚至可以起到吸附水分的作用。这一特征乃是紫萁植物容易被矿化保存的最大优势，相对而言，其他真蕨类植物则没有这一特点，或者不明显。

综上所述，紫萁科植物由于本身具有的一系列适合矿化保存的优势条件，在同等外部条件上，得以从真蕨植物类群中脱颖而出，实现矿化保存。

5.3 小　结

（1）辽西北票髫髻山组沉积时期频发的火山活动为该地区形成丰富矿化植物提供了必要条件。

（2）植物保存矿化类型的概率与其占所在植物群的比例成正比，即某类型植物属种数量越多、多样性越高，其出现矿化保存类型的概率也越高；松柏类植物在辽西北票地区中—上侏罗统髫髻山组植物群中所占比例应比根据现已报道的化石记录得出的结论要高；此外，具有矿化化石的植物类型的概率与其在整个群落中所处的位置密切相关。

（3）紫萁目植物在地史时期出现大量矿化保存的类型，首先与它在地史时期相对较高的多样性有直接关系；其次，与所处的生境特征密切相关，紫萁目植物多繁盛于沼泽湿地生态群落环境，这一特殊的生态习性使其易于被快速埋藏；最后，紫萁目植物独特的茎干解剖构造特征，诸如其茎干外部具有由宿存叶柄基和不定根构成的外套，使其易于吸收矿物质溶液，从而提高矿化保存的概率。

第 6 章　中国紫萁目植物化石多样性及时空分布特征

现生紫萁目植物在我国共计报道有 1 科 4 属 8 种，广泛分布在我国的秦岭—淮河以南地区，北方地区也有部分属种发现（秦仁昌，1978；王培善和王筱英，2001）。与现生类群相比，我国报道有相当丰富的紫萁目植物化石，这些化石记录的分布时限从晚古生代一直延续至新近纪。我国紫萁目植物化石的保存类型多样，不仅见有叶部压型和印痕化石，还发现有大量保存解剖构造的矿化化石。

中国紫萁目化石数量丰富、类型多样、分布时限长，且地理分布广泛，为探究紫萁目植物在我国乃至全球的发展演化历程提供了良好的材料。以往中国紫萁目植物的研究多集中在个体属种描述上，系统性总结研究开展得相对较少。邓胜徽和陈芬（2001）简要分析了中国中生代紫萁科植物的分布特点。Wang 等（2005）对中国紫萁目紫萁科的重要化石代表类型似托第蕨属（*Todites* Seward emend. Harris）的化石记录多样性进行了探讨。鉴于紫萁目在演化植物学上的重要地位，借助我国紫萁植物化石得天独厚的优势（属种类型多、地理分布广、分布时限长），Tian 等（2016a）对我国紫萁目植物化石的多样性及时空分布模式进行了深入研究。本章在该文的基础上，进一步补充了我国近年来在紫萁目化石研究领域的最新研究进展，以期进一步揭示紫萁类植物在我国的起源及发展演化历程，并分析其环境指示意义。

6.1　中国紫萁目植物化石记录多样性

中国最早的紫萁目植物化石记录可以追溯到晚古生代，该目的 2 个科一级分类单元——紫萁科和瓜伊拉蕨科在这一时期均已出现（中国科学院南京地质古生物研究所和中国科学院植物研究所《中国古生代植物》编写小组，1974；李中明，1983；Li，1993；Wang et al.，2014a，2014b）。中生代时期，尽管我国仅发现有紫萁科植物化石，但这一时期该科的多样性在我国达到顶峰，分布范围遍布我国南北方植物地理区系。进入新生代，紫萁科植物化石在我国仅有零星分布。

6.1.1　紫萁目叶部化石

受化石保存条件的限制（如缺失孢子囊等生殖器官），大量与现生紫萁科植物叶片类似的叶部化石被归入紫萁目紫萁科（Brongniart，1849；van Konijnenburg-van Cittert，2002）。中国主要的紫萁目植物叶化石代表类型包括 *Todites*、*Osmundopsis*、

Osmunda 和 *Cladophlebis*、*Raphaelia* 及 *Tuarella* 等（表 6-1）（斯行健等，1963；Wang et al.，2005）。

表 6-1 中国紫萁目化石记录统计表

属种	产地	层位	时代	文献
Osmundopsis Harris emend. Harris				
O. plectrophora Harris	四川达州铁山	须家河组	晚三叠世	四川省煤田地质公司一三七地质队和中国科学院南京地质古生物研究所，1986；吴舜卿，1999
	重庆开州温泉	须家河组	晚三叠世	四川省煤田地质公司一三七地质队和中国科学院南京地质古生物研究所，1986
	甘肃兰州	大西沟组	早侏罗世	杨恕和沈光隆，1988
	广东乐昌狗牙洞	小坪组	晚三叠世	冯少南等，1977
	内蒙古	南陶乐苏组	早侏罗世	梅美棠等，1989
	湖南宜章	沙镇溪组	晚三叠世	何德长和沈襄鹏，1980；张采繁，1982，1986
O. cf. *plectrophora* Harris	四川达州铁山	须家河组	晚三叠世	吴舜卿，1999
O. jingyuanensis Liu	甘肃靖远	刀楞山组	早侏罗世	刘子进，1982；张泓等，1998
O. sturii（Raelborski）Harris	新疆	西山窑组	中侏罗世	董曼和孙革，2011
O. sp.	北京西山	窑坡组	中侏罗世	Duan，1987
O. sp.	安徽怀宁	武昌组	早侏罗世	黄其胜，1988
Osmunda Linnaeus				
O. cretacea Samylina	吉林蛟河	杉松组	早白垩世	李星学等，1986
	内蒙古霍林河	霍林河组	早白垩世	邓胜徽，1995
	辽宁铁法盆地	小明安碑组	早白垩世	陈芬等，1988
	辽宁阜新盆地	阜新组	早白垩世	陈芬等，1988
	内蒙古海拉尔盆地	大磨拐河组	早白垩世	邓胜徽等，1997
O. sachalinensis Krysht.	黑龙江嘉荫	乌云组	古新世	Wang et al.，2006a
O. japonica Thunb.	云南腾冲	?	晚中新世	陶君容，2000
O. heeri Gaudin	黑龙江尚志	大凌河组	始新世	张武等，1980

续表

属种	产地	层位	时代	文献
Plenasium Presl				
Plenasium xiei Cheng et al.	黑龙江五大连池	?	晚白垩世	Cheng et al.，2019
Osmunda（*Plenasium*）*lignitum*（Giebel）Stur.	辽宁抚顺	古城子组	晚始新世	中国科学院北京植物研究所和南京地质古生物研究所《中国新生代植物》编写组，1978
	海南长昌盆地	长昌组	始新世	郭双兴，1979；Liu et al.，2022
	广东茂名盆地	油柑窝组	中中新世	Liu et al.，2022
Osmunda（*Plenasium*）*totangensis*（Colani）Guo	云南多塘	?	中新世至渐新世	中国科学院北京植物研究所和南京地质古生物研究所《中国新生代植物》编写组，1978
Osmunda（*Plenasium*）*zhangpuensis* Wang et Sun	福建漳浦	佛昙群	中中新世	王姿晰等，2021
Raphaelia Debey et von Ettingshausen				
R. diamensis Seward	新疆和丰	西山窑组	中侏罗世	顾道源，1984
	新疆准噶尔盆地	西山窑组	中侏罗世	Sun et al.，2010
	新疆白杨河	西山窑组	中侏罗世	董曼和孙革，2011.
	陕西中部，甘肃东部	延安组	早侏罗世	米家榕等，1996
	辽宁北票	海房沟组	中侏罗世	张武等，1980；张武和郑少林，1987
	内蒙古赤峰	新民组	中侏罗世	张武等，1980
	黑龙江密山	龙爪沟群云山组	晚侏罗世	郑少林和张武，1982
	黑龙江	七虎林组	中侏罗世	曹正尧，1984
	黑龙江鹤岗	东山组	早白垩世	郑少林和张武，1983
	吉林万宝	万宝组	中侏罗世	梅美棠等，1989
	青海柴达木盆地大羊头沟	大煤沟组	中侏罗世	李佩娟等，1988
	青海柴达木盆地大煤沟	饮马沟组	中侏罗世	李佩娟等，1988
	北京门头沟	下窑坡组	中侏罗世	陈芬等，1980
	内蒙古扎赉特旗	直罗组	中侏罗世	叶美娜和厉宝贤，1982；周志炎，1995
	新疆哈密	西山窑组	中侏罗世	张泓等，1998
	陕西神木	富县组	早侏罗世	黄枝高和周慧琴，1980

续表

属种	产地	层位	时代	文献
R. diamensis Seward	内蒙古准格尔旗	富县组	早侏罗世	黄枝高和周慧琴，1980
	山西大同	大同组	中侏罗世	王自强，1984
	河北张家口	门头沟组	中侏罗世	王自强，1984
R. prinadai Vachrameev	吉林营城	沙河子组	早白垩世	杨学林和孙礼文，1982
	辽宁昌图，吉林九台	火石岭组	早白垩世	杨学林和孙礼文，1982
R. stricta Vachrameev	辽宁北票	髫髻山组	中侏罗世	张武和郑少林，1987
	内蒙古扎赉特旗	万宝组	中侏罗世	杨学林和孙礼文，1985
	辽宁北票	海房沟组	中侏罗世	张武和郑少林，1987
R. glossoides Vachrameev	新疆库车乌恰	克孜勒苏组	中侏罗世	张泓等，1998
	新疆鄯善	西山窑组	中侏罗世	张泓等，1998
	新疆西北部	西山窑组	中侏罗世	张泓等，1998
R. aff. *neuropteroides* Debey et Ettingshausen	北京大安山	上窑坡组	中侏罗世	陈芬等，1984
R. sp. Li et al.	青海柴达木盆地北部	大煤沟组	中侏罗世	李佩娟等，1988
R. sp. Mei et al.	陕甘宁盆地	富县组	中侏罗世	梅美棠等，1989
R. sp. Zhang	辽宁阜新	阜新组	早白垩世	张志诚，1987
R. sp. Zhang	吉林营城	营城组	早白垩世	张志诚，1987
R. sp. Yang et Sun	辽宁昌图，吉林九台	火石岭组	早白垩世	杨学林和孙礼文，1982
Tuarella Burakova				
T. lobifolia Burakova	青海柴达木盆地	大煤沟组	中侏罗世	李佩娟等，1988
Millerocaulis Erasmus ex Tidwell emend. Tidwell				
M. hebeiensis（Wang）Tidwell	河北涿鹿	髫髻山组	中—晚侏罗世	Wang，1983
M. macromedullosus（Matsumoto et al.）Vera	河北涿鹿	髫髻山组	中—晚侏罗世	Matsumoto et al.，2006
M. beipiaoensis（Tian et al.）Bomfleur, Grimm et McLoughlin	辽宁北票	髫髻山组	中—晚侏罗世	Tian et al.，2013
Millerocaulis bromeliifolites sp. nov.	辽宁北票	髫髻山组	中—晚侏罗世	本书
Claytosmunda（Yatabe, Murak. et Iwats.）Metzgar et Rouhan				
C. zhengii sp. nov.	辽宁北票	髫髻山组	中—晚侏罗世	本书
C. cf. *liaoningensis*（Zhang et Zheng）Bomfleur, Grimm et McLoughlin	辽宁北票	髫髻山组	中—晚侏罗世	本书
C. cf. *plumites*（Tian et Wang）Bomfleur, Grimm et McLoughlin	辽宁北票	髫髻山组	中—晚侏罗世	本书

续表

属种	产地	层位	时代	文献
C. liaoningensis（Zhang et Zheng）Bomfleur, Grimm et McLoughlin	辽宁阜新、北票；内蒙古科尔沁右翼中旗	髫髻山组	中—晚侏罗世	张武和郑少林，1991；Tian et al.，2018c
C. chengii	辽宁北票	髫髻山组	中—晚侏罗世	Cheng，2011
C. wangii（Tian et Wang）Bomfleur, Grimm et McLoughlin	辽宁北票	髫髻山组	中—晚侏罗世	Tian et al.，2014a
C. plumites（Tian et Wang）Bomfleur, Grimm et McLoughlin	辽宁北票	髫髻山组	中—晚侏罗世	Tian et al.，2014b
C. sinica（Cheng et Li）Bomfleur, Grimm et McLoughlin	辽宁北票	髫髻山组	中—晚侏罗世	Cheng and Li，2007
C. preosmunda（Cheng, Wang et Li）Bomfleur, Grimm et McLoughlin	辽宁北票	髫髻山组	中—晚侏罗世	Cheng et al.，2007a
C. zhangiana Tian, Wang et Jiang	辽宁北票	髫髻山组	中—晚侏罗世	Tian et al.，2021
Osmunda（*Claytosmunda*）*greenlandica*（Heer）Brown	黑龙江嘉荫	乌云组	古新世	陶君容和熊宪政，1986
Osmundacaulis Miller				
Osmundacaulis sinica Cheng et al.	黑龙江五大连池、齐齐哈尔	?	晚白垩世	Cheng et al.，2020
O. asiatica Cheng et al.	黑龙江五大连池、齐齐哈尔	?	晚白垩世	Cheng et al.，2020
Shuichengella Li				
Shuichengella primitiva（Li）Li	贵州水城	汪家寨组	晚二叠世	李中明，1983；Li，1993
Zhongmingella Wang, Hilton, He, Seyfullah et Shao				
Zhongmingella plenasioides（Li）Wang et al.	贵州水城	汪家寨组	晚二叠世	李中明，1983；Wang et al.，2014b
Tiania（Tian et Chang）Wang et al.				
T. yunnanense（Tian et Chang）Wang et al.	云南宣威	宣威组	晚二叠世	Li and Cui，1995；Wang et al.，2014a

注：似托第蕨属 *Todites* 在我国的化石记录因 Wang 等（2005）曾详细列举，本表未再详述；枝脉蕨属 *Cladophlebis* 各种不一定都与紫萁科有直接的亲缘关系，故该属在我国的化石记录也未详述；由于采用不同的分类系统，我国新生代报道的部分紫萁科植物化石种多被直接归入紫萁属，基于最新紫萁科分类方案，其中部分应归入该科羽节紫萁属 *Plenasium* 或桂皮紫萁属 *Osmundastrum*，故在本表中将其放置在羽节紫萁属或桂皮紫萁属；“？”表示具体化石产出层位未知。

1. 似托第蕨属 *Todites* Seward emend. Harris

Todites 因叶型及生殖器官特征与现生紫萁植物 *Todea* 相似而得名。该属系由 Seward（1900）基于产自英国的材料创建，Harris（1961）对其属征进行了修订。该属不具备叶双型，生殖羽片特征与营养羽片基本一致，但叶型略小，孢子囊着生于生殖羽片背面（Harris，1961；Wang et al.，2005）。相较于现生的 *Todea* 植物，*Todites* 植物的孢子囊略小一些，其环带着生位置更靠近孢子囊顶部，并完全占据整个孢子囊顶端（Harris，1961）。全球范围而言，*Todites* 的最早化石记录报道于俄罗斯 Sajany-Altai 及 Pechora 地区晚二叠世地层（Radčenko，1955；Naugolnykh，2002）。根据叶型特征的差别，该属被划分为三个类群：①具典型的栉羊齿型（*Pecopteris*）脉序特征的类群，主要代表种包括 *Todites denticulatus*、*T. thomasii*、*T. scorebyensis* 及 *T. recurvatus* 等；②具类似于脉羊齿脉序特征的类群，包括 *T. goeppertianus*、*T. williamsonii* 等；③具楔羊齿脉序的类群，主要代表为 *T. princeps*（Harris，1961；Wang et al.，2005）。

Todites 为我国中生代南、北方植物群的常见组成分子。Wang 等（2005）对中国该属的化石记录多样性及其分布特征进行了详细介绍。迄今为止，该属在我国总计报道了 16 种，其中较常见的分子包括 *T. shensiensis*、*T. denticulatus*、*T. goeppertianus*、*T. scorebyensis* 及 *T. princeps* 等（图 6-1）。*Todites* 在中国最早的化石记录（*T. shensiensis*）可以追溯到中三叠世（张志诚，1976；黄枝高和周慧琴，1980）；晚三叠世至中侏罗世为该属的繁盛期；至晚侏罗世仅存 1 种（*T. denticulatus*）（Wang et al.，2005）。*Todites* 属白垩纪化石记录极为罕见，仅 Sun 等（2001）报道了产自辽西早白垩世义县组的疑似化石（*T. major*），但该种未有生殖器官保存。该属早白垩世末期在我国逐渐走向灭绝（Wang et al.，2005）。

就地理分布特征而言，*Todites* 广泛分布于我国南、北方型植物地理区（Wang et al.，2005）。该属中三叠世化石记录主要报道于我国北方型植物地理地区；自晚三叠世至早侏罗世，南方型植物地理区在 *Todites* 多样性上要高于北方地区；所有中侏罗世 *Todites* 植物均报道自我国北方型植物地理区（Wang et al.，2005）。

2. 拟紫萁属 *Osmundopsis* Harris emend. Harris

Osmundopsis 为中生代紫萁植物另一个重要类群。该属由 Harris（1931）建立，具叶双型，营养羽片为“枝脉蕨型”，生殖羽叶独立（其上不着生营养叶），强烈收缩，孢子囊着生于小羽片中脉两侧，呈犁形（邓胜徽和陈芬，2001），与现生 *Osmunda* 属较为类似，但 *Osmundopsis* 的厚壁细胞位于孢子囊的顶端（Harris，1961；四川省煤田地质公司一三七地质队和中国科学院南京地质古生物研究所，1986）。Harris（1931）对该属的初始定义规定该属为三次羽状复叶，但后来修订

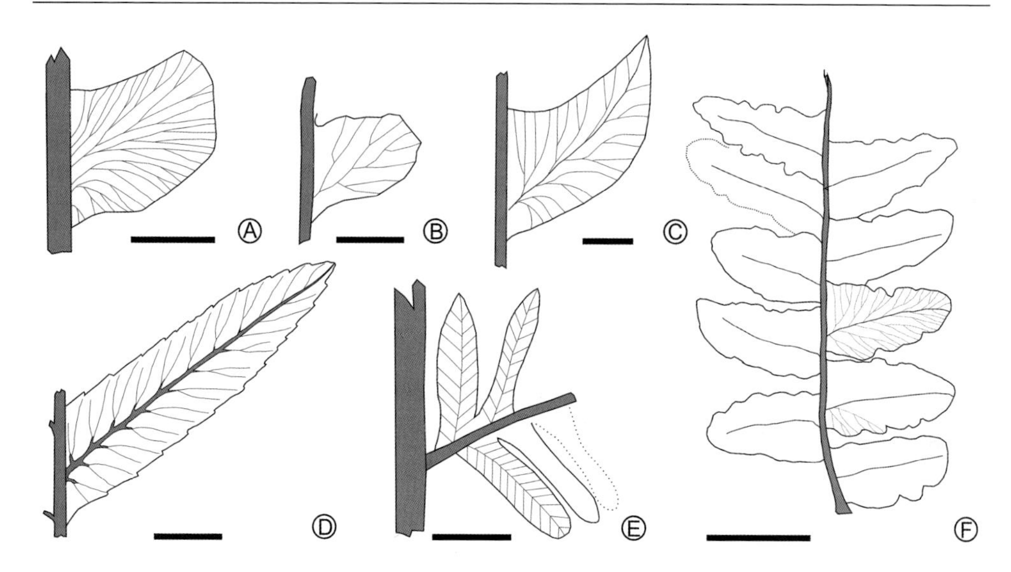

图 6-1　中国似托第蕨属代表类型末次羽片、小羽片及其叶脉特征示意图（据斯行健，1956；李佩娟等，1976；杨关秀等，1984；陈芬等，1984；Wang et al.，2005 等，略改动）

A. *Todites shensiensis*（P'an）；B. *T. princeps*（Presl）Gothan；C. *T. williamsonii*（Brongn.）Seward；D. *T. denticulatus*（Brongn.）Krasser；E. *T. scorebyensis* Harris；F. *T. major* Sun et Zheng；比例尺：A=4 mm，B=2 mm，C=2.5mm，D=5 mm，E、F=1 cm

为具二次或三次羽状复叶（Harris，1961；van Konijnenburg-van Cittert，1996；Phipps et al.，1998）。*Osmundopsis* 在某种程度上被认为属于 *Todites* 和 *Osmunda* 之间的过渡类型，因而其强烈收缩的生殖羽片类似于 *Osmunda*，但孢子囊特征与 *Todites* 更为接近（Miller，1971；van Konijnenburg-van Cittert，1978）。

中国 *Osmundopsis* 的多样性较 *Todites* 略低，目前共计报道 6 种（表 6-1），其化石记录自晚三叠世延续至早侏罗世。*O. plectrophora* 在所有中国已报道的 *Osmundopsis* 各种中分布最为广泛，其主要产出层位包括重庆开州及四川达州铁山晚三叠世须家河组（四川省煤田地质公司一三七地质队和中国科学院南京地质古生物研究所，1986；吴舜卿，1999）、湖南宜章沙镇溪组（张采繁，1982）及甘肃兰州大西沟组（杨恕和沈光隆，1988）、内蒙古察哈尔右旗南陶乐苏组（梅美棠等，1989）等。吴向午（1991）报道了产自湖北秭归早侏罗世香溪组的 *O. sturii*，还描述了一块产自秭归香溪组的较为破碎的标本，定为 cf. *Osmundopsis sturii*，但后来该标本被修订为 *Todites* 的生殖羽片（疑似 *Todites williamsonii*）（Wang，2002）。*O. jingyuanensis* 产自甘肃靖远早侏罗世刀楞山组（刘子进，1982），该种为 *Osmundopsis* 中唯一基于中国标本建立的类型。此外，Duan（1987）、黄其胜（1988）分别报道了采集自北京西山窑坡组及安徽怀宁武昌组的 2 个 *Osmundopsis* 未定种。较为遗憾的是，我国迄今尚未有该属原位孢子的报道。

3. 紫萁属 *Osmunda* Linnaeus

Osmunda 是现生紫萁植物中分布范围最为广泛的类群，其在东亚及东南亚地区多样性尤其高（Kramer and Green，1990）。该属被认为属于“进化迟滞”类群，为典型的活化石植物，因为化石资料显示其最早化石记录可以上溯至白垩纪（Serbet and Rothwell，1999；Vavrek et al.，2006）。

目前，我国曾报道的 *Osmunda* 化石记录为8种（表6-1）；其中，早白垩世1种（*O. cretacea*），古新世2种（*O. sachalinensis*、*O. greenlandica*），始新世2种（*O. lignitum*、*O. heeri*），中新世至渐新世3种（*O. totangensis*、*O. japonica*、*O. zhangpuensis*）（图6-2）（郭双兴，1979；张武等，1980；陶君容和熊宪政，1986；邓胜徽和陈芬，2001；Wang et al.，2006a）。值得关注的是，上述各种在本书采用的紫萁科植物分类方案中，不宜全部被纳入该属，除 *O. cretacea*、*O. heeri*、*O. japonica* 及 *O. sachalinensis* 之外的各种应被归入羽节紫萁属或桂皮紫萁属。

Osmunda cretacea 为我国东北地区及俄罗斯远东地区早白垩世植物群常见分子（Samylina，1964；Deng，2002）（图6-2B、C）。该种在我国多见于东北地区早白垩世含煤地层之中，主要化石产地包括吉林蛟河盆地、内蒙古霍林河及海

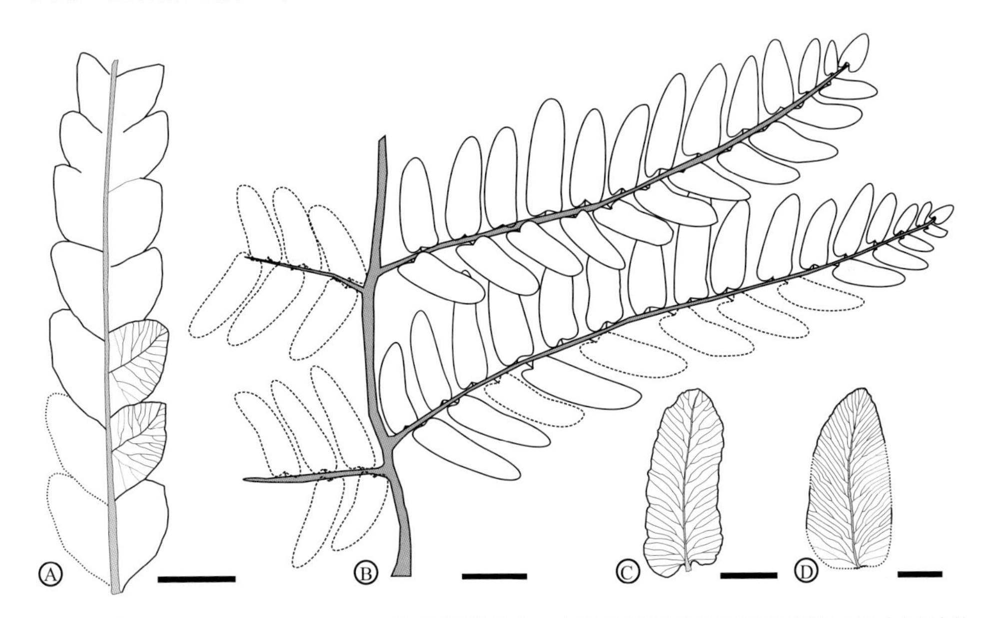

图6-2　中国 *Osmunda* 及 *Plenasium* 代表类型羽叶、小羽片及其叶脉特征示意图（据中国科学院北京植物研究所和南京地质古生物研究所《中国新生代植物》编写组，1978；邓胜徽和陈芬，2001；Wang et al.，2006等，略改动）

A. *Osmunda*（*Plenasium*）*lignitum*（Giebel）Stur.；B、C. *O. cretacea* Samylina；D. *O. Sachalinensis* Krysht.；比例尺：A、C、D=1 cm，B =1.5 cm

拉尔盆地、辽宁阜新及铁法盆地等（李星学等，1986；陈芬等，1988；邓胜徽等，1997；邓胜徽和陈芬，2001）。李星学等（1986）描述了产自吉林蛟河盆地的两种植物化石，分别定名为 *Raphaelia cretacea* 和 *R. denticulatus*。邓胜徽和陈芬（2001）认为 *R. cretacea* 在叶型上与 *O. cretacea* 近乎完全一致，遂将其修订为 *O. cretacea*。与此同时，邓胜徽和陈芬（2001）进一步指出，从已知特征难以区分 *R. denticulatus* 与 *O. cretacea* 二者之间的差别，因此建议 *R. denticulatus* 也应归入 *O. cretacea*。

Osmunda sachalinensis 报道自黑龙江嘉荫古新统乌云组（陶君容和熊宪政，1986；陶君容，2000；Wang et al.，2006a）。该种是远东地区（俄罗斯远东 Sakhalin、Primorye、Priamurye 地区及日本）古新世植物群常见分子（Kryshtofovich，1936；Tanai，1970；Ablaev，1974，1985；Kamaeva，1990），其典型特征为小羽片基部略膨大（图 6-2D）。Wang 等（2006a）指出该种在叶型上与 *O. japonica* 较为相似。张武等（1980）报道了产自我国黑龙江尚志地区始新世地层的 *O. heeri* Gaudin，该种的小羽片特征与现生 *O. japonica* 也十分相似（Liu et al.，2022）。值得关注的是，陶君容（2000）报道了产自云南腾冲中新世地层的与现生 *O. japonica* Thunb. 特征一致的标本，为研究该现生种的起源提供了重要线索。

4. 羽节紫萁属 *Plenasium* Linnaeus

国内目前对新生代紫萁科叶化石多采用三属分类方案，因此很多归入羽节紫萁属的种被放置在了紫萁属之下，以下介绍的各种均属于上述情况。原定为紫萁属的 *Osmunda*（*Plenasium*）*lignitum* 是欧洲地区较常见的新生代紫萁植物分子（Gardner and Ettingshausen，1882）（图 6-2A）；其在我国主要报道于辽宁抚顺晚始新世古城子组（中国科学院北京植物研究所和南京地质古生物研究所《中国新生代植物》编写组，1978）及海南长昌盆地始新世长昌组（郭双兴，1979）；Liu 等（2022）对产自海南长昌盆地始新世长昌组该种标本的角质层及原位孢子进行了细致研究。上述两个化石产地在地理位置上相距极远，显示该种在这一时期在我国分布范围可能较大。此外，该种在叶型上与现生的 *Plenasium banksiifolium*（*Osmunda banksiifolia*）较为相似，后者现在在我国华南地区极为发育。需要指出的是，按照最新的现生紫萁科分类方案（PPG I，2016），本书建议将该种归入 *Plenasium*。

Osmunda（*Plenasium*）*totangensis* 首次报道于我国云南多塘中新世至渐新世地层（中国科学院北京植物研究所和南京地质古生物研究所《中国新生代植物》编写组，1978）；此后，也发现于云南腾冲地区晚中新世地层（陶君容，2000）。从小羽片形态特征分析，*O. totangensis* 的许多特征与 *O. lignitum* 类似，二者的主要差别在于前者小羽片在叶型上较后者要小一些。按照最新的现生紫萁科分类方

案（PPG I，2016），该种亦应归入 *Plenasium*。王姿晰等（2021）报道了产自福建漳浦中中新世地层的一新种 *O. zhangpuensis* Wang et Sun，该种在形态特征上与现生的 *Plenasium banksiifolium* 特征也十分相似，按照最新的现生紫萁科分类方案（PPG I，2016），该种也应归入 *Plenasium*。

5. 绒紫萁属 *Claytosmunda*（Yatabe, Murak. et Iwats.）Metzgar et Rouhan

Osmunda greenlandica 曾报道产出自黑龙江嘉荫古新统乌云组（陶君容和熊宪政，1986；陶君容，2000；Wang et al.，2006a）。该种首次报道于北美古新统的 Fort 组及 Dever 组（Brown，1962），与 *O. sachalinensis* 相比，其小羽片基部呈宽楔形。Budantsev（1997）曾提出产自北美及俄罗斯远东 Priokhotye 地区北部的 *O. greenlandica* 可能属于桂皮紫萁属，但 Liu 等（2022）提出该种深裂开的小羽片与绒紫萁属更为相似。本书认为该观点较为合适，故暂将该种放置在绒紫萁属名下。

6. 枝脉蕨属 *Cladophlebis* Brongniart

Cladophlebis 系一类具大型羽状复叶的形态属（Bodor and Barbacka，2008），其蕨叶、小羽片及脉序等特征与现生的 *Todea* 及 *Osmunda* 类似，且在地层中多与 *Todites* 及部分矿化紫萁茎干（如 *Claytosmunda*、*Millerocaulis*）伴生出现（张武和郑少林，1991；邓胜徽和陈芬，2001），被认为与紫萁植物关系密切（Vakhrameev，1991；Tidwell and Ash，1994）。迄今为止，该属地史时期的化石记录超过 240 种，显示出极高的多样性，且分布时限和分布地域极为广泛（Bodor and Barbacka，2008）。

在我国晚古生代及中生代地层中该属化石记录十分丰富，其最早化石记录可以追溯到晚古生代，主要代表类型包括 *Cl. manchurica*（内蒙古准格尔旗早二叠世山西组）、*Cl. ozakii*（贵州盘州晚二叠世宣威组）及 *Cl. nystroemi*（山西太原下石盒子组及潞安山西组）等（图 6-3）（中国科学院南京地质古生物研究所和中国科学院植物研究所《中国古生代植物》编写小组，1974）。产自河北开平晚石炭世至早二叠世赵各庄组的 *Cl. yongwolensis* 可能是已知 *Cladophlebis* 最早的代表种之一。

晚三叠世时期，*Cladophlebis* 在我国南、北方植物地理区均十分发育，是包括北方型“延长植物群”及南方型的宝鼎、须家河、一平浪、喇嘛垭及沙镇溪等植物群的常见分子之一（徐仁等，1979；四川省煤田地质公司一三七地质队和中国科学院南京地质古生物研究所，1986；吴舜卿，1999；邓胜徽和陈芬，2001）。至侏罗纪，尤其是中侏罗世时期，*Cladophlebis* 在北方的多样性要显著高于南方植物地理区，主要代表种类包括 *Cl. denticulata*、*Cl. asiatica* 及 *Cl. gigantea* 等

（图 6-3）（张泓等，1998）。该属多样性在早白垩世晚期衰退严重，到晚白垩世仅在松辽盆地的青山口组及黑龙江嘉荫的太平林场组有零星记录（陶君容，2000）。我国新生代 *Cladophlebis* 化石报道极少，仅在嘉荫乌云组有极个别种报道，如 *Cl. septentrionalis* 及部分未定种等（张志诚，1984；全成，2005）。

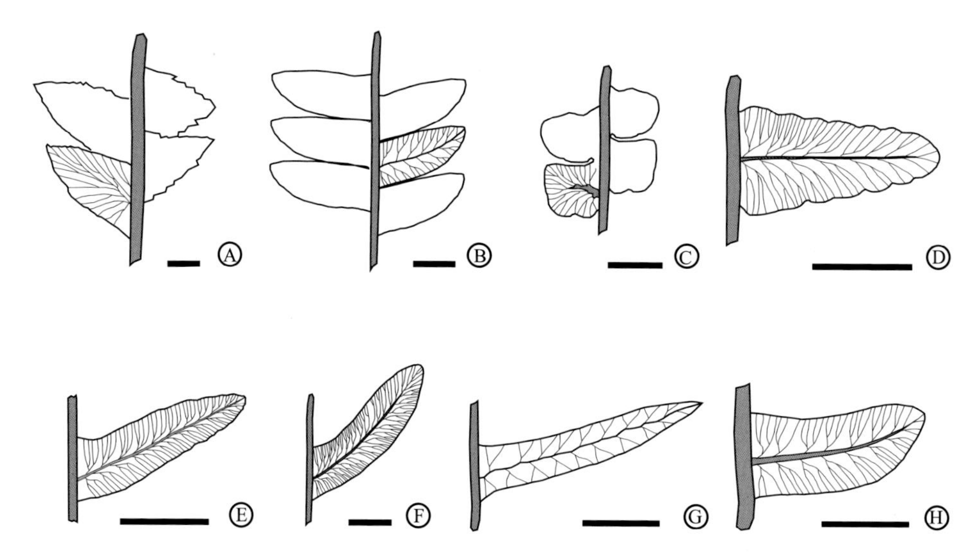

图 6-3　中国 *Cladophlebis* 代表类型小羽片及其叶脉特征示意图（据斯行健，1956；中国科学院南京地质古生物研究所和中国科学院植物研究所《中国古生代植物》编写小组，1974；陈芬等，1984；杨关秀等，1994，略改动）

A. *Cladophlebis manchurica*（Kaw.）Zhi et Gu.; B. *Cl. ozakii* Yabe et Oishi; C. *Cl.* ? *yongwolensis*（Kawasaki）Stockmans et Mathieu；D. *Cl. gigantea* Oishi；E. *Cl. raciborskii* Yabe；F. *Cl. ingens* Harris；G. *Cl. delicatula* Yabe et Oishi；H. *Cl. asiatica* Chow et Yeh；比例尺：A、G=5 mm，B=7 mm，C、E =1 cm，D=9 mm，F=2 cm，H=8 mm

7. 拉斐尔蕨属 *Raphaelia* Debey et von Ettingshausen

Raphaelia 由 Debey 和 von Ettingshausen（1859）建立，是另一类被认为与紫萁植物有密切关系的形态属。该属化石记录既包括营养叶，又包括部分生殖叶（Tidwell and Ash，1994）。侏罗纪时期 *Raphaelia* 在俄罗斯远东地区多样性极高，共计报道超过 12 种（张泓等，1998）。其在我国中生代地层也有大量报道，目前已报道近 10 种，主要代表类型包括 *R. diamensis*、*R. stricta*、*R. prinadai*、*R. glossoides*、*R.* aff. *neuropteroides* 及 5 个未定种（表 6-1）。

R. diamensis 是该属已报道所有种类中最为重要的代表之一（图 6-4），该种目前已报道的化石记录均来自我国北方型植物群，如陕西、甘肃下侏罗统地层（延安组），辽宁、北京、内蒙古、新疆、青海中侏罗统髫髻山组地层（髫髻山组、下窑坡组、新民组、西山窑组、大煤沟组等），黑龙江上侏罗统龙爪沟群云山组及黑

龙江早白垩世勃利盆地东山组等（陈芬等，1980；曹正尧，1984；叶美娜和厉宝贤，1982；张武等，1980；郑少林和张武，1982，1983；张武和郑少林，1987；梅美棠等，1989；米家榕，1996）。Krassilov（1978）将产自新疆晚侏罗世的一块原定为 *R. diamensis* 的标本，基于其孢子囊横向环带、叶双型等特征直接归入 *Osmunda*，并以此为依据建议将该属全部类群都归入 *Osmunda*。但鉴于绝大多数目前已报道的 *Raphaelia* 均未有生殖结构保存，很难确定它与 *Osmunda* 的明确关系，因此该属仍然有保留的必要。

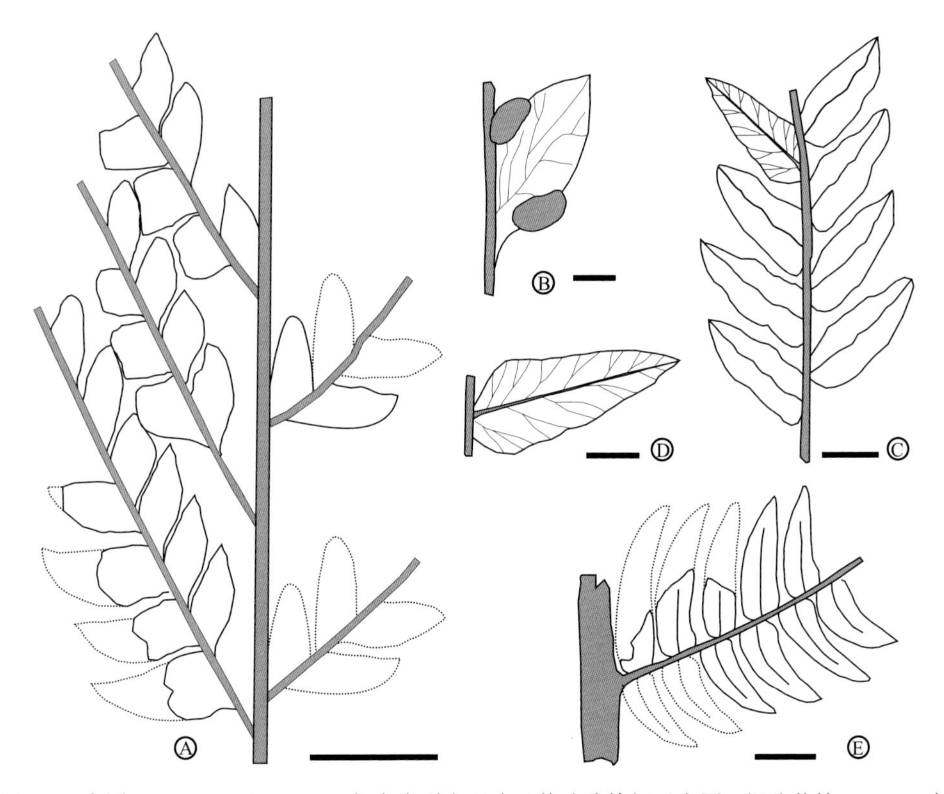

图 6-4　中国 *Raphaelia* 及 *Tuarella* 代表类型小羽片及其叶脉特征示意图（据陈芬等，1984；李佩娟等，1988，略改动）

A、B. *Tuarella lobifolia* Burakova；C、D. *Raphaelia diamensis* Seward；E. *Raphaelia prinadai* Vachrameev；比例尺：A =1 cm，B、D=2.5 mm，C、E =5 mm

R. stricta 在小羽片形态上与 *R. diamensis* 差别明显，前者叶型较窄，且以整个基部直接着生在羽轴上（梅美棠等，1989）。该种主要报道于辽西及内蒙古中侏罗世地层（杨学林和孙礼文，1982，1985）。*R. glossoides* 多见于新疆中侏罗世地层（张泓等，1998），*Raphaelia* aff. *neuropteroides* 报道于北京西山中侏罗世地层（陈芬等，1984）。此外，部分定为该属未定种的标本也曾报道于青海柴达木盆地、

陕甘宁盆地中侏罗世地层，以及辽宁、吉林早白垩世地层等（张志诚，1987；李星学等，1986；梅美棠等，1989）。

8. 图阿尔蕨属 *Tuarella* Burakova

Tuarella 由 Burakova（1961）基于产自土库曼斯坦中侏罗世地层的标本建立，共计报道 2 种——*Tuarella lobifolia* 及 *T. petrovii*。其因原位孢子特征（形态、大小及孢子外壁等）与部分紫萁植物（如现生 *Osmunda regalis* 及侏罗纪 *Osmunda jurassica* Kara-Mursa 等）原位孢子极为类似，而被认为与紫萁植物亲缘关系密切（Burakova，1961；李佩娟等，1988）。我国仅有 *T. lobifolia* 的报道（图 6-4），产自我国青海柴达木盆地中侏罗世大煤沟组（李佩娟等，1988）。该种最为典型的特征为在实羽片基部两侧各具一卵圆形孢子囊；这一特征在现生紫萁科植物中未曾有过类似报道，但与蚌壳蕨科的 *Disorus nimakanensis* Varchr 极为相似，但后者在小羽片基部形态及原位孢子类型上与 *T. lobifolia* 差异巨大（Vakhrameev and Doludenko，1961）。尽管我国 *T. lobifolia* 标本未有生殖结构保存，但该种的发现丰富了我国紫萁科植物在中侏罗世的多样性。

6.1.2　紫萁目矿化根茎化石

与叶部化石相比，目前我国紫萁科根茎化石也有丰富记录。此外，我国晚古生代地层中还发现了部分可归入紫萁目的矿化茎干化石（图 6-5），如报道于我国贵州水城晚二叠世汪家寨煤矿煤核植物群的归入紫萁科（亚科未定）的水城蕨（*Shuichengella primitiva*）和可归入瓜伊拉蕨科瓜伊拉蕨亚科的中明蕨（*Zhongmingella plenasioides*），报道自云南宣威上二叠统宣威组的归入瓜伊拉蕨科伊托普蕨亚科的田氏蕨（*Tiania yunnanense*）（李中明，1983；Li，1993；李星学，

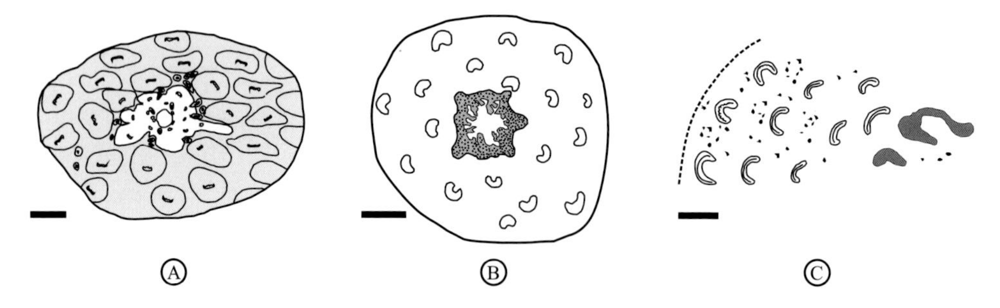

图 6-5　中国晚古生代紫萁目植物茎干化石及相关类型茎干横切面特征示意图（改自李中明，1983；Li，1993；Galtier et al.，2001）

A. *Rastropteris pingquanensis* Galtier，Wang Li et Hilton；B. *Shuichengella primitiva*（Li）Li；C. *Zhongmingella plenasioides* Li；比例尺：A=1 cm，B=8 mm，C=2 mm

1995；Wang et al.，2014a，2014b）等。此外，我国河北平泉下二叠统太原组还发现有 *Rastropteris pingquanensis*，该种具原生中柱，中始式木质部，被认为与紫萁植物的早期起源具有密切关系（Galtier et al.，2001）。Rößler 和 Galtier（2002）认为 *Rastropteris* 的分类位置介于 *Grammatopteris* 与真正意义的紫萁目植物之间，属于过渡类型。本书重点阐述产自我国中生代地层归入紫萁科紫萁亚科的各类矿化紫萁科植物。

1. 绒紫萁属 *Claytosmunda*（Yatabe, Murak. et Iwats.）Metzgar et Rouhan

截至目前，该属在我国报道的矿化标本有 8 种及 2 个比较种，即 *Claytosmunda zhangiana* Tian, Wang et Jiang、*C. liaoningensis*（Zhang et Zheng）Bomfleur, Grimm et McLoughlin、*C. plumites*（Tian et Wang）Bomfleur, Grimm et McLoughlin、*C. zhengii* sp. nov.（*zhengii*）、*C. wangii*（Tian et Wang）Bomfleur, Grimm et McLoughlin、*C. chengii*、*C. sinica*（Cheng et Li）Bomfleur, Grimm et McLoughlin、*C. preosmunda*（Cheng, Wang et Li）Bomfleur, Grimm et McLoughlin 及比较种 *C.* cf. *plumites*、*C.* cf. *liaoningensis*（Tian et al.，2008a，2014a，2014b，2021；Cheng，2011）（图 6-6）。上述各种均报道自我国辽西—冀北地区的中—上侏罗统髫髻山组，仅辽宁绒紫萁也曾发现于我国内蒙古科尔沁右翼中旗中侏罗统新民组（Tian et al.，2018c）。本书新补充描述 1 个新种及 2 个比较种，使其种一级多样性达到 10 种。目前，该属现生记录仅 1 种，即模式种 *C. claytoniana*；与现生材料相比，该属的化石记录要丰富得多。目前，该属在全球范围内共计 12 种，绝大多数报道自我国，国外仅报道有 6 种，分别为产自南极洲东部中三叠统的 *C. beardmorensis*、产自澳大利亚侏罗系的 *C. johnstonii*、产自南极洲西部下白垩统的 *C. tekelili*、产自美国加利福尼亚州的 *C. embreii*、产自北极斯瓦尔巴德地区古新统的 *C. nathorstii* 及产自美国华盛顿州中新统的 *C. wehrii*。可以说我国辽西地区是该属在中生代时期重要的辐射演化中心。产自中国的绒紫萁属化石表现出很高的解剖特征多样性，而且具有一些独有的特征，诸如 *C. plumites* 及 *C.* cf. *plumites* 叶柄基维管束凹面特化的厚壁组织块、*C. zhangiana* 特化的叶柄基硬化环远轴端厚壁纤维带等，这些特征在国外材料中都少有发现，这表明中国材料可能表现出了较多的地域性特征。

2. 米勒茎属 *Millerocaulis* Erasmus ex Tidwell emend. Vera

截至目前，米勒茎属在我国报道有 3 种，均出自我国辽西—冀北地区的中—上侏罗统髫髻山组。本书新补充描述 1 新种，使其种一级多样性达到 4 种，分别为 *Millerocaulis bromeliifolites* sp. nov.、*M. hebeiensis*（Wang）Tidwell、*M. macromedullosus*（Matsumoto et al.）Vera 及 *M. beipiaoensis*（Tian et al.）Bomfleur, Grimm et McLoughlin（Wang，1983；Matsumoto et al.，2006；Tian et al.，2013）

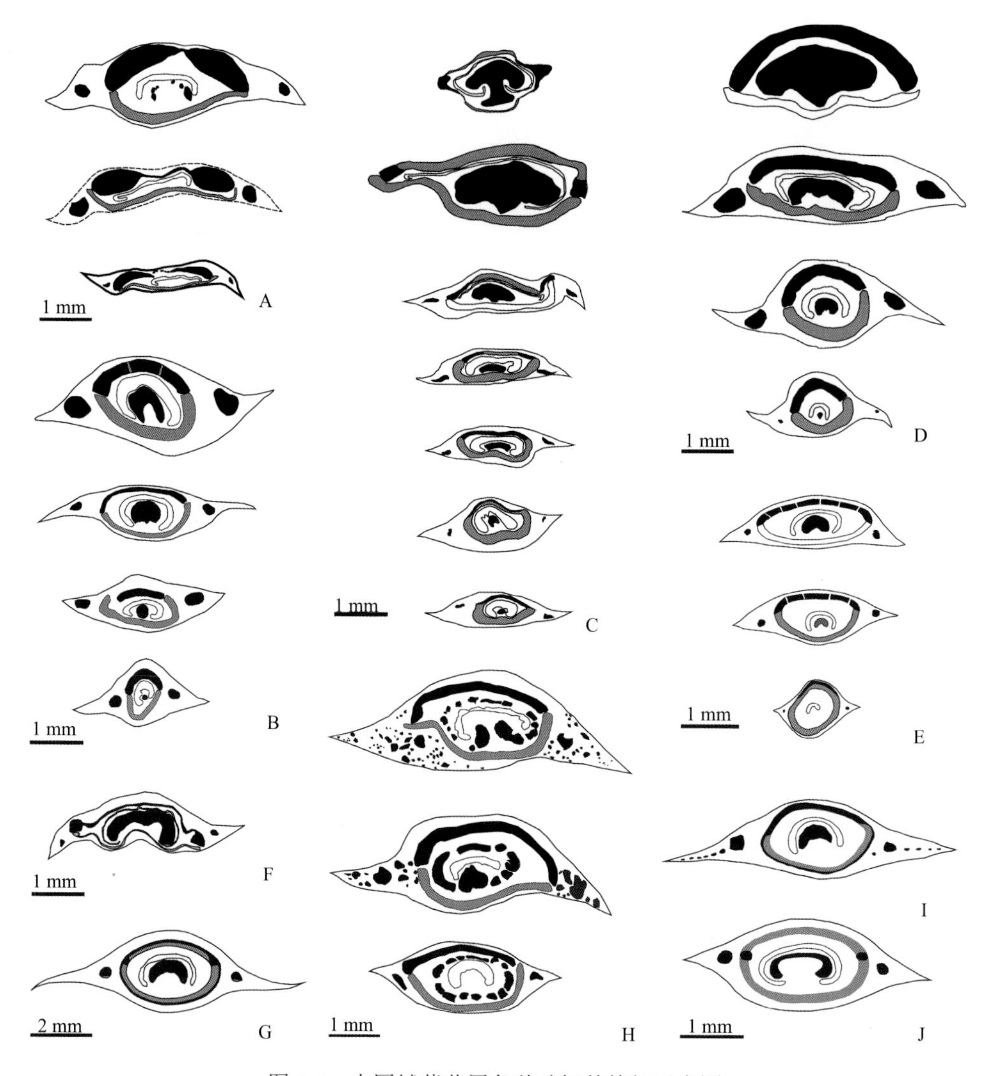

图 6-6　中国绒紫萁属各种叶柄基特征示意图

A. *Claytosmunda zhangiana* Tian, Wang et Jiang；B. *C.* cf. *liaoningensis*（Zhang et Zheng）Bomfleur, Grimm et McLoughlin；C. *C. plumites*（Tian et Wang）Bomfleur, Grimm et McLoughlin；D. *C.* cf. *plumites*（Tian et Wang）Bomfleur, Grimm et McLoughlin；E. *C. liaoningensis*（Zhang et Zheng）Bomfleur, Grimm et McLoughlin；F. *C. wangii*（Tian et Wang）Bomfleur, Grimm et McLoughlin；G. *C. chengii*；H. *C. zhengii* sp. nov.；I. *C. sinica*（Cheng et Li）Bomfleur, Grimm et McLoughlin；J. *C. preosmunda*（Cheng, Wang et Li）Bomfleur, Grimm et McLoughlin

（图 6-7）。迄今为止，该属在全球范围内共计报道约 30 种（Tian et al.，2008a；Bomfleur et al.，2017），南北半球均有分布，但多集中在较高纬度地区（Matsumoto et al.，2006）。与 *Claytosmunda* 相比，该属在我国发现得并不多，多见于南半球。

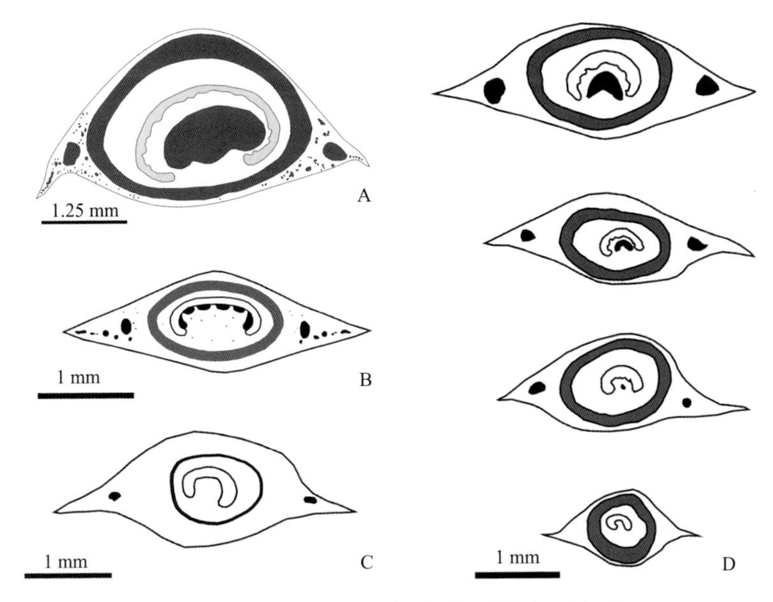

图 6-7　中国米勒茎属各种叶柄基特征示意图

A. *Millerocaulis bromeliifolites* sp. nov.；B. *M. hebeiensis*（Wang）Tidwell；C. *M. macromedullosus*（Matsumoto et al.）Vera；D. *M. beipiaoensis*（Tian et al.）Bomfleur, Grimm et McLoughlin

3. 羽节紫萁属 *Plenasium* Linnaeus

该属以前在我国未有明确的矿化茎干化石报道，Cheng 等（2019）在黑龙江五大连池晚白垩世地层报道了该属在我国的首个矿化茎干化石记录 *Plenasium xiei* Cheng et al.，其代表了该属在亚欧大陆的最早化石记录，为探究该属的起源提供了关键化石证据。

4. 紫萁茎属 *Osmundacaulis*（Miller）Tidwell

紫萁茎属化石记录十分丰富，目前已报道近 20 个种（Tian et al.，2008a；Bomfleur et al.，2017）。尽管该属在全球范围内均有化石发现，但报道自南半球的化石记录居多，北半球化石记录相对较少，仅偶见于北美侏罗—白垩纪地层，在欧亚大陆缺少化石记录。以往我国也未有该属的明确化石记录。Cheng 等（2020）报道了产自我国东北黑龙江五大连池、齐齐哈尔等地晚白垩世地层产出的 2 个种：*Osmundacaulis sinica* Cheng et al.及 *O. asiatica* Cheng et al.。这是该属在我国的首次发现，对认识该属的古地理分布特征具有重要意义。与此同时，上述化石记录也是该属在晚白垩世地层的首次发现，进一步延伸了该属的分布时限。

6.2 中国紫萁目植物化石时空分布特征

6.2.1 时间分布模式

初步统计结果显示，迄今为止我国已报道的紫萁植物共涉及 12 属 62 种（表 6-1）。鉴于枝脉蕨属 *Cladophlebis* 的庞杂性和分类位置的复杂性，本书未将其统计其中，但对特定时期的 *Cladophlebis* 进行了介绍。

晚古生代是我国紫萁目植物的起源时期，尽管晚石炭世即有部分疑似化石的报道（Galtier et al.，2001），较明确的化石记录则可以追溯到晚二叠世（图 6-8）。这一时期，紫萁科（亚科未定）的水城蕨（*Shuichengella*）、归入瓜伊拉蕨科瓜伊拉蕨亚科的中明蕨（*Zhongmingella*）（李中明，1983；Li，1993；Wang et al.，2014a，2014b）和伊托普蕨亚科的田氏蕨（*Tiania*）均已出现（Wang et al.，2014a，2014b），表明我国是紫萁目起源及早期辐射演化的中心之一，但上述各种在二叠纪末期均已灭绝。早、中三叠世时期我国罕有紫萁植物化石记录的报道，仅在我国华北中三叠统有过 *Todites shensiensis* 的报道（潘钟祥，1936；Wang et al.，2005）。

紫萁科在晚三叠世多样性达到第一个高峰，这一时期报道的紫萁目植物化石属紫萁科，其主要的代表为 *Todites*（13 种）及 *Osmundopsis*（2 种）（图 6-8）。从科一级的角度考虑，紫萁科植物似乎未受到三叠纪末集群灭绝事件的影响，其在早侏罗世总计报道有 3 属 13 种，依旧显示了较高的多样性。但在属一级的角度，则变化明显。尽管早侏罗世时期 *Todites* 依然十分常见，但其晚三叠世原有的 13 种延续到早侏罗世的仅存 4 种（*T. goeppertianus*、*T. princeps*、*T. williamsonii* 及 *T. denticulatus*），继而出现了 3 个新的类型（*T. leei*、*T. nanjingensis*、*T.* cf. *thomasii*）。*Raphaelia* 早侏罗世时期首次在我国出现，*R. diamensis* 是该属在这一时期的唯一代表。*Osmundopsis* 在这一时期多样性出现了较高增长，达到了 5 个种（*O.* cf. *plectrophora*、*O. jingyuanensis*、*O. sturii*、*O.* sp. 1 及 *O.* sp. 2），然而该属自早侏罗晚期开始在我国逐渐式微。

中侏罗世时期，紫萁植物多样性在我国逐渐达到了最顶峰（25 种）；这一时期出现了一些新的类群，如 *Tuarella*（1 种）、*Claytosmunda*（10 种）、*Millerocaulis*（4 种）等。当然，这些数字可能存在一定程度的高估，因为部分叶化石属与根茎化石属可能属于同一种母体植物，但这不影响我国中侏罗世时期紫萁科植物多样性较高这一事实。这一时期喜湿热的 *Todites* 的多样性略有下降（4 种：*T. princeps*、*T. denticulatus*、*T. williamsonii* 及 *T.* cf. *thomasii*），而更加适应温湿气候的新类型（如 *Raphaelia*、*Claytosmunda* 及 *Millerocaulis* 等）逐渐占据了主要位置。*Raphaelia* 在这一时期的多样性达到了 6 种（*R. diamensis*、*R. stricta*、*R. glossoides*、*R.* aff.

neuropteroides、*Raphaelia* sp. Li et al.和 *Raphaelia* sp. Mei et al.)。中、晚侏罗世之交，中国紫萁多样性遭受了严重损失，晚侏罗世时期我国罕有该科化石记录报道（图 6-8），而 *Tuarella*、*Claytosmunda*、*Millerocaulis* 等可能在这一时期均已灭绝。但据笔者等掌握的信息，我国内蒙古霍林河地区早白垩世霍林河组可能还有 *Claytosmunda* 存在，但该结论仍需后续研究成果的支持。

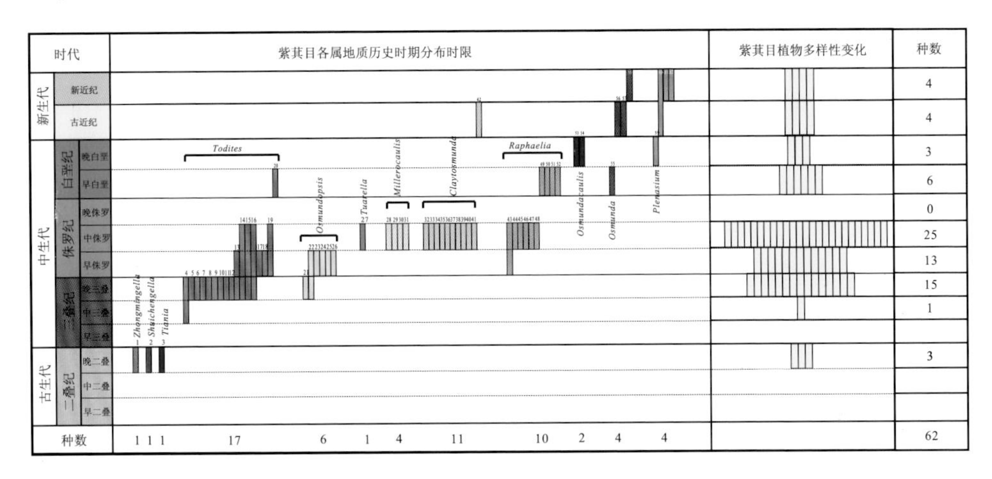

图 6-8 中国紫萁目植物各属多样性地史时期变化特征（改自 Tian et al.，2016a）

鉴于枝脉蕨属 *Cladophlebis* 各个种系统分类位置的不确定性，该属未纳入统计；图中数字所示各种如下：（1）*Zhongmingella plenasioides*（Li）Wang, Hilton, He, Seyfullah et Shao;（2）*Shuichengella primitiva*（Li）Li;（3）*Tiania yunnanense*（Tian et Chang）Wang et al.;（4）*Todites shensiensis*（P'an）Sze;（5）*T. asianus* Wu;（6）*T. crenatum* Barnard;（7）*T. kwangyuanensis*（Li）Ye et Chen;（8）*T. microphylla*（Fontaine）Li;（9）*T. recurvatus* Harris;（10）*T. scoresbyensis* Harris;（11）*T. subtilis* Duan et Chen;（12）*T. yanbianensis* Duan et Chen;（13）*T. goeppertianus*（Münster）Krasser;（14）*T. princeps*（Presl）Gothan;（15）*T. williamsonii*（Brongniart）Seward;（16）*T. denticulatus*（Brongniart）Krasser;（17）*T. leei* Wu;（18）*T. nanjingensis* Wang, Cao et Thévenard;（19）*T.* cf. *thomasii* Harris;（20）*T. major* Sun et Zheng;（21）*Osmundopsis plectrophora* Harris;（22）*O.* cf. *plectrophora* Harris;（23）*O. jingyuanensis* Liu;（24）*O. sturii*（Raelborski）Harris;（25）*O.* sp. 1;（26）*O.* sp. 2;（27）*Tuarella lobifolia* Burakova;（28）*Millerocaulis bromeliifolites* sp. nov.;（29）*M. hebeiensis*（Wang）Tidwell;（30）*M. macromedullosus*（Matsumoto et al.）Vera;（31）*M. beipiaoensis*（Tian et al.）Bomfleur, Grimm et McLoughlin;（32）A. *Claytosmunda zhangiana* Tian, Wang et Jiang;（33）*C.* cf. *liaoningensis*;（34）*C. plumites*（Tian et Wang）Bomfleur, Grimm et McLoughlin;（35）*C.* cf. *plumites*（Tian et Wang）Bomfleur, Grimm et McLoughlin;（36）*C. liaoningensis*（Zhang et Zheng）Bomfleur, Grimm et McLoughlin;（37）*C. wangii*（Tian et Wang）Bomfleur, Grimm et McLoughlin;（38）*C. chengii*;（39）*C. zhengii* sp. nov.;（40）*C. sinica*（Cheng et Li）Bomfleur, Grimm et McLoughlin;（41）*C. preosmunda*（Cheng, Wang et Li）Bomfleur, Grimm et McLoughlin;（42）*C.*（*Osmunda*）*greenlandica*（Heer）Brow.;（43）*Raphaelia diamensis* Seward;（44）*R. stricta* Vachrameev;（45）*R. glossoides* Vachrameev;（46）*R.* sp. Mei et al.;（47）*R.* aff. *neuropteroides* Debey et Ettingshausen;（48）*R.* sp. Li et al;（49）*R. prinadai* Vachrameev;（50）*Raphaelia* sp. Zhang;（51）*R.* sp. Mei et al.;（52）*R.* sp. Yang et Sun;（53）*Osmundacaulis sinica* Cheng et al.;（54）*O. asiatica* Cheng et al.;（55）*Osmunda cretacea* Samylina;（56）*O. sachalinensis* Kryshtofovich;（57）*O. heeri* Gaudin;（58）*O. japonica* Thunb.;（59）*Plenasium xiei* Cheng et al.;（60）*P. lignitum*（Giebel）Stur.;（61）*O. totangensis*（Colani）Guo;（62）*O. zhangpuensis* Wang et Sun

早白垩世我国报道的紫萁植物叶化石仅 6 种，其中包括 2 个未定种（如 *Osmunda cretacea*、*Todites major*、*Raphaelia prinadai*、*Raphaelia* sp. Zhang、*Raphaelia* sp. Yang et Sun）。虽然报道类型不多，但 *O. cretacea* 在我国东北地区早白垩世植物群中属于优势分子，数量较多且非常常见。早白垩世末期，*Todites* 及 *Raphaelia* 在我国也逐渐走向了灭绝。值得关注的是，以往我国未有明确的晚白垩世紫萁科植物报道，仅在黑龙江嘉荫地区有 *Cladophlebis* 的零星报道（全成，2005）。但近年来，我国黑龙江地区陆续报道了几种紫萁科矿化茎干化石，其中包括树蕨类的紫萁茎属 *Osmundacaulis*（2 种）及归入羽节紫萁属 *Plenasium*（1 种）（Cheng et al.，2019，2020），这些新材料的发现对探究现生紫萁科植物在东亚地区的演化历史具有极为重要的作用。

新生代时期，我国紫萁科植物总计报道了 7 个种。这一时期最显著的特点是归入 *Osmunda*（3 种）、*Plenasium*（4 种）等现代属的紫萁植物化石占据重要地位（表 6-1，图 6-8）。此外，我国嘉荫地区古新世乌云组也曾有 *Cladophlebis* 的发现报道（陶君容，2000）。近年来，我国福建及海南等地一些新化石材料的发现（Liu et al.，2022；王姿晰等，2021），逐渐勾勒出该科植物在我国新生代时期的发展轨迹。

综上所述，就我国紫萁目整体而言，晚石炭世至晚二叠世是紫萁科的起源演化时期，以 *Zhongmingella*、*Shuichengella*、*Tiania* 及部分 *Cladophlebis* 为代表；晚三叠世至早侏罗世时期是其辐射演化时期，似托第蕨属 *Todites* 的多样性达到了顶峰；三叠纪末集群灭绝事件对该目整体多样性未造成重大影响，但出现了较大范围的属种更替现象；中侏罗世我国紫萁目植物的多样性达到了顶峰，中—晚侏罗之交我国紫萁目植物的多样性遭受了重大损失；新生代紫萁目化石类型则与现代紫萁科植物表现出了更多的相似性。

从紫萁目植物属一级多样性的变化角度而言，*Shuichengella*、*Zhongmingella* 及 *Tiania* 均仅见于晚二叠世；*Todites* 首现于中三叠世，晚三叠世及早侏罗世十分繁盛，灭绝于早白垩世；*Osmundopsis* 主要报道于晚三叠世及早侏罗世；*Tuarella*、*Claytosmunda* 及 *Millerocaulis* 只见于我国中侏罗世地层；*Raphaelia* 从早侏罗世一直延续到早白垩世，但其多样性在中侏罗世最高；*Osmundacaulis* 仅见于晚白垩世；*Plenasium* 及 *Osmunda* 等见于我国白垩纪、古近纪及新近纪地层。

6.2.2 空间分布模式

从地理分布的角度而言，紫萁目植物在我国分布十分广泛，南北方均有报道（表 6-1，图 6-9）。在该目的早期起源时期，紫萁类植物的叶化石代表（部分 *Cladophlebis* 等）多产自我国北方地区，如山西、河北等地，而矿化材料如 *Shuichengella*、*Zhongmingella* 及 *Tiania* 等则报道自我国西南的云贵地区（图 6-9）。

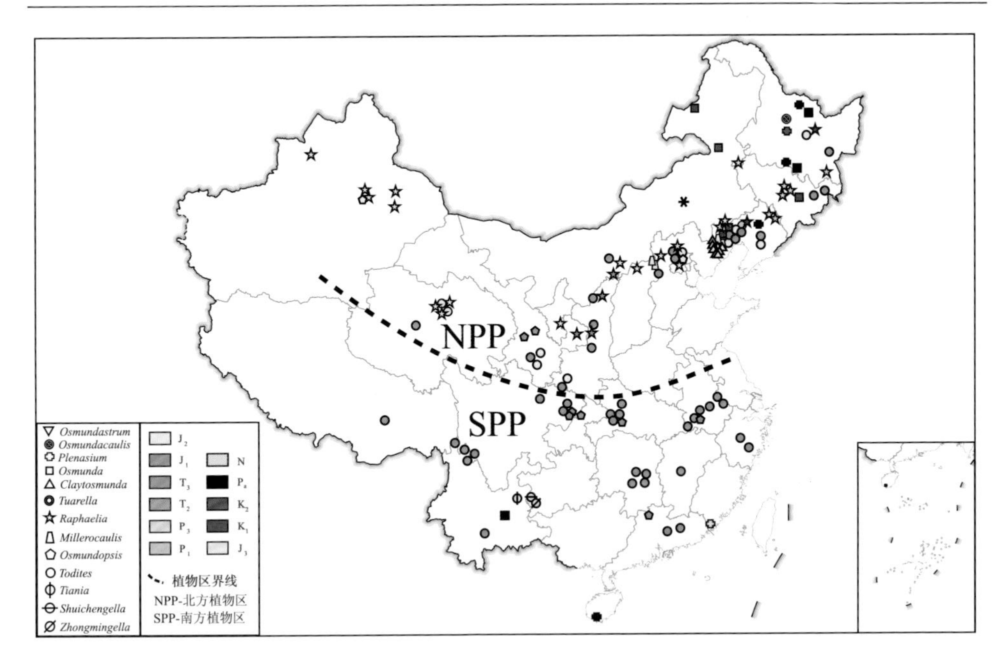

图6-9　中国紫萁目植物化石地理分布特征示意图（改自Tian et al.，2016a）

早中三叠世时期，我国华南地区多为海相沉积，陆相沉积仅见于北方地区。受干旱气候的影响，我国北方早三叠世植物群不甚发育，紫萁目植物化石在这一时期极为少见（孙革等，1995）。尽管北方中三叠世植物群多样性较早三叠世有所发展（孙革等，1995），但紫萁植物化石记录依旧较少，仅 *Todites shensiensis* 零星见于陕西、内蒙古、辽宁等地（Wang et al.，2005）（图6-9）。

受印支运动影响，我国晚三叠世古地理面貌较早中三叠世发生了重大变化，陆相沉积逐渐占据了我国除西藏、台湾在内的广大区域（刘本培和全秋琦，1996）。晚三叠世时期，我国南北方地区均发育了繁盛的晚三叠世植物群；以古昆仑山—古秦岭—古大别山为界，北方称“拟丹尼蕨-贝尔瑙蕨植物群”，南方称“网叶蕨-格子蕨植物群”（孙革等，1995）。这一时期南方型植物地理区在紫萁植物的分布上占据了主导地位，目前已报道的化石点超过20处，多见于四川、重庆、云南、湖北等地（图6-9）；而北方植物地理区仅有5处化石点，见于辽宁、河北、吉林等省（图6-9）。

至早侏罗世，北方植物地理区共计报道有6处化石点，见于黑龙江、辽宁、河北、甘肃及青海（图6-9）；而南方植物地理区在这一时期紫萁植物化石点共计有11处，且分布地域明显有别于晚三叠世，多集中在中、下扬子地区，如湖北、安徽、江苏等地（图6-9）。中侏罗世我国绝大多数紫萁植物均发现于北方地区，南方地区自中侏罗世至晚白垩世未有紫萁植物的报道（图6-9）。引人瞩目的是，我国冀北、辽西地区中侏罗世发现了数量众多、种类丰富的紫萁矿化茎干化石，是目前已知北半球最为重要的紫萁矿化茎干化石产地。至早白垩世，紫萁植物的分布范围进一步退缩，主要集中于我国的东北地区（图 6-9）。作为早白垩世紫萁科植物最为重要的类群，*Osmunda cretacea* 广泛分布于我国东北地区，诸如内蒙古（霍林河、海拉尔盆地）、辽宁（阜新、铁法盆地）及吉林（蛟河盆地）等地。

我国新生代紫萁植物呈现出零散分布的特点，但主要集中于两个区域，即东北的黑龙江、辽宁等地及我国南方的云南、广东、海南和福建等地（图 6-9）。

6.3　中国紫萁目植物化石演化及古环境指示意义

6.3.1　演化意义

尽管地史时期紫萁目植物保存了丰富的植物化石记录，为了解该目植物的发展演化历程提供了丰富的资料，但我们对其演化历程中一些重要环节的认识还存在诸多疑问。我国保存有极为丰富的紫萁科植物化石记录，并且涵盖了紫萁植物演化历程中的诸多重要时期，如早期起源、辐射演化、衰退及孑遗等。加强对中国紫萁植物化石的研究，无疑将进一步增进我们对这一特殊真蕨植物门类演化趋势的认识。

现代分子生物学的一些研究成果表明，紫萁目植物可能起源于晚石炭世，并在随后至早二叠世的这一时段内呈现出属种多样性的快速演化（Pryer et al.，2001，2004；Schneider et al.，2004；Schuettpelz et al.，2006；Schuettpelz and Pryer，2007）。然而与这一时期相对应的紫萁植物化石记录在全球报道相对较少，我国晚古生代类型丰富的 *Cladophlebis* 及矿化保存的 *Rastropteris* 无疑是对这一推断的有力支持。而 *Shuichengella*、*Zhongmingella* 及 *Tiania* 在我国贵州、云南等地的发现和报道表明，晚二叠世时期明确的紫萁目瓜伊拉蕨科植物已经在我国出现，并初步呈现出全球广布的趋势。这些化石记录进一步表明我国是紫萁目植物早期发展演化的一个重要中心。

晚古生代至早中生代时期是紫萁科植物快速演化时期（Miller，1971）。我国晚三叠世至中侏罗世是紫萁科植物最为繁盛的时期，而这一丰富的化石记录很有可能是上述快速演化所造成的直接响应。在成功经受三叠纪末集群灭绝事件的影响后，紫萁植物的多样性在中、晚侏罗世之交遭受了重大损失。

我国新生代植物在叶部形态特征上与现在繁盛于东亚地区的紫萁植物类群表现出了较高的相似性。值得注意的是，我国东北地区自中侏罗世开始，一直到新生代均有紫萁化石记录的报道（中侏罗世：*Todites*、*Claytosmunda*、*Millerocaulis*、*Raphaelia*；早白垩世：*Osmunda cretacea*、*Raphaelia prinadai*、*Todites major*；晚白垩世：*Osmundacaulis*、*Plenasium*；古近纪：*Osmunda sachalinensis* 及 *O. heeri*；新近纪：*Plenasium*（*Osmunda*）*lignitum*、*P.*（*Osmunda*）*totangensis* 及 *P.*（*Osmunda*）*zhangpuensis*）。这一地区连续保存的化石记录，为我们探究现代东亚地区紫萁植物的起源及演化提供了有益思路。该地区有可能是紫萁植物在面临多样性衰退时期的一个重要避难所，为后来现代紫萁植物的发展保存了基因。而新生代时期在华南涉及 *Plenasium* 的各个化石记录，则为探究该属在我国的现代分布提供了难得的契机。

紫萁植物在中生代时期广布全球，但以往北半球地区报道的紫萁植物化石多为叶部压型及印痕化石，矿化类型相对稀少。近十几年来，我国冀北、辽西、黑龙江等地在紫萁矿化茎干化石上取得的新进展，完全改变了以往对紫萁植物矿化茎干化石分布的看法。鉴于矿化材料对研究紫萁植物系统发育的重大意义，我国东北地区产出的矿化紫萁科材料对探究北半球紫萁植物的发展演化历程意义重大。

6.3.2　古环境指示意义

植物对环境变化十分敏感，其叶形（大小、形态）、叶脉、角质层等特征对环境变化具有指示意义。紫萁科植物的叶形在地史时期变化不大，相对较为稳定（Tidwell and Ash，1994）。越来越多的证据显示，现代紫萁植物可能是其中生代祖先的孑遗类群（Phipps et al.，1998）。紫萁植物稳定的叶形特征表明其所指示的环境特征应类似于现生紫萁植物的生存环境。

在现生紫萁植物类群中，*Osmunda* 适宜阴暗、潮湿环境，在全球热带、亚热带及暖温带地区多有分布；而 *Claytosmunda* 主要见于北半球南美及东亚地区（Tryon and Tryon，1982；Tryon and Lugardon，1990）。*Claytosmunda* 及 *Millerocaulis* 两属的化石可能指示与现代 *Claytosmunda* 及 *Osmunda* 相似的环境。现代 *Todea* 及 *Leptopteris* 多繁盛于南半球热带地区（Tryon and Tryon，1982；Tryon and Lugardon，1990），而鉴于 *Todites* 与 *Todea* 在叶形上的诸多相似性，*Todites* 所指示的环境应更接近于热带、亚热带温暖湿润环境。

紫萁植物在地史时期的多样性与分布模式应与当时的古环境、古气候联系紧密。我国南方晚三叠世时期盛行的温暖、湿润的气候无疑对 *Todites* 的生存、繁盛极为有利。晚三叠世印支运动使特提斯海日渐闭合和龙门山、大巴山等逐渐隆起，受此影响我国西南地区从早侏罗世开始盛行干热气候（Tian et al.，2008b）。作为对这一气候变化趋势的响应，紫萁植物在这一地区日渐式微。与此同时，早侏罗世紫萁植物多见于中、下扬子地区，指示该地区环境仍然较为湿润，而据推断该地区之所以仍保持湿润气候可能是受到来自东部古太平洋暖湿气流的影响。相对而言，早侏罗世时期我国北方地区受干热气候的影响较小，其气温较南方地区要略低一些，应属暖温带气候，但该区雨热分布情况无疑更适宜紫萁植物的生长。中侏罗世—早白垩世时期，华南大部已为干热气候所控制，这一地区不再适宜紫萁科植物的生长，因而从这一时期开始紫萁科植物在华南逐渐绝迹；与此相反，我国北方地区尤其是东北地区大量紫萁植物化石的发现指示该地区仍属于温湿环境。但这一时期，曾经极为繁盛的 *Todites* 已经明显衰落，取而代之的是 *Raphaelia*、*Claytosmunda*、*Millerocaulis*、*Osmunda cretacea* 等更适宜温带环境的类群，这可能与当时东北地区所处的纬度较高，气温相对略低且气候湿润有直接关联。

第 7 章　全球紫萁目矿化茎干化石记录、多样性及时空分布特征

7.1　紫萁目矿化茎干多样性特征

紫萁目化石记录尤其是矿化类型的化石记录极为丰富，本章着重总结分析已报道的紫萁目矿化茎干的化石记录多样性，并对其时空分布特征进行分析，进而探讨该目植物在地质历史时期的演化特征。针对紫萁目矿化茎干化石记录多样性特征，Tian 等（2008a）及 Bomfleur 等（2017）曾从不同角度进行了统计分析，本章在其基础上进行了再次梳理，并补充近年来最新的研究成果。

根据对公开发表资料的统计分析，目前全球已报道的紫萁目矿化茎干化石涉及 20 属 104 种（表 7-1），是所有真蕨类植物中保存矿化类型最多的类群。在化石记录多样性统计方面，分类方案参照本书第 1 章介绍的 Bomfleur 等（2017）最新分类方案进行处理，即将紫萁目植物划分为 2 个科（紫萁科和瓜伊拉蕨科）；其中，紫萁科又划分为 2 个亚科（紫萁亚科和丛蕨亚科）和一个亚科未定的类群（主要包含 4 个形态属：*Shuichengella*、*Osmundacaulis*、*Bathypteris* 和 *Anomorrhoea*），而瓜伊拉蕨科又划分为 2 个亚科——Guaireoideae（含 3 个属：*Guairea*、*Lunea* 及 *Zhongmingella*）和 Itopsidemoideae（含 3 个属：*Itopsidema*、*Donwelliacaulis* 及 *Tiania*）。其中，紫萁亚科主要包括 2 个化石属（*Palaeosmunda*、*Millerocaulis*）和 6 个现生属（*Osmunda*、*Osmundastrum*、*Claytosmunda*、*Plenasium*、*Todea* 及 *Leptopteris*）。此外，为与已完全灭绝的化石类型进行区分，Bomfleur 等（2017）曾提议将紫萁科现生各属统归入“紫萁族”（Tribus Osmundeae Hook. ex Duby, 1828），其下分为 2 个亚族，即“块茎蕨族”（Subtribus Todeinae）及“紫萁亚族”（Subtribus Osmundinae）；其中，前者包含 *Todea* 及 *Leptopteris* 两属，而后者包含 *Osmunda*、*Osmundastrum*、*Claytosmunda*、*Plenasium* 四属。为方便读者理解，本书未使用后面的这一细分方案，而是将现生各属与归入紫萁亚科的化石属做平行处理。涉及丛蕨亚科时，则主要包括产自乌拉尔地区晚二叠世的 2 个化石属，即 *Thamnopteris* 和 *Chasmatopteris*。

表 7-1 地史时期紫萁目矿化茎干化石记录统计表

科	亚科	属种名	层位	产地	文献
紫萁科	丛蕨亚科	*Thamnopteris diploxylon*	上二叠统	俄罗斯乌拉尔地区	Kidston and Gwynne-Vaughan，1908；Miller，1971
		T. gracilis（Eichwald）	上二叠统	俄罗斯乌拉尔地区	Kidston and Gwynne-Vaughan，1908；Miller，1971
		T. gwynnevaughanii	上二叠统	俄罗斯乌拉尔地区	Brongniart，1849；Miller，1971
		T. javorskii	上二叠统	俄罗斯乌拉尔地区	Zalessky，1935；Miller，1971
		T. kazanensis	上二叠统	俄罗斯乌拉尔地区	Zalessky，1935；Miller，1971
		T. kidstonii	上二叠统	俄罗斯乌拉尔地区	Brongniart，1849；Miller，1971
		T. schlechtendalii	上二叠统	俄罗斯乌拉尔地区	Brongniart，1849；Miller，1971
		T. splendida	上二叠统	俄罗斯乌拉尔地区	Zalessky，1931a；Miller，1971
		T. uralica	上二叠统	俄罗斯乌拉尔地区	Kidston and Gwynne-Vaughan，1908；Miller，1971
		Chasmatopteris principalis	上二叠统	俄罗斯乌拉尔地区	Zalessky，1931b；Miller，1971
	紫萁亚科	*Palaeosmunda playfordii*	上二叠统	澳大利亚昆士兰	Gould，1970
		P. williamsii	上二叠统	澳大利亚昆士兰	Gould，1970
		Millerocaulis amajolensis	下白垩统	印度	Sharma，1973；Tidwell，1987；Tidwell，1994
		M. australis	下白垩统	南极地区	Vera，2007
		M. beipiaoensis	中—上侏罗统	中国辽宁	Tian et al.，2013
		M. broganii	上三叠统?	澳大利亚塔斯马尼亚	Tidwell et al.，1991；Tidwell，1994
		M. chubutensis	上侏罗统	阿根廷	Herbst，1977；Tidwell，1994
		M. donponii	中侏罗统	澳大利亚昆士兰	Tidwell and Clifford，1995
		M. dunlopii	中侏罗统	新西兰	Kidston and Gwynne-Vaughan，1907；Tidwell，1986
		M. gibbianus	中侏罗统	新西兰	Kidston and Gwynne-Vaughan，1907；Miller，1967，1971；Tidwell，1987；Tidwell，1994
		M. guptai	下白垩统	印度	Sharma，1973；Tidwell，1987；Tidwell，1994
		M. hebeiensis	中—上侏罗统	中国河北	Wang，1983；Tidwell，1987；Tidwell，1994
		M. herbstii	上三叠统	阿根廷	Archangelsky and de la Sota，1963；Miller，1967，1971；Tidwell，1987；Tidwell，1994
		M. indicus	下白垩统	印度	Sharma，1973；Tidwell，1986

续表

科	亚科	属种名	层位	产地	文献
紫萁科	紫萁亚科	*M. juandahensis*	中侏罗统	澳大利亚昆士兰	Tidwell and Clifford，1995
		M. kolbei	白垩系	南非	Seward，1907；Miller，1967，1971； Tidwell，1987；Tidwell，1994
		M. limewoodensis	中侏罗统	澳大利亚昆士兰	Tidwell and Clifford，1995
		M. livingstonensis	上白垩统	南极地区	Cantrill，1997
		M. macromedullosus	中侏罗统	中国河北	Matsumoto et al.，2006
		M. patagonicus	中—上侏罗统	阿根廷	Archangelsky and de la Sota，1962；Miller，1967，1971；Tidwell，1987；Tidwell，1994；Herbst，2001
		M. rajmahalensis	下白垩统	印度	Gupta，1968，1970；Sharma，1973；Tidwell，1987；Tidwell，1994
		M. richmondii	三叠系?	澳大利亚塔斯马尼亚	Tidwell，1992；Tidwell，1994
		M. sahnii	下白垩统	印度	Vishnu-Mittre，1955；Miller，1967，1971；Tidwell，1994
		M. santaecrucis	中—上侏罗统	阿根廷圣克鲁斯	Herbst，1977；Tidwell，1987；Tidwell，1994
		M. spinksii	三叠系?	澳大利亚塔斯马尼亚	Tidwell et al.，1991；Tidwell，1994
		M. swanensis	三叠系?	澳大利亚塔斯马尼亚	Tidwell et al.，1991；Tidwell，1994
		M. wadei	上侏罗统	美国犹他州	Tidwell and Rushforth，1970；Tidwell，1987；Tidwell，1994
		M. websteri	三叠系?	澳大利亚塔斯马尼亚	Tidwell et al.，1991；Tidwell，1994
		M. woolfei	中三叠统	南极地区	Rothwell et al.，2002
		M. wrightii	下侏罗统?	澳大利亚塔斯马尼亚	Tidwell et al.，1991；Tidwell，1994
		M. bromeliaefolites sp. nov.	中—上侏罗统	中国辽宁	本书
		Claytosmunda beardmorensis	中三叠统	南极地区	Schopf，1978；Tidwell，1994
		C. chengii	中—上侏罗统	中国辽宁	Cheng，2011
		C. embreii	下白垩统	美国加利福尼亚州	Stockey and Smith，2000
		C. johnstonii	下侏罗统?	澳大利亚塔斯马尼亚	Tidwell et al.，1991；Tidwell，1994
		C. liaoningensis	中—上侏罗统	中国辽宁	张武和郑少林，1991；Tidwell，1994
		C. nathorstii	古近系	北极斯瓦尔巴德	Nathorst，1910；Kidston and Gwynne-Vaugan，1914；Miller，1967，1971
		C. plumites	中—上侏罗统	中国辽宁	Tian et al.，2014a
		C. preosmunda	中—上侏罗统	中国辽宁	Cheng et al.，2007a

续表

科	亚科	属种名	层位	产地	文献
紫萁科	紫萁亚科	*C. sinica*	中—上侏罗统	中国辽宁	Cheng and Li，2007
		C. tekelili	下白垩统	南极地区	Vera，2012；Bomfleur et al.，2017
		C. wangii	中—上侏罗统	中国辽宁	Tian et al.，2014b
		C. wehrii	中新统	美国华盛顿州	Miller，1982
		C. zhangiana	中—上侏罗统	中国辽宁	Tian et al.，2021
		C. cf. *liaoningensis*	中—上侏罗统	中国辽宁	本书
		C. cf. *plumites*	中—上侏罗统	中国辽宁	本书
		C. zhengii sp. nov.	中—上侏罗统	中国辽宁	本书
		Osmundastrum cinnamomeum	下白垩统，中新统，渐新统	加拿大南阿尔伯塔地区下白垩统；美国华盛顿州中新统、渐新统	Faull，1901，1910；Hewitson，1962；Miller，1967，1971；Serbet and Rothwell，1999
		O. indentatum	上三叠统	澳大利亚塔斯马尼亚	Hill et al.，1989；Tidwell，1994
		O. pulchellum	下侏罗统	瑞典	Bomfleur et al.，2015，2017
		O. precinnamomeum	古新统	美国北达科他州	Miller，1967，1971
		Osmunda ilianensis	中新统至渐新统	匈牙利 Ilia 地区	Miller，1967，1971
		O. oregonensis	始新统	美国俄勒冈州	Arnold，1945，1952；Miller，1967，1971
		O. pluma Miller	古新统	美国北达科他州	Miller，1967，1971
		O. shimokawaensis	中中新统	日本北海道	Matsumoto and Nishida，2003
		Plenasium arnoldii	古新统	美国北达科他州	Miller，1967，1971
		P. bransonii	始新统	美国新墨西哥州	Tidwell and Medlyn，1991；Tidwell and Skog，2002
		P. burgii	下白垩统	美国内布拉斯加州	Tidwell and Skog，2002
		P. crossii	古新统	美国怀俄明州	Tidwell and Parker，1987；Tidwell and Skog，2002
		P. dakotensis	下白垩统	美国内布拉斯加州	Tidwell and Skog，2002
		P. moorei	始新统	美国新墨西哥州	Tidwell and Medlyn，1991；Tidwell and Skog，2002
		P. nebraskensis	下白垩统	美国南达科他州	Tidwell and Skog，2002
		P. xiei	上白垩统	中国黑龙江	Cheng et al.，2019
		P. chandleri	始新统	美国俄勒冈州	Arndd，1952
		P. dowkeri	始新统	美国北达科他州及英国	Carruthers，1870
		Todea tidwellii	下白垩统	加拿大不列颠哥伦比亚省	Jud et al.，2008

续表

科	亚科	属种名	层位	产地	文献
紫萁科	紫萁亚科	*Leptopteris estipularis*	下白垩统	印度	Sharma，1973；Tidwell，1987；Tidwell，1994
	亚科未定	*Osmundacaulis andrewii*	下侏罗统?	澳大利亚塔斯马尼亚	Tidwell and Pigg，1993
		O. asiatica	上白垩统	中国黑龙江	Cheng et al.，2020
		O. atherstonei	下白垩统	南非	Schelpe，1956；Tidwell，1986
		O. bamfordae	下白垩统	南非	Herbst，2015
		O. griggsii	下侏罗统	澳大利亚塔斯马尼亚	Tidwell and Pigg，1993
		O. hoskingii	中侏罗统	澳大利亚昆士兰	Gould，1973
		O. janae	下侏罗统	澳大利亚塔斯马尼亚	Tidwell and Pigg，1993
		O. jonesii	下侏罗统	澳大利亚塔斯马尼亚	Tidwell，1987；Tidwell and Jones，1987
		O. lemonii	上侏罗统	美国犹他州	Tidwell，1990
		O. natalensis	下白垩统	南非	Schelpe，1956；Tidwell，1986
		O. nerii	下侏罗统	澳大利亚塔斯马尼亚	Tidwell，1987；Tidwell and Jones，1987
		O. pruchnickii	下侏罗统	澳大利亚塔斯马尼亚	Tidwell and Pigg，1993
		O. richmondii	下侏罗统	澳大利亚塔斯马尼亚	Tidwell and Pigg，1993
		O. sinica	上白垩统	中国黑龙江	Cheng and Li，2007
		O. skidegatensis	下白垩统	加拿大	Penhallow，1902；Miller，1971；Tidwell，1986
		O. tasmanensis	下侏罗统	澳大利亚塔斯马尼亚	Tidwell and Pigg，1993
		O. tehuelchensis	中侏罗统	阿根廷	Herbst，2003
		O. tidwellii	下白垩统	南非	Herbst，2015
		O. whittlesii	下白垩统	加拿大不列颠哥伦比亚	Smith et al.，2015
		O. zululandensis	下白垩统	南非	Herbst，2015
		Shuichengella primitiva	上二叠统	中国贵州	Li，1993
		Anomorrhoea fischeri	上二叠统	俄罗斯乌拉尔地区	Eichwald，1842；Miller，1971
		Bathypteris rhomboidea	上二叠统	俄罗斯乌拉尔地区	Eichwald，1860；Miller，1971
瓜伊拉蕨科	瓜伊拉蕨亚科	*Guairea carnierii*	上二叠统、中三叠统	南美巴西、巴拉圭	Herbst，1975，1981
		G. milleri	上二叠统	南美巴拉圭	Herbst，1981
		Lunea jonesii	下侏罗统	澳大利亚塔斯马尼亚	Tidwell，1991
		Zhongmingella plenasioides	下二叠统	中国贵州	Li，1993；Wang et al.，2014
	伊托普蕨亚科	*Itopsidema vancleavei*	中三叠统	美国亚利桑那州	Daugherty，1960；Hewitson，1962；Miller，1971
		Donwelliacaulis chlouberii	中三叠统	美国亚利桑那州	Ash，1994
		Tiania yunnanense	下二叠统	中国云南	Li and Cui，1995；Tian et al.，1996；Wang et al.，2014b

7.1.1　紫萁科（Martinov，1820）

紫萁科植物茎干的主要解剖特征为：茎干皮层及叶柄均具有二分性，分别为：由薄壁细胞构成的内层和由厚壁细胞构成的外层；茎干维管束呈管状，多数具叶隙；叶柄具一对托叶翼，其维管束呈内弯形。基于中柱类型，紫萁科又被进一步划分为从蕨亚科及紫萁亚科。

1. 丛蕨亚科（Thamnopteroideae Miller，1971）

丛蕨亚科系晚二叠世矿化紫萁目植物的重要代表类群之一，属于已灭绝的一类紫萁目植物（Miller，1971；Tidwell and Ash，1994；Tian et al.，2008a）。该类群的典型特征为具原生中柱，茎干中部主要由管胞组成。该亚科植物通常形成大的树状树干。外围次生木质部圆筒通常是完整的、不分离的，或偶见叶隙。叶迹原生木质部最初为亚外始式（subexarch），进入皮层区后变为典型的内始式（endarch）。茎干皮层可分为内外两层，其中内部皮层主要由薄壁细胞构成，外部皮层由厚壁细胞构成。叶柄具一对托叶翼，叶柄维管束呈内向弯曲（incurved），或多或少呈马蹄形。

以往该亚科总计报道有 7 属：*Bathypteris* Eichwald、*Chasmatopteris* Zalessky、*Iegosigopteris* Zalessky、*Petcheropteris* Zalessky、*Thamnopteris* Brongniart 和 *Zalesskya* Kidston et Gwynne-Vaughan 及 *Anomorrhoea* Eichwald，均报道于俄罗斯乌拉尔地区晚二叠世地层（Eichwald，1842，1860；Kidston and Gwynne-Vaughan，1908；Zalessky，1924，1931a，1931b，1935；Miller，1971；Tidwell and Ash，1994；Tian et al.，2008a）（图 7-1）。基于对解剖特征的分析，Bomfleur 等（2017）认为 *Iegosigopteris*、*Petcheropteris* 及 *Zalesskya* 三属为 *Thamnopteris* 的后出同物异名，而被并入后者；而 *Bathypteris* 及 *Anomorrhoea* 则被从该亚科移除，认为其虽属于紫萁科，但并不能归入现有的紫萁亚科及丛蕨亚科（Bomfleur et al.，2017）。因此，该亚科目前仅包含 2 属 10 种，即 *Thamnopteris diploxylon*（Kidst. et Gwynne-Vaughan, 1908）Bomfleur et al. 2017、*T. gracilis*（Eichw., 1860）Bomfleur et al. 2017、*T. gwynnevaughanii* Zalessky, 1924、*T. javorskii*（Zalessky, 1935）Bomfleur et al. 2017、*T. kazanensis* Zalessky, 1927、*T. kidstonii* Zalessky, 1924、*T. schlechtendalii*（Eichw.）Brongn., 1849、*T. splendida*（Zalessky, 1931）Bomfleur et al. 2017、*T. uralica*（Zalessky, 1924）Bomfleur et al. 2017 及 *Chasmatopteris principalis* Zalessky, 1931。其中，*Chasmatopteris* 与 *Thamnopteris* 的主要差异在于，前者木质部圆筒具叶隙（或裂口），而后者木质部圆筒较为完整，未见典型的木质部圆筒叶隙（或裂口）。

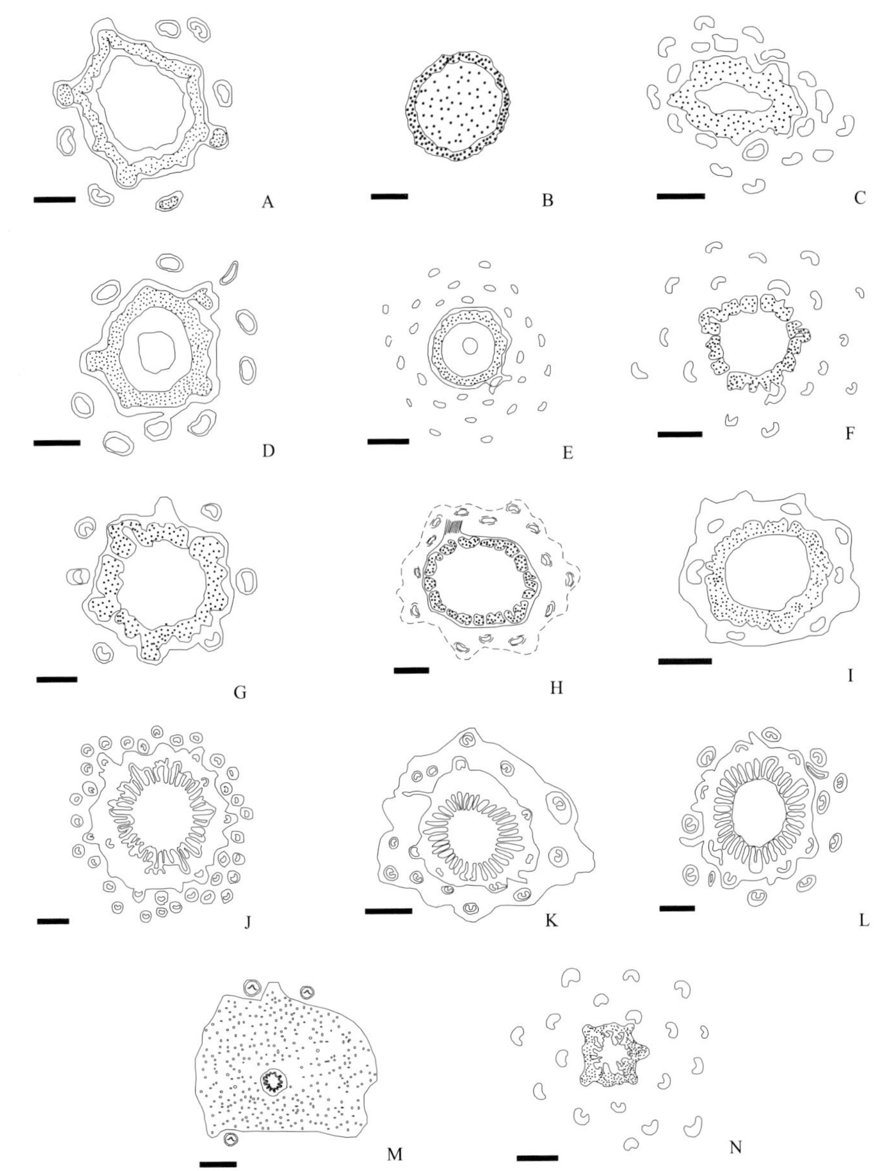

图 7-1　紫萁目茎干化石主要代表类群茎干横切面解剖特征示意图（改自 Tian et al.，2008a）

A. *Chasmatopteris principalis*（据 Zalessky，1931b）；B. *Anomorrhoea fischeri*（据 Kidston and Gwynne-Vaughan，1909；Zalessky，1924，1927）；C. *Thamnopteris splendida*（据 Zalessky，1931a）；D. *Thamnopteris schlechtendalii*（据 Kidston and Gwynne-Vaughan，1909；Seward，1910；Zalessky，1927）；E. *Thamnopteris gracilis*（据 Kidston and Gwynne-Vaughan，1908；Zalessky，1927）；F. *Palaeosmunda williamsii*（据 Gould，1970）；G. *Palaeosmunda playfordii*（据 Gould，1970）；H. *Claytosmunda liaoningensis*（据张武和郑少林，1991）；I. *Claytosmunda sinica*（据 Cheng and Li，2007）；J. *Osmundacaulis richmondii*（据 Tidwell and Pigg，1993）；K. *Plenasium moorei*（据 Tidwell and Medlyn，1991）；L. *Plenasium dowkeri*（据 Miller，1971）；M. *Lunea jonesii* Tidwell（据 Tidwell and Ash，1994）；N. *Shuichengella primitiva*（据 Li，1993）；比例尺：A、E、H、J～L=5 mm，B、G、M=2.5 mm，C、D＝3.3 mm，F=1 mm，I=2 mm，N=8 mm

从蕨亚科早期被认为是紫萁亚科植物在晚古生代的直系祖先（Kidston and Gwynne-Vaughan，1907，1909；Miller，1971），但随着同时期古紫萁属 *Palaeosmunda* 的发现，这一观点逐渐被推翻。这一类群现在多被认为属于紫萁植物早期辐射演化过程中的一个旁支（Tidwell and Ash，1994；Matsumoto et al.，2006）。该亚科在晚二叠世集群灭绝事件中遭受重大损失，并走向灭亡。

2. 紫萁亚科（Osmundoideae R.Br. ex Sweet, 1826）

紫萁亚科的主要解剖特征如下：茎干中部具髓，主要由薄壁细胞构成；具管状中柱，木质部圆筒通常较薄（径向厚度可达约 20 个管胞）并具有明显的叶隙。中柱原生木质部中始式（mesarch），叶迹原生木质部内始式（endarch）；茎干皮层及叶柄均具有二分性，分别为由薄壁细胞构成的内层和由厚壁细胞构成的外层；内部皮层通常比外部皮层薄，个别呈同等样厚度。叶柄具一对托叶翼，其维管束呈内弯形。

1）古紫萁属 *Palaeosmunda* Gould

古紫萁属是紫萁目紫萁科紫萁亚科唯一的晚古生代类型，仅见于澳大利亚二叠纪地层。该属由 Gould（1970）基于产自澳大利亚上二叠统具有叶隙的紫萁科茎干化石建立。该属的发现不仅增加了晚二叠世紫萁科植物的多样性，还打破了三叠纪之前不存在具网状中柱紫萁植物的观点（Tidwell and Ash，1994）。李中明（1983）曾提出 Gould（1970）对 *Palaeosmunda* 属的定义片面强调了叶柄基硬化环形状的重要性，导致古紫萁属分类位置不明确且属征描述也受到局限，并对该属的属征进行了修订，但这一观点目前未得到广泛认同。该属在中柱及叶柄基形态上与中生代的 *Millerocaulis* 及 *Ashicaulis* 较为相似，但具有一些独特的较为原始的特征，诸如髓部有时可见管胞（具多列梯纹纹孔）、皮层和髓内有时有厚壁组织或分泌组织、叶柄基有或无托叶翼等（李中明，1983）。

以往曾有 5 个种归入该属，即报道自澳大利亚昆士兰地区晚二叠世地层的 *P. williamsii* Gould、*P. playfordii* Gould，产自我国贵州水城上二叠统汪家寨组的 *P. primitiva* Li 和 *P. plenasioides* Li，以及产自我国云南宣威地区上二叠统宣威组的 *P. yunnanensis*（Gould，1970；李中明，1983；Li，1993；李星学，1995）。此外，李中明（1983）将 Schopf（1978）报道的 *Osmundacaulis beardmorensis* Schopf 修订为 *Palaeosmunda beardmorensis*（Schopf）Li，但该方案并未得到认可。近年来，除澳大利亚的两个种之外，来自中国的两个种的分类位置均发生了变动。例如，*P. primitiva* 被修订为紫萁科未定亚科的 *Shuichengella primitiva*（Li）Li（Li，1993）；而 *P. plenasioides* 及 *P. yunnanensis* 则分别被修订为紫萁目瓜伊拉蕨科瓜伊拉蕨亚科的 *Zhongmingella plenasioides* 及瓜伊拉蕨科伊托普蕨亚科的 *Tiania yunnanense*（Wang et al.，2014a，2014b）。

传统上，该属被认为处于紫萁科演化早期的多样性发展阶段，因而具有原始性、不稳定性（Gould，1970），属于典型的过渡类型。诸如，古紫萁属叶迹从中柱分离时在木质部圆筒上留下叶隙，形成“网状木质部”（dictioxylic），但这并非真正意义上的网状中柱，而被称为“原始网状中柱”。基于叶迹的弯曲形式，紫萁科曾被认为应起源于总状蕨亚科。李中明（1983）认为，古紫萁属的特征表明，它可能是从前者向后者过渡的类群，并表明古生代末已经分化出紫萁亚科及从蕨亚科两条进化线路。最新研究认为，该属可能代表了紫萁亚科一个早期演化的分支；但相较于紫萁亚科其他各属，古紫萁属的分类位置尚不完全清楚，目前无法断言其余紫萁亚科各属之间的系统发育关系（Bomfleur et al.，2017）。

2）米勒茎属 *Millerocaulis* Erasmus ex Tidwell emend. Vera

米勒茎属是紫萁科植物在中生代的重要代表类型，其茎干多呈根状茎或小型的直立茎；茎干核心发育有主要由薄壁细胞构成的髓；中柱木质部圆筒较薄（径向厚度最多可达约 20 个管胞），具明显的叶隙；中柱原生木质部中始式，叶迹原生木质部内始式；茎干及叶柄的皮层均具有二分性，分别为由薄壁细胞构成的内层和由厚壁细胞构成的外层；外部皮层较薄，内部皮层相对较厚；叶柄具托叶翼，叶柄维管束呈内弯形；叶柄硬化环多为同质，由薄壁纤维构成，少见渐变型或弥散型异质（gradually or diffusely heterogeneous）。

该属的名称首先由 Erasmus（1978）于一篇未正式发表的文章中提出，因而不属于合法的属名，后由 Tidwell 于 1986 年撰文正式建立 *Millerocaulis* Erasmus ex Tidwell 1986（Tidwell，1986；张武和郑少林，1991）。该属的建立是为了替代“米勒分类系统”中的 *Osmundacaulis herbstii* 群，但随后 Forsyth 和 Green 提出建立 *Australosmunda* 的建议，并认为该属应包括解剖特征与 *Millerocaulis* 相似，但没有叶隙的种（Hill et al.，1989）。然而，*Millerocaulis* 中的一些种，包括其模式标本 *Millerocaulis dunlopii* 在内也没有或少有叶隙，这实际上造成了 *Australosmunda* 与 *Millerocaulis* 的同物异名。鉴于此，Tidwell 于 1994 年将该属内具有明显的大量叶隙的种拆分出来，组成阿氏茎属 *Ashicaulis* Tidwell，剩余的没有叶隙或少有叶隙的种归为修订后的 *Millerocaulis* Erasmus ex Tidwell emend.。但值得关注的是，上述两属具有大量相似的解剖学特征。此后，Herbst（2001）、Vera（2008）等对 *Ashicaulis* 的合理性提出了质疑，提出 *Ashicaulis* 及 *Millerocaulis* 解剖特征基本一致，是否存在完整的叶隙不应作为属一级分类的简单特征，并重新定义了 *Millerocaulis* Erasmus ex Tidwell, 1986 non 1994 emend. Vera，这一观点曾长期存在争论。

Bomfleur 等（2017）提出一个新的观点，即不再将叶隙的有无作为区分 *Ashicaulis* 及 *Millerocaulis* 的标准；而是基于叶柄硬化环特征，将上述两属中具有同质硬化环的各种统一归入 *Millerocaulis* Erasmus ex Tidwell，1986 non 1994 emend. Vera，而具异质硬化环尤其是硬化环远轴端具厚壁纤维带的各种则归入绒紫萁属 *Claytosmunda* 之中。与此同时，叶隙的有无或发育程度在该属各种中确实存在一定的差异，Bomfleur 等（2017）将该属保留下来的各种进一步划分为三个群，即叶隙发育程度较低的"*Millerocaulis s.str*"群、叶隙发育程度中等的"*Ashicaulis*"群及叶隙发育程度较高而相对独立的"*Millerocaulis kolbei*"群。笔者等认为这一分类方案同时兼顾了叶隙发育程度和叶柄基硬化环在分类上的意义，具有一定的合理性，故本书采纳该方案。

该属目前共计报道有近 30 种（图 7-2，图 7-3），其中共计有 6 种归入"*Millerocaulis s.str*"群，分别为产自澳大利亚中侏罗世地层的 *M. donponii* Tidwell et Clifford、*M. juandahensis* Tidwell et Clifford、*M. limewoodensis* Tidwell et Clifford，产自新西兰中侏罗世的 *M. dunlopii*（Kidst. et Gwynne-Vaughan）Tidwell，产自阿根廷晚侏罗世地层的 *M. chubutensis*（Herbst）Tidwell，以及产自印度早白垩世地层的 *M. indicus*（Sharma）Tidwell；21 种可归入"*Ashicaulis*"群，分别为产自南极洲东部中三叠世地层的 *M. woolfei*（Rothwell et al.）Vera，阿根廷晚三叠世地层的 *M. herbstii*（Archang. et de la Sota）Tidwell，澳大利亚疑似三叠纪地层的 *M. broganii* Tidwell, Munzing et Banks、*M. richmondii* Tidwell、*M. spinksii* Tidwell, Munzing et Banks、*M. swanensis* Tidwell, Munzing et Banks、*M. websteri* Tidwell, Munzing et Banks，澳大利亚疑似早侏罗世地层的 *M. wrightii* Tidwell, Munzing et Banks，新西兰中侏罗世地层的 *M. gibbianus*（Kidst. et Gwynne-Vaughan）Tidwell，我国冀北—辽西地区中—晚侏罗世地层的 *M. beipiaoensis*（Tian et al.）Bomfleur et al.、*M. hebeiensis*（Wang）Tidwell、*M. macromedullosus*（Matsumoto et al.）Vera，阿根廷中—晚侏罗世地层的 *M. patagonicus*（Archang. et de la Sota）Tidwell、*M. santaecrucis*（Herbst）Herbst，南极地区西部早白垩世地层的 *M. australis*（Vera）Vera，美国犹他州晚侏罗世地层的 *M. wadei*（Tidwell et Rushforth）Tidwell，印度早白垩世地层的 *M. amajolensis*（Sharma）Tidwell、*M. guptai*（Sharma）Tidwell、*M. rajmahalensis*（Gupta）Tidwell、*M. sahnii*（Vishnu-Mittre）Tidwell, 1986，以及南极洲利文斯通岛晚白垩世地层的 *M. livingstonensis*（Cantrill）Vera。"*Millerocaulis kolbei*"群所含仅 1 种，即产自南非白垩纪地层的 *M. kolbei*（Seward）Tidwell。

从时间角度而言，该属的地质年代分布从三叠纪一直延续到白垩纪中期（Tidwell and Ash，1994；Tian et al.，2008a；Bomfleur et al.，2017）。从地理分布角度而言，尽管该属在南北半球均有发现，但分布极不均匀。其中，多数（18 种）

报道自南半球冈瓦纳地区（有鉴于中生代时期的古地理格局，发现自印度的材料也归入南半球的冈瓦纳古陆），而北半球即劳伦古大陆北半球的化石记录（4 种）仅见于中国冀北—辽西地区及北美犹他州。值得关注的是，该属在白垩纪之后未再有明确的化石记录。

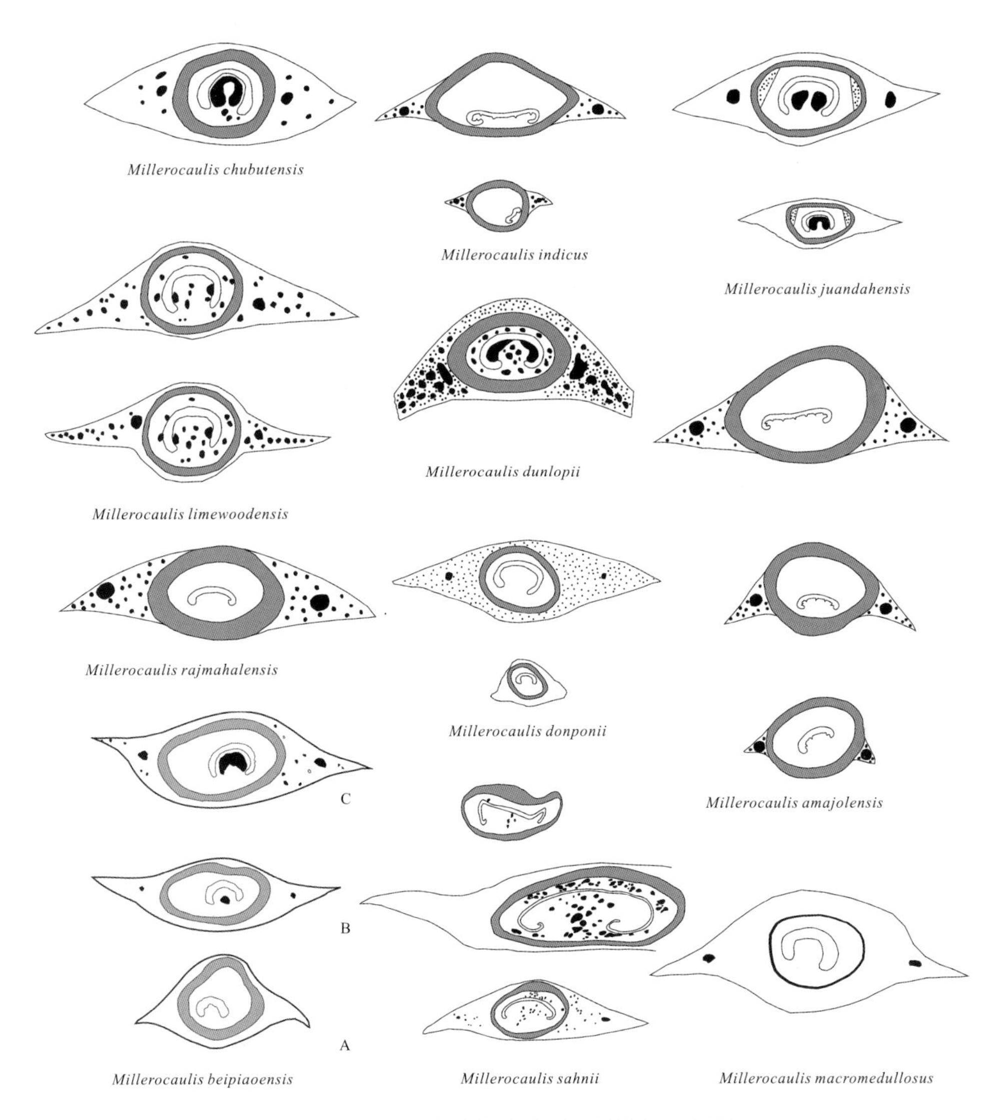

图 7-2　*Millerocaulis* 部分代表种叶柄基特征示意图（1）

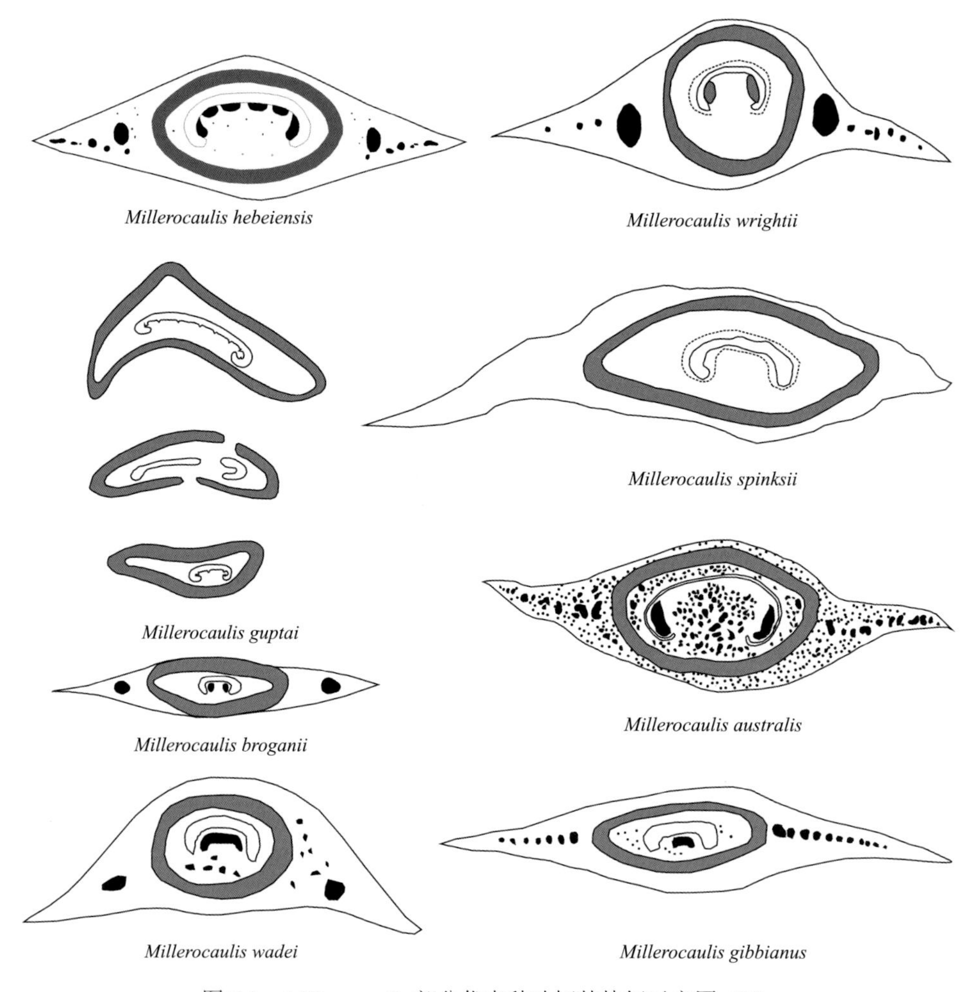

图 7-3　*Millerocaulis* 部分代表种叶柄基特征示意图（2）

3）绒紫萁属 *Claytosmunda*（Yatabe, Murak. et Iwats.）Metzgar et Rouhan

绒紫萁属为紫萁科紫萁亚科的现生属，仅包含有一个现生种，即 *C. claytoniana*（图 7-4）。但该属化石记录十分丰富，与米勒茎属类似，也为中生代紫萁科植物的重要代表分子。其根茎主要特征，如主要由薄壁细胞构成的髓、具明显的叶隙木质部圆筒、二分的皮层、具托叶翼的叶柄等特征与米勒茎属基本一致。该属主要特征在于叶柄硬化环为异质，其硬化环远轴端具弓形厚壁纤维带，且该厚壁纤维带可进一步发展成位于硬化环中部两侧两个相对的、分离的或微弱连接的厚壁纤维块。

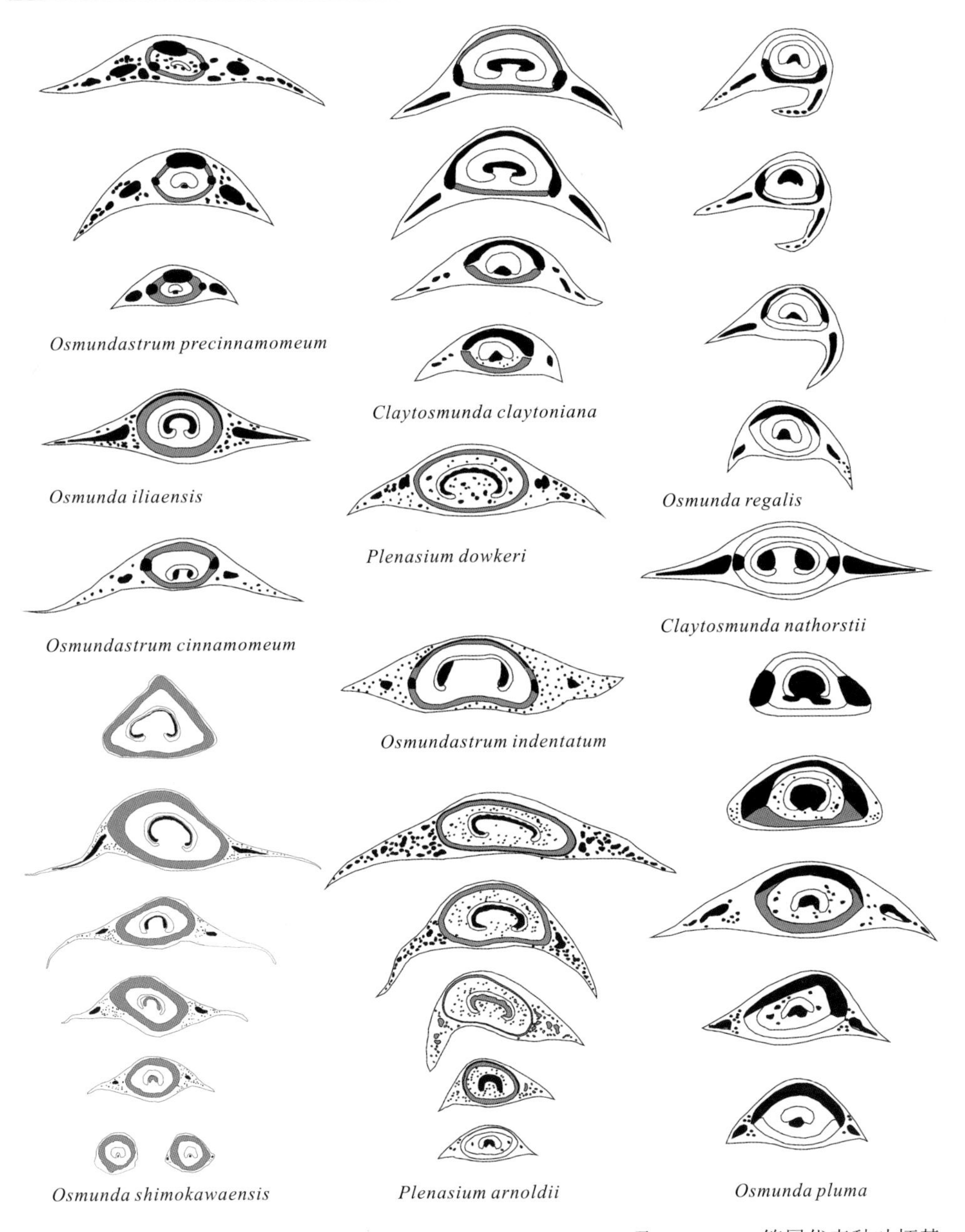

图7-4　化石及现生 *Osmunda*、*Claytosmunda*、*Osmundastrum* 及 *Plenasium* 等属代表种叶柄基特征示意图

可归入该属的化石记录十分丰富，其中涉及矿化茎干的类群目前共计 14 种（图 7-5）。该属最早的化石记录可以追溯至三叠纪，如具有与现生 *C. claytoniana* 相似叶形特征的产自南极地区的叶化石 *Osmunda claytoniites* Phipps et al.（基于紫

萁科分类方案，其应归入绒紫萁属），以及同样产自南极地区三叠纪地层的矿化茎干化石 *C. beardmorensis*（Schopf）Bomfleur et al.。此外，归入该属的矿化茎干化石还包括：产自澳大利亚塔斯马尼亚疑似早侏罗世地层的 *C. johnstonii*（Tidwell, Munzing et Banks, 1991），我国冀北—辽西地区中—晚侏罗世地层的 *C. chengii* Bomfleur et al.、*C. liaoningensis*（Zhang et Zheng）Bomfleur et al.、*C. plumites*（Tian et Wang）Bomfleur et al.、*C. preosmunda*（Cheng, Wang et Li）Bomfleur et al.、*C. sinica*（Cheng et Li, 2007）Bomfleur et al.、*C. wangii*（Tian et Wang）Bomfleur et al.、*C. zhangiana* Tian, Wang et Jiang，美国加利福尼亚州早白垩世地层的 *C. embreii*（Stockey et Smith）Bomfleur et al.，南极洲西部早白垩世地层的 *C. tekelili*（Vera）Bomfleur et al.，北极斯瓦尔巴德地区古近纪地层的 *C. nathorstii*（Miller）Bomfleur et al.，以及美国华盛顿州中新世地层的 *C. wehrii*（Miller）Bomfleur et al.。

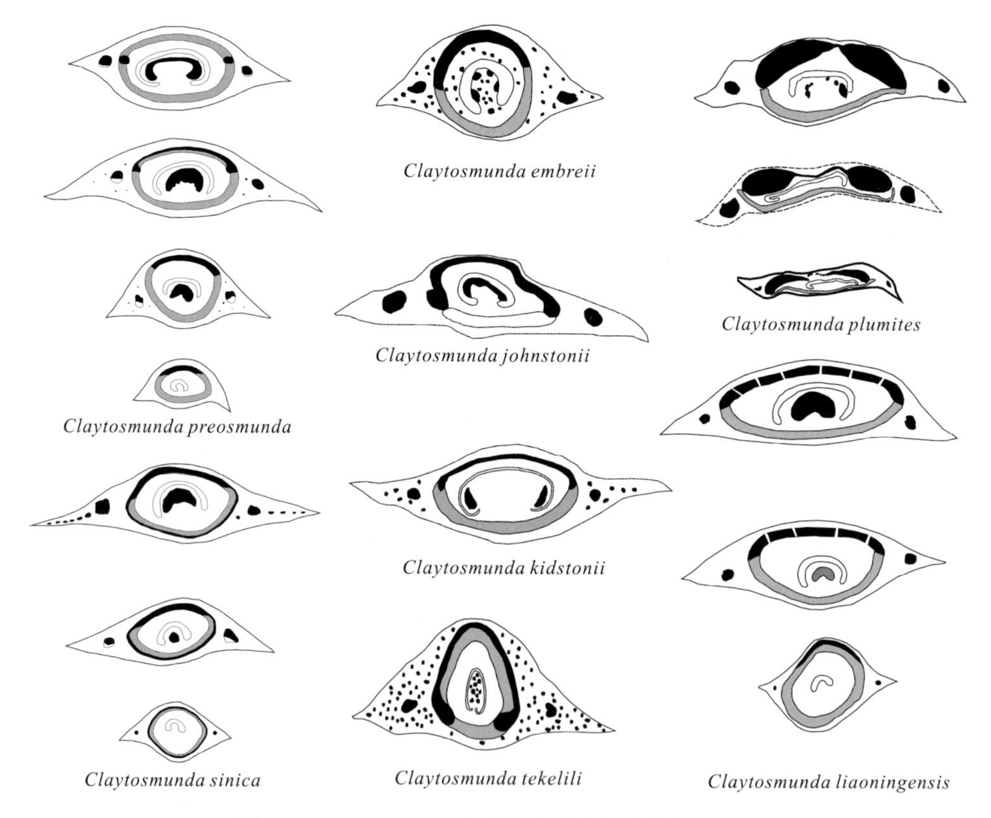

图 7-5 *Claytosmunda* 部分代表种叶柄基特征示意图

从时空分布的角度分析，中生代归入绒紫萁属的化石与米勒茎属的化石在产地及层位上存在明显的一致性，许多产地两属的化石伴生存在。但整体而言，该属在北半球发现的数量相对较多，而南半球相对较少，这与米勒茎属的古地理分布模式刚好相反。此外，该属在新生代也有少量化石记录报道。

4）桂皮紫萁属 *Osmundastrum* Presl

桂皮紫萁属为紫萁科现生属，仅包含一个现生种，即 *O. cinnamomeum*（L.）Presl（图7-4），该种主要分布在亚洲及南北美洲东部。该属茎干中心位置也发育有主要由薄壁细胞构成的髓；中柱木质部圆筒较薄，具明显的叶隙，中柱原生木质部中始式；叶迹原生木质部内始式，其首次分叉发生在外皮层的最外部或叶柄基区；茎干及叶柄的皮层均具有二分性，分别为由薄壁细胞构成的内层和由厚壁细胞构成的外层；外部皮层较内部皮层略厚；叶柄具托叶翼，叶柄维管束呈内弯形。该属最显著的特征为叶柄硬化环异质，其硬化环远轴端具一厚壁纤维带或块，而两侧具两个相对的、分离的或微弱连接的厚壁纤维块。

该属最早的化石记录可以追溯至三叠纪，Hill 等（1989）报道了产自澳大利亚塔斯马尼亚地区的紫萁科根茎一新属种 *Australosmunda indentata* Hill, Forsyth et Green，该种后来被 Tidwell（1994）归入米勒茎属，即 *M. indentata*（Hill, Forsyth et Green）Tidwell；此后，鉴于该种具有典型的桂皮紫萁属特征，Bomfleur 等（2017）进一步将其修订为 *Osmundastrum indentatum*（Hill, Forsyth et Green）Bomfleur et al.（图7-4）。此外，除茎干化石外，Phipps 等（1998）报道了产自南极地区三叠纪地层的与现生 *Claytosmunda claytoniana* 特征基本一致的紫萁科植物叶化石 *Claytosmunda*（*Osmunda*）*claytoniites*，这也再次证实该属至少起源于三叠纪。

Bomfleur 等（2015）报道了产自瑞典早侏罗世地层的紫萁科根茎化石 *Osmunda pulchella* Bomfleur, Grimm et McLoughlin，并提出该属同时具有 *Osmundastrum* 和 *Osmunda* 的解剖特征；此后，Bomfleur 等（2017）进一步提出该种与现生及化石 *Osmundastrum* 更为相似，并将其修订为 *Osmundastrum pulchellum*（Bomfleur, Grimm et McLoughlin）Bomfleur et al.。该属在白垩纪没有明确的矿化茎干化石记录。Miller（1967）报道了产自美国北达科他州古近纪地层的 *O. precinnamomeum* Miller（图7-4），该种具有与现生 *Osmundastrum cinnamomeum* 十分相似的特征，基于现生紫萁科属一级划分方案，该种也被 Bomfleur 等（2017）转归入 *Osmundastrum*，即 *Osmundastrum precinnamomeum*（Miller）Bomfleur et al.。

5）紫萁属 *Osmunda* L.

紫萁属为紫萁科现生属，仅包含3个现生种，即主要分布在东亚地区的 *O. japonica* Thunb.和 *O. lancea* Thunb.，以及分布于南北美洲东部、欧洲、亚洲、非洲南部的 *O. regalis*。与紫萁科其他各属类似，该属茎干中心位置也发育有主要由薄壁细胞构成的髓；中柱木质部圆筒较薄，具明显的叶隙，中柱原生木质部中始式；叶迹从中柱分离时，多具单个原始木质部丛（偶见两个），其首次分叉发生在内部皮层或外部皮层；茎干及叶柄的皮层均具有二分性，分别为由薄壁细胞构成的内层和由厚壁细胞构成的外层；外部皮层较厚，内部皮层相对较薄；叶柄维管束呈内弯形，具托叶翼，托叶翼内具形态及大小各异的厚壁纤维块。该属叶柄硬化环异质，其硬化环两侧具两个相对的厚壁纤维块，且有可能发生延展进而在硬化环近轴端形成一厚壁纤维带。

如果仅依靠茎轴解剖特征，往往很难将 *Osmunda* 与 *Claytosmunda* 区分开来，但二者在蕨叶的形态特征上差异较明显。诸如，现生 *Osmunda* 各种的蕨叶多为典型的全叶双型；而现生 *Claytosmunda* 的 *C. claytoniana* 蕨叶为半叶双型，其生殖羽片着生于生殖羽叶的中部。基于近年来同时整合有叶化石、茎干化石数据及现代紫萁科植物的分子生物学证据的综合支序分析结果显示，*Claytosmunda claytoniana* 支系与 *Osmunda* 和 *Plenasium* 构成的支系大约在侏罗纪时期发生分离（Bomfleur et al.，2015；Grimm et al.，2015），而 *Osmunda* 和 *Plenasium* 的分离发生在白垩纪时期（Bomfleur et al.，2015；Grimm et al.，2015）。因而，Bomfleur 等（2017）提出侏罗纪时期及稍后时期的紫萁科茎干化石可能无法确定其准确的归属，它们既有可能属于 *C. claytoniana* 支系，也有可能属于 *Osmunda* 和 *Plenasium* 构成的支系。针对被归入该属的两个古近纪的化石记录 *Osmunda oregonensis* 和 *Osmunda pluma*，Bomfleur 等（2017）进一步提出它们在诸如叶迹原生木质部及叶柄硬化环厚壁纤维块的发展等方面仍然表现出一些介于现代 *Osmunda* 及 *Claytosmunda* 之间的一些特征。其中一些矿化茎干在叶迹原生木质部从首次分叉发生在内部皮层这一方面表现出了与现生 *Osmunda* 一致的特征，但其叶柄硬化环具有位于两侧的两个对生的厚壁纤维块这一特征，更加类似于现生的 *Claytosmunda*。鉴于这一现象，Bomfleur 等（2017）提出可以归入 *Osmunda* 的矿化茎干化石必须是那些叶柄硬化环发育近轴端厚壁纤维带的类群，而其他不具有该特征但同时具有 *Osmunda* 及 *Claytosmunda* 特征的类群暂时均归入 *Claytosmunda*。笔者等认为，这一观点具有一定的合理性，为现阶段那些具有与现生紫萁科植物相似解剖特征的矿化茎干化石的分类鉴定提供了一个具有较高可行性的方案。基于这一方案，该属目前没有明确的中生代化石记录，其最早的茎干化石记录为产自美国北达科他州古近纪地层的 *O. pluma* Miller（图 7-4）；其他新生代化石记录还包括：产自美国俄勒冈州始新世地层的 *O. oregonensis*（Arnold）Miller、产自匈牙利及奥地利中新世地层的 *O. ilianensis* Miller（图 7-5）和产自东亚地区日本北海道中新世地层的 *O. shimokawaensis* Matsumoto et Nishida（图 7-4）。

6）羽节紫萁属 *Plenasium* Presl

羽节紫萁属 *Plenasium* 是现生紫萁科植物的代表之一，共计包含 4 个现生种，即产自东亚及东南亚地区的 *P. banksiifolium*（Presl）Presl、*P. bromeliifolium*（Presl）Presl、*P. javanicum*（Blume）Presl 以及 *P. vachellii* Presl。该属各种茎干主要特征包括：茎干中心位置发育有主要由薄壁细胞构成的髓；中柱木质部圆筒具明显的叶隙；中柱原生木质部中始式；其叶迹维管束与现生及化石紫萁科植物差异明显，其形成方式较为独特，由两个各携带一个原生木质部丛的中柱维管束延伸部分融合而成，因而其内部皮层叶迹具有两个内始式原生木质部丛；茎干及叶柄的皮层均具有二分性，分别为由薄壁细胞构成的内层和由厚壁细胞构成的外层；外部皮层较内部皮层略厚；叶柄具一对侧生的托叶翼，其内发育有大量散生的厚壁纤维束；叶柄维管束呈内弯形。叶柄硬化环异质，其硬化环外边缘由厚壁纤维构成。

Bomfleur 等（2017）基于融合型叶迹这一特征，提出以往见于北美白垩纪及古近纪地层的紫萁科化石形态属 *Aurealcaulis* Tidwell et Parker 应归入 *Plenasium*；并将羽节紫萁属划分为两个亚属，即 *Plenasium* subg. *Aurealcaulis*（Tidwell and Parker）Bomfleur et al.和 *Plenasium* subg. *Plenasium*。此外，新生代紫萁科根茎的两个代表：产自美国俄勒冈州始新世地层的 *Osmunda chandleri*、北达科他州及英国古近纪地层的 *Plenasium dowkeri*（Carruthers，1870；Arnold，1952；Chandler，1965）（图 7-4）也因具有相似的特征，而应被归入羽节紫萁属。但支序分析结果显示，它们无法被归入已明确的两个亚属，而是介于二者之间，因此被 Bomfleur 等（2017）暂定为羽节紫萁属中亚属未定的类群。

其中，subg. *Plenasium* 的化石记录相对较少，以往仅报道有 1 种，即发现自美国北达科他州古近纪地层的 *P. arnoldii*（Miller）Bomfleur et al.（图 7-4）。近年来，Cheng 等（2019）报道了产自我国黑龙江五大连池晚白垩世地层的 *P. xiei* Cheng et al.。该种的发现，不仅代表了 *Plenasium* 亚属在我国的首个化石记录，而且将其分布时限往前推进至了晚白垩世，对认识该亚属的起源及早期演化具有重要意义。相对而言，subg. *Aurealcaulis* 的化石记录则相对丰富。该亚属最初由 Tidwell 和 Parker（1987）基于产自美国西北地区怀俄明州古新世地层的紫萁茎干标本建立。该属茎干类型多样（根状茎、树蕨或直立茎），其中柱多为管状中柱或外韧管状中柱，木质部圆筒厚度在 10 个管胞以上，由被叶隙分隔的多个木质部束组成，叶隙多为延迟型。其叶迹原生木质部丛为外始式，自中柱分离后叶迹原生木质部束变为内始式。叶柄基硬化环为同质或异质，托叶翼内不具厚壁组织。根迹多发生于内皮层叶迹（Tidwell and Parker，1987；Tidwell and Skog，2002）。*Aurealcaulis* 的建立曾导致对 Miller（1971）定义的紫萁科和紫萁亚科特征的修正，即将紫萁科叶迹原生木质部丛类型由原先定义的中始式和内始式改为中始式、内始式、外始式，其他保持不变；相应地，紫萁亚科的定义也将“叶迹基部为内始式及少数为亚内始式”修订为“木质部束和/或叶迹由中始式、内始式和外始式在从中柱分离后变为亚内始式至内始式”（Tidwell and Parker，1987）。迄今为止，*Aurealcaulis* 亚属共计报道有 6 个种，均发现于北美地区，分别为产自美国怀俄明州古新世地层的 *Plenasium crossii*（Tidwell et Parker）Bomfleur et al.，新墨西哥州疑似始新世

地层的 *P. moorei*（Tidwell et Medlyn）Bomfleur et al.和 *P. bransonii*（Tidwell et Medlyn）Bomfleur et al.，以及内布拉斯加州和南达科他州早白垩世地层的 *P. dakotensis*（Tidwell et Skog）Bomfleur et al.、*P. nebraskensis*（Tidwell et Skog）Bomfleur et al.、*P. burgii*（Tidwell et Skog）Bomfleur et al.（Tidwell and Parker，1987；Tidwell and Medlyn，1991；Tidwell and Skog，2002）。

7）块茎蕨属 *Todea* Willd. ex Bernh.

块茎蕨属是现生紫萁科植物中的一个小属，目前仅发现有 2 种，即主要分布在非洲南部及澳大利亚的 *T. barbara*（L.）Moore 及巴布亚新几内亚的 *T. papuana* Hennipman。现生块茎蕨属能形成短树干，但高只有 8～10 cm。其茎干核心具由薄壁细胞构成的髓；木质部圆筒通常较薄（通常不超过 10 个管胞厚，极少能达到 15 个管胞厚），具有明显的叶隙。茎干及叶柄皮层均具有二分性，可分为主要由薄壁细胞构成的内层和由厚壁细胞构成的外层；内部皮层要薄于外部皮层，其内所含叶迹维管束的近轴端具一厚壁纤维块。外部皮层异质，其内所含叶迹外围具一明显的由纤维构成的环状结构。叶柄具一对侧生的托叶翼，其维管束内弯呈马蹄形。叶柄内部皮层散布有大量较小的厚壁组织束。叶柄硬化环异质，主要由薄壁纤维构成，但其外缘具一由厚壁纤维构成的薄带。该属化石记录较少，目前仅报道有 1 种，即产自加拿大不列颠哥伦比亚地区早白垩世地层的 *T. tidwellii* Jud, Rothwell et Stockey（Jud et al.，2008）。

8）薄膜蕨属 *Leptopteris* Presl

与块茎蕨类似，薄膜蕨也是现生紫萁科植物中一个仅见于南半球的属，主要分布在澳大利亚、新西兰及热带太平洋地区的一些岛屿，如斐济、瓦努阿图、新喀里多尼亚等。目前，该属共计发现有 4 个现生种，即 *L. fraseri*（Hook. et Grev.）Presl、*L. hymenophylloides*（Rich.）Presl、*L. superba*（Colenso）Presl 以及 *L. wilkesiana*（Brack.）Christ。解剖特征方面，其茎干核心具一主要由薄壁细胞构成的髓；木质部圆筒通常较薄（通常不超过 15 个管胞厚，极少能达到 20 个管胞厚），具有明显的叶隙。茎干及叶柄皮层均具有二分性，可分为由薄壁细胞构成的内层和由厚壁细胞构成的外层；内部皮层通常薄于外部皮层，不具有厚壁组织块；与块茎蕨类似，其外部皮层异质，其内所含叶迹外围具一明显的由纤维构成的环状结构。叶柄具一对侧生的托叶翼，其维管束内弯呈马蹄形。叶柄内部皮层不具有厚壁组织束；叶柄硬化环异质，主要由薄壁纤维构成，但其外缘具一由厚壁纤维构成的薄带。

迄今为止，该属尚未有明确的化石记录，但 Bomfleur 等（2017）指出产自印度拉杰默哈尔（Rajmahal）地区早白垩世地层原定为 *Osmundacaulis estipularis* Sharma, Bohra et Singh 的种具有明显异质的茎干外部皮层，可能与 *Todea* 及 *Leptopteris* 在解剖特征上更为相似；此外，因为该种内部皮层未见明显的厚壁组织块，而更接近于 *Leptopteris*。

3. 紫萁科（亚科未定）

1）紫萁茎属 *Osmundacaulis* Miller emend. Tidwell

紫萁茎属（*Osmundacaulis*）由 Miller（1971）建立，其早期定义为中生代地层中发现的、具有类似现生紫萁科植物茎干解剖构造，但又不能归入现生紫萁植物的根茎、茎干及叶柄化石。Miller（1971）将该属划分为 3 个群：*O. braziliensis*、*O. herbstii*、*O. skidegatensis*。其后，Herbst（1981）将 *O. braziliensis* 群改建为新属 *Guairea*，并将其从紫萁科移入新科 Guaireaceae；Tidwell（1986）将 *O. herbstii* 群根据中柱的木质部较薄和木质部维管束少等特征新建立 *Millerocaulis* 属。现所指 *Osmundacaulis* 属即 Miller（1971）定义的 *O. skidegatensis* 群。*Osmundacaulis* 属茎干多为树蕨状或直立茎，很少为根状茎；其中柱与晚古生代的具原生中柱的紫萁目植物相比较为进化，具有真正的网状中柱（双韧式网状中柱），木质部圆筒较厚（超过 25 个管胞厚），木质部束的数目多；叶迹强烈弯曲，叶迹原生木质部束在叶迹从中柱完全分离之前即已发生分叉；叶柄托叶翼可含或不含厚壁组织束，厚壁组织经常出现在叶迹的近轴凹面中；中柱皮层组织具有明显的二分性，内部皮层较外部皮层厚；从中柱分离的叶迹多具有两个或四个原生木质部束（Tidwell，1986；Bomfleur et al.，2017）。

该属化石记录丰富，目前已报道近 20 个种（Tian et al.，2008a；Bomfleur et al.，2017）（表 7-1；图 7-6）。该属为已灭绝的类群，其化石记录主要集中在侏罗—白垩纪，在全球范围内均有化石发现，但报道自南半球的化石记录居多，北半球化石记录相对较少。其中，*O. natalensis*（Schelpe）Miller、*O. atherstonei*（Schelpe）Miller、*O. tidwellii* Herbst、*O. zululandensis* Herbst 和 *O. bamfordae* Herbst 等种报道自南非早白垩世地层（Schelpe，1955，1956；Tidwell and Jones，1987；Herbst，2015）。Gould（1973）报道了产自澳大利亚昆士兰地区中侏罗世地层的 *O. hoskingii*。Tidwell（1987）对发现于澳大利亚塔斯马尼亚地区中生代（现已确定属于早侏罗世）地层中的 *O. nerii* Tidwell 和 *O. jonesii* Tidwell 进行了介绍；Tidwell 和 Pigg（1993）进一步报道了产自该地区的 6 个种：*O. janae* Tidwell et Pigg、*O. richmondii* Tidwell et Pigg、*O. pruchnickii* Tidwell et Pigg、*O. griggsii* Tidwell et Pigg、*O. andrewii* Tidwell et Pigg、*O. tasmanensis* Tidwell et Pigg（图 7-6），并对该属做了总结性研究；此外，Herbst 报道了产自阿根廷圣克鲁斯省中侏罗世地层的 *O. tehuelchensis*，该种的发现使 *Osmundacaulis* 在南半球的分布范围进一步扩展到了南美洲（Herbst and Salazar，1999；Herbst，2003）。

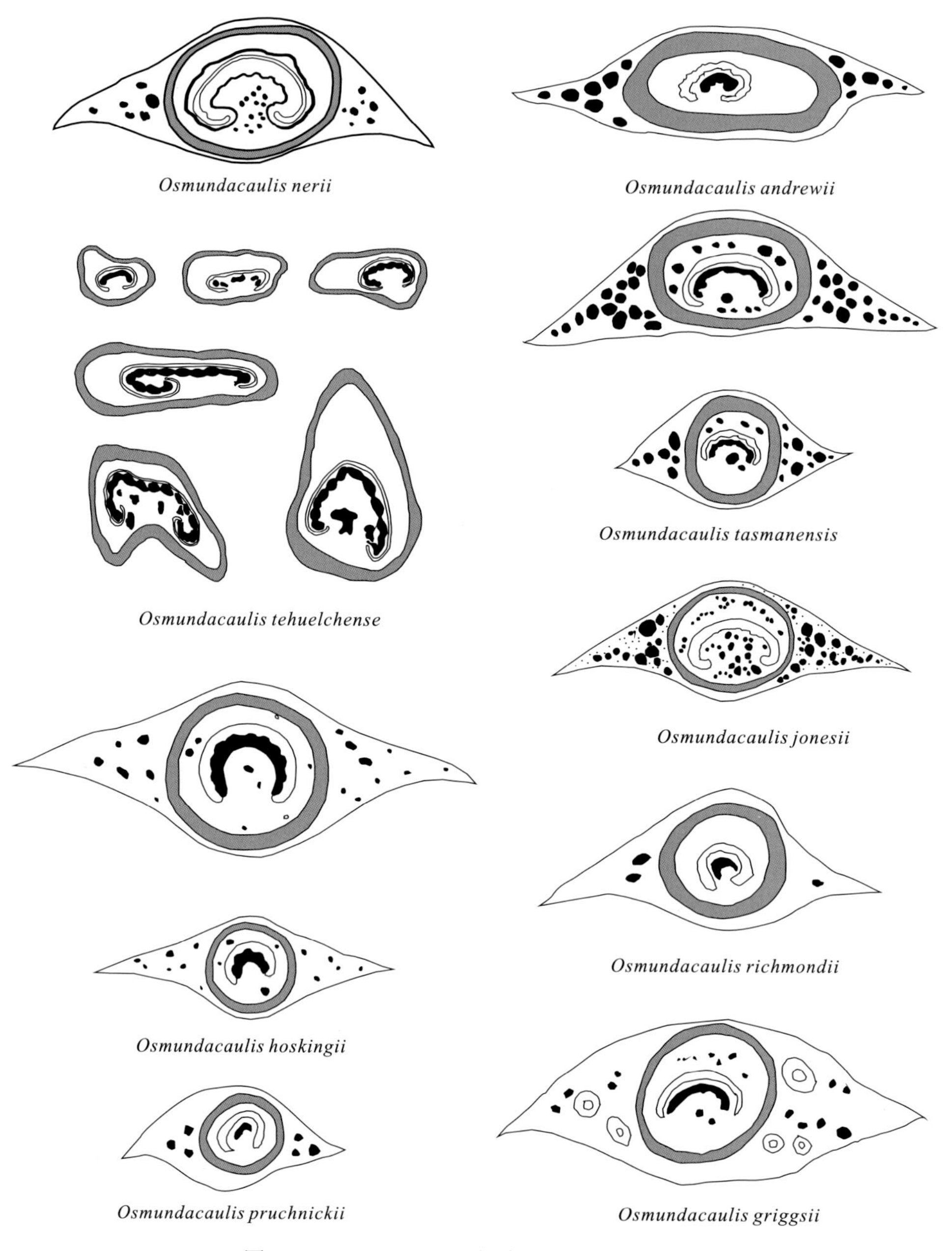

图 7-6　*Osmundacaulis* 各种叶柄基特征示意图

相较于南半球，*Osmundacaulis* 在北半球仅报道有 5 种。其中，发现于加拿大不列颠哥伦比亚地区早白垩世地层的 *O. skidegatensis*（Penhallow）Miller 是该属最早报道的一个种（Penhallow，1902；Tidwell and Jones，1987）；该地区后来又发现了该属的另一个种 *O. whittlesii* McKenzie et al.（Smith et al.，2015）。Tidwell（1990）报道了美国犹他州上侏罗统 Morrison 组的 *O. lemonii* Tidwell。以往，该属在我国一直未有明确的化石记录。Cheng 等（2020）报道了产自我国东北黑龙江五大连池、齐齐哈尔等地晚白垩世地层的 *O. sinica* Cheng et al.及 *O. asiatica* Cheng et al.，这是该属在我国的首次发现，对认识该属的古地理分布特征具有重要意义。此外，上述化石记录也是该属在晚白垩世地层的首次发现，有助于进一步增加对该属分布时限及演化特征的认识。

2）水城蕨属 *Shuichengella* Li

水城蕨属是晚古生代紫萁科植物重要的代表类型，属一类已灭绝的紫萁科植物。该属目前仅报道有 1 种，即产自我国贵州水城汪家寨晚二叠世地层的 *S. primitiva*（Li）Li（Li，1993）。该属茎干较大，直立至乔木状；茎干及叶柄皮层区均具有二分性，其中内部皮层主要由薄壁细胞构成，外部皮层主要由厚壁细胞构成；内部皮层较外部皮层厚。皮层区可见大量叶迹（超过 60 个）。木质部圆筒具完整叶隙。叶迹维管束强烈弯曲。Li（1993）最早将该属归入紫萁科，但鉴于其中柱外缺少由叶柄基构成的外套这一特征，又在紫萁科内建立了一个新的亚科 Shuichengelloideae。其后，其具体分类位置多有变化，Bomfleur 等（2017）提出其应归入紫萁科，但亚科未定。

3）异茎蕨属 *Anomorrhoea* Eichw.

该属的属名 *Anomorrhoea* 意为“根茎特征特异”，因其化石记录十分稀少且在我国未有明确的化石记录，所以未有通用的中文译名，为便于本书研究及后续国内学者交流需要，本书将其暂译为“异茎蕨属”。该属最早报道于俄罗斯乌拉尔地区晚二叠世地层（Kidston and Gwynne-Vaughan，1909; Zalessky，1927; Miller，1971），其正模标本仅保存有根茎及叶柄基外套的一部分，以及少量外部皮层，其髓部、内部皮层和大部分外部皮层均未保存。尽管保存较差，但由厚壁细胞组成的外部皮层及典型的叶柄基托叶翼表明其与紫萁科有亲缘关系；由于缺乏髓部特征，暂无法确定该属是否属于丛蕨亚科或紫萁亚科。鉴于此，Bomfleur 等（2017）将其暂时归入紫萁科（亚科未定）这一类群；与此同时，Bomfleur 等（2017）也曾提出应该放弃使用该属种，直到有更好和更完整保存的材料，能够进行更详细的比较。

4）巴蒂蕨属 *Bathypteris* Eichw.

该属因化石记录稀少且在我国未有明确的化石记录，所以也未有通用的中文译名，鉴于本书研究及后续国内学者交流需要，暂将其音译为“巴蒂蕨属”。该属也报道于俄罗斯乌拉尔地区晚二叠世地层（Kidston and Gwynne-Vaughan，1909; Zalessky，1927；Miller，1971）。目前，该属仅报道有 1 种——*B. rhomboidea*（S.Kutorga）Eichw。其茎能形成大的树状树干，茎干中部由具有梯纹加厚的管胞构成；茎干维管束管状，不具有明显的叶隙；茎干及叶柄皮层区均具有二分性，其中内部皮层主要由薄壁细胞构成，外部皮层主要由厚壁细胞构成；内部皮层较外部皮层厚。叶迹维管束具单个原生木质部丛。叶柄基部不具有托叶翼，但具有多细胞的棘状突起（multicellular spines）；叶柄维管束内弯，或多或少呈马鞍形；叶柄硬化环同质，横截面呈圆形或椭圆形。该属因具有二分的皮层和内弯的叶柄维管束，而被认为应归入紫萁科（Miller，1971）。但其叶柄基缺少托叶翼这一特征与绝大多数紫萁科植物都有明显差异（Daugherty，1960；Bomfleur et al.，2017）。

7.1.2　瓜伊拉蕨科（Guaireaceae Herbst, 1981）

瓜伊拉蕨科由 Herbst（1981）基于南美地区的材料建立，用来包含一些具有与紫萁科植物茎干类似的解剖特征，但也存在显著差异而无法归入紫萁科的紫萁目矿化茎干。该科现已灭绝，其分布时限为晚二叠世至早侏罗世。该科植物茎干的主要特征为：茎干及叶柄皮层区不具有二分性，主要由薄壁细胞构成；叶柄不具有侧生的托叶翼；叶迹维管束末端显著后弯（recurved）使其整体呈“Ω”形；根迹通常从茎干皮层区叶迹维管束的远轴端发出。基于茎干解剖特征的差异，尤其是叶隙特征的差异，该科又被进一步划分为 2 个亚科，即瓜伊拉蕨亚科（Guaireoideae）和伊托普蕨亚科（Itopsidemoideae）。

1. 瓜伊拉蕨亚科（Guaireoideae Li 1993）

该亚科最早由中国学者李中明于 1993 年建立（Li，1993），其最初的定义包含了所有当时归入瓜伊拉蕨科的类群，即 Li（1993）将 Herbst（1981）建立的瓜伊拉蕨科降级为亚科，放置在紫萁科之下。在 Bomfleur 等（2017）最新的分类方案中，该亚科得以保留，但基于在解剖特征上与紫萁科植物的显著差异，被放置在了瓜伊拉蕨科之下。该亚科除具有瓜伊拉蕨科的共同特征之外，最显著的特征为中柱发育明显的叶隙。目前，归入该亚科的共计 3 属 4 种，分别为瓜伊拉蕨属（*Guairea* Herbst）产自南美巴拉圭晚二叠世地层的 *G. carnierii*（Schuster）Herbst 和 *G. milleri* Herbst、卢内蕨属（*Lunea* Tidwell）产自澳大利亚塔斯马尼亚地区早侏罗世地层的 *L. jonesii* Tidwell，以及归入中明蕨属（*Zhongmingella* Wang et al.）产自中国贵州水城晚二叠世地层的 *Z. plenasioides*（Li）Wang et al.（Herbst，1981；Tidwell，1991；Li，1993；Wang et al.，2014a）。上述三属解剖特征整体相似，但也存在明显差异；其中，*Guairea* 呈树蕨状，其典型特征为中柱维管束内外均发育有内皮层（endodermis），而且通过叶隙相互连接（Herbst，1981）。*Lunea* 的茎干为根状茎或直立茎，其内皮层仅发育于中柱维管束外部，而且通过叶隙相互连接（Herbst，1981）；此外，其髓部及茎干和叶柄皮层区均发育有大量散布的厚壁纤维块。*Zhongmingella* 具根状茎，其中柱维管束内外两侧也均发育有内皮层，这

一特征与 *Guairea* 类似；其髓部及茎干和叶柄皮层区均发育有大量散布的厚壁纤维块，这一特征更接近于 *Lunea*。

2. 伊托普蕨亚科（Itopsidemoideae Bomfleur, Grimm et McLoughlin 2017）

该亚科是 Bomfleur 等（2017）在最新的紫萁目分类方案中新建立的一个分类单元。其主要特征包括：茎干中柱木质部圆筒主要由后生木质部及或多或少散布其间的薄壁组织束混合构成，茎干及叶柄皮层区主要由薄壁细胞组成，不具有分层性。叶柄不具有托叶翼，叶柄维管束末端外翻，大体呈“Ω”形。根迹多发生自位于茎干皮层叶迹维管束的远轴面（Bomfleur et al.，2017）。作为一类已灭绝植物，该亚科目前共计包含 3 个属：伊托普蕨属 *Itopsidema* Daugherty、提氏茎蕨属 *Donwelliacaulis* Ash 及田氏蕨属 *Tiania* Wang et al.，其主要分布时限为晚二叠世至中三叠世。其中，*Itopsidema* 目前只报道有 1 个种，即产自美国亚利桑那州中三叠世地层的 *I. vancleavei* Daugherty，其主要特征为木质部圆筒较薄（径向厚度不超过 20 个管胞），皮层区叶迹数目较大（超过 100 个），其茎干及叶柄外部均具有多细胞的棘突（multicellular spines），其上散生毛基（trichomes）。*Donwelliacaulis* 目前也只报道有 1 个种，即产自美国亚利桑那州中三叠世地层的 *D. chlouberii* Ash，其植株体型较大，能够形成直径超过 40 cm 的茎干，其中柱的直径超过 25 cm，木质部圆筒的径向厚度超过 70 个管胞，皮层区叶迹数目明显少于 *Itopsidema*，约有 20 个。作为伊托普蕨亚科唯一的晚二叠世代表，*Tiania* 报道自我国云南下二叠统宣威组地层，该属目前仅含 1 个种 *T. yunnanense*（Tian et al.）Wang et al.（Wang et al.，2014a）；该属典型特征为木质部圆筒较薄（径向厚度最多约 10 个管胞），皮层区有超过 100 个叶迹。

7.2　紫萁目矿化茎干化石时空分布模式

7.2.1　空间分布模式

紫萁目植物被认为是所有真蕨植物中化石记录分布最为广泛的类群（Arnold，1964；Tidwell and Ash，1994）。作为该目植物重要的化石保存类型，紫萁目矿化茎干化石在全球范围内有广泛报道。目前，已知紫萁茎干化石主要产地包括：俄罗斯乌拉尔地区，澳大利亚塔斯马尼亚地区、昆士兰地区、阿根廷巴塔哥尼亚地区，南极洲，印度北部，北美中西部，我国冀北—辽西地区及黑龙江中部地区等（图 7-7）。

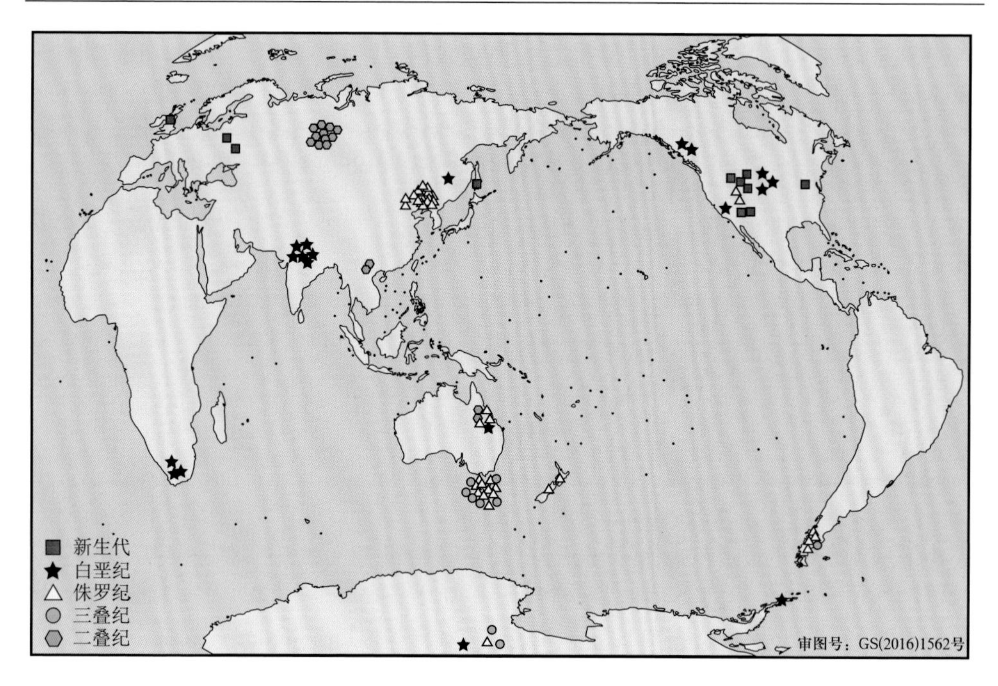

图 7-7　紫萁矿化根茎化石的地理分布（改自 Tian et al.，2008a）

澳大利亚塔斯马尼亚地区是南半球最为重要的中生代紫萁矿化茎干化石产地，该地区报道的紫萁目茎干化石涉及 2 科 5 属（*Claytosmunda*、*Osmundastrum*、*Millerocaulis*、*Osmundacaulis* 及 *Lunea*）17 种（图 7-7，表 7-1）；此外，澳大利亚昆士兰地区晚二叠世地层有 *Palaeosmunda*（2 种）报道，该地区中生代地层还发现有 *Millerocaulis*（2 种）及 *Osmundacaulis*（1 种）（图 7-7，表 7-1）。印度板块在中生代时期位于古赤道以南，其北部早白垩世地层中共计报道有 2 属（*Millerocaulis* 及疑似 *Leptopteris*）5 种（图 7-7，表 7-1）。南极地区也是紫萁矿化茎干化石的重要产地，主要位于南极半岛及中央山脉附近，涉及地层包括中三叠统、下白垩统及上白垩统，共计 2 属 4 种（图 7-7，表 7-1）；此外，考虑到南极地区的不可及性，该地区紫萁矿化茎干化石的多样性可能较目前已知的更高一些。阿根廷南部地区（含巴塔哥尼亚地区）也是南半球紫萁茎干化石的重要产地，该地区已报道的化石共计 2 属 5 种（图 7-7，表 7-1）。

在北半球，俄罗斯乌拉尔地区是晚二叠世紫萁矿化茎干化石最为重要的产地，该地区共计报道了涉及丛蕨亚科的 2 属 10 种（表 7-1）；晚二叠世之后，该地区再未有紫萁茎干化石记录。北半球另外两个紫萁茎干化石分布中心为北美中西部及我国的冀北—辽西地区。北美紫萁茎干化石主要产出自三叠纪、侏罗纪、白垩纪及新生代地层，其新生代紫萁茎干化石尤为珍贵，是全世界为数不多的新生代紫萁科茎干化石产地，为探究紫萁植物自中生代向现代紫萁植物的演化历程提供了关键环节的材料。北美地区紫萁茎干化石类型十分丰富多样，总计报道有 8 属 20 种，涉及中、新生代的紫萁茎干化石的全部典型代表类群，如 *Osmundacaulis*、*Claytosmunda*、*Millerocaulis*、*Aurealcaulis* 及现代属 *Osmunda*、*Todea* 等类型（表 7-1）。我国冀北辽西地区是近年来北半球发现的最为重要的紫萁矿化茎干化石产地，此前已报道的涉及 2 属 10 种。本书研究结果显示，该地区紫萁茎干化石多样性要高于已知水平，共计 2 属 14 种（含 2 个比较种）（表 7-1）。

7.2.2　时间分布模式

地史时期紫萁植物的茎干化石多样性相当丰富；迄今为止，对公开发表资料的统计显示，全球已报道的紫萁矿化茎干化石约 20 属 104 种（表 7-1）。其中，涉及二叠纪地层的共计 9 属 19 种，主要代表类群为瓜伊拉蕨科（3 属 4 种）、紫萁科的丛蕨亚科（2 属 10 种）、亚科未定的巴蒂蕨属（1 种）、异茎蕨属（1 种）、水城蕨属（1 种）及紫萁亚科古紫萁属（2 种）（图 7-8）。这一时期紫萁目植物在全球多地都有所发现，二叠纪末期上述类群全部灭绝。

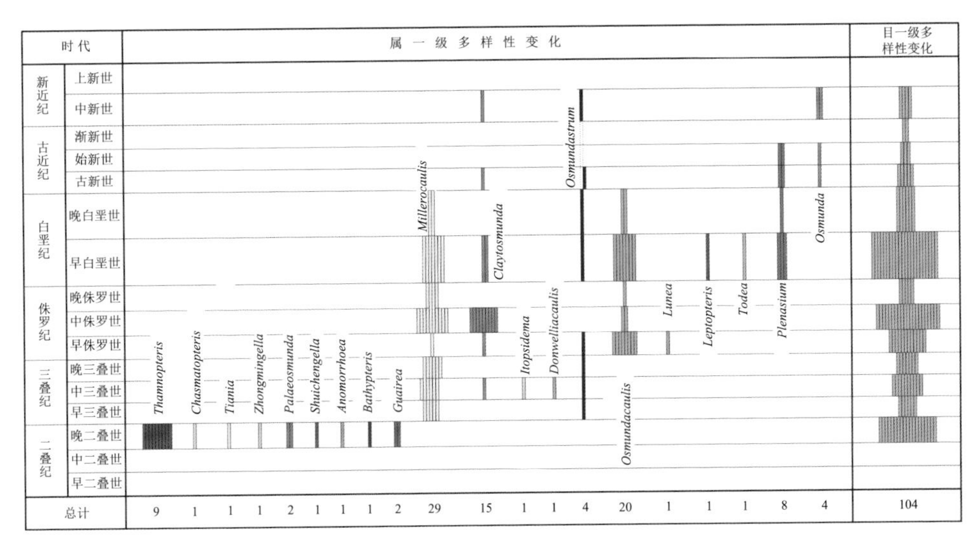

图 7-8　紫萁植物各属在地质历史时期的多样性变化

进入中生代时期，紫萁植物达到了多样性发展的顶峰，这一时期全球发现的紫萁植物超过了 50 种。其中，三叠纪 5 属 11 种，主要代表类群为紫萁科的 *Claytosmunda*（1 种）、*Millerocaulis*（7 种）、*Osmundastrum*（1 种）及瓜伊拉蕨科 2 属 2 种；其中 *Claytosmunda beardmorensis*、*Millerocaulis woolfei* 及瓜伊拉蕨科的 2 种发现于中三叠世地层。值得关注的是，这一时期紫萁茎干化石多产自南半球，包括塔斯马尼亚地区（5 种）、南极洲（2 种）及阿根廷巴塔哥尼亚地区（1

种）；北半球仅见于美国亚利桑那州。与三叠纪相比，侏罗纪紫萁矿化茎干化石的属种多样性达到了顶峰（5 属 32 种），除原有 *Claytosmunda* 及 *Millerocaulis* 外，*Osmundacaulis* 及 *Lunea* 在早侏罗世开始出现（图 7-8）。这一时期，南半球在紫萁茎干化石属种多样性及整体数量上占据优势地位，并且分布范围更加广泛（塔斯马尼亚地区 12 种、昆士兰 4 种、新西兰 2 种、阿根廷 4 种）。与此同时，北半球紫萁茎干化石多样性也达到了新的高度，仅中国冀北—辽西就报道有 14 种，此外美国犹他州发现有 2 种。中—晚侏罗之交，紫萁目茎干化石的多样性遭受了重大损失，近一半的种一级类群消失。早白垩世紫萁科植物的发展迎来另一个顶峰，*Osmundacaulis* 的多样性达到了顶峰，而 *Plenasium*、*Todea*、*Leptopteris* 等现代属均出现了最早的化石记录；相对而言，*Claytosmunda* 的多样性有所降低。这一时期，以北美地区（8 种）为代表的北半球在紫萁科矿化茎干多样性上依然落后于以南非（6 种）、印度（6 种）及南极地区（1 种）等为代表的当时的南半球地区（图 7-8）。中国暂未有早白垩世紫萁科矿化茎干化石记录。至晚白垩世，紫萁科植物的多样性发生了另一次显著减少，这一时期北半球仅在我国黑龙江有 2 属 3 种报道，而在南半球仅南极地区报道有 1 种（图 7-8）。

新生代共有 4 属 12 种紫萁茎干化石报道，主要涉及 *Claytosmunda*、*Osmundastrum*、*Plenasium*、*Osmunda* 等现生属（图 7-8），它们均发现自北半球中纬度地区（图 7-7）。主要的化石产地包括美国的怀俄明州、北达科他州、华盛顿州及新墨西哥州，欧洲的匈牙利，以及日本的北海道地区（图 7-7）。

7.3　紫萁目植物的起源、辐射及发展演化

Miller（1967）对紫萁属 *Osmunda* 的发展演化特征做了系统研究，并结合当时发现自北美及欧洲地区新生代紫萁科矿化茎干化石，对新生代紫萁科植物化石与现代紫萁植物的亲缘关系进行了探讨。此后，Miller 于 1971 年又基于对茎干解剖特征的分析对整个紫萁科的系统发育过程及在地史时期的发展演化历程进行了探讨。Miller（1967，1971）的工作为后来学者探寻紫萁植物的发展演进过程奠定了良好基础。

近五十年来，对紫萁目植物的研究取得了一系列重要进展。Gould（1970）在澳大利亚发现 *Palaeosmunda* 属，颠覆了以往关于紫萁科早期起源的诸多观点，使紫萁科植物可能起源于南半球的观点逐渐深入人心。Tidwell（1986，1994）及 Tidwell 和 Parker（1987）的重要工作，使我们对紫萁科在中生代的属种多样性有了新的认识。一些重要化石材料的发现也逐渐撼动了 Miller（1967，1971）的诸多观点。Phipps 等（1998）报道了产自南极地区晚三叠世地层的与现生 *Claytosmunda claytoniana* 近乎完全一致的标本 *Claytosmunda claytonites*（*Osmunda claytonites*）；这一发现直接将现代绒紫萁属的化石记录时限追溯到了晚三叠世，证明该属是所有现生属中最早起源的类群。Serbet 和 Rothwell（1999）在北美西部晚白垩世地层报道了一个可归入现生种 *Osmundastrum cinnamomeum* 的化石材料。这一新发现，将现生 *O. cinnamomeum* 的最早化石记录由中新世—渐新世推进到了晚白垩世。而发现自澳大利亚塔斯马尼亚地区上三叠统的 *O. indentatum* 及瑞典下侏罗统的 *O. pulchellum*（Hill et al.，1989；Bomfleur et al.，2014，2015，2017），则直接将该属最早的化石记录提前到了晚三叠世。Jud 等（2008）报道了产自加拿大不列颠哥伦比亚省早白垩世地层的 *Todea tidwellii*，这不仅代表了 *Todea* 的首个化石记录，更将该属的分布时限推进到了早白垩世。Cheng 等（2019）报道了产自我国黑龙江晚白垩世地层的 *Plenasium xiei*，这一发现使 *Plenasium* 属 *Plenasium* 亚属的化石记录也往前推进至了晚白垩世，同时丰富了对 *Plenasium* 亚属起源时间的认识。

当前产自我国辽西北票地区的化石对探究紫萁目植物的发展演化过程也具有重要意义。其重要性主要体现在两个方面：①地域上的重要性。中国材料所在位置位于北半球，拥有北半球地区为数不多的侏罗纪及晚白垩世紫萁科矿化茎干化石产地。②时间上的重要性。侏罗—白垩纪是紫萁科植物发展演化的关键时期，对中国材料的研究有助于更深入地揭示这一辐射演化过程。基于矿化茎干化石材料，本章简要梳理紫萁目植物在地质历史时期的发展演化历程。需要指出的是，本章所得出的结论多基于对矿化茎干化石的分析，部分结合了紫萁植物叶部化石记录，意在综合分析紫萁植物在地史时期的宏演化过程。

1. 早期起源与首次辐射演化

紫萁目矿化茎干化石记录最早可以追溯到晚二叠世，这一时期紫萁目植物已进化为两个特征差异明显的类群，即以 *Palaeosmunda* 和 Thamnopteroideae 为代表的紫萁科和以 *Guairea*、*Zhongmingella* 及 *Tiania* 等为代表的瓜伊拉蕨科，且在全球多地诸如俄罗斯乌拉尔地区、中国云贵及南美等地均有所发现。这表明紫萁植物在晚二叠世之前已经历了一段相当长的早期起源及辐射演化时期。紫萁目可能在晚石炭世就已经起源，诸如美国、英国、法国及小亚细亚地区晚石炭世地层中就发现有疑似紫萁植物孢子（Seward，1910；Good，1979；Tidwell and Ash，1994），中国这一时期也有部分与紫萁植物关系密切的 *Cladophlebis* 的报道（中国科学院南京地质古生物研究所和中国科学院植物研究所《中国古生代植物》编写组，1974）；此外，分子生物学研究的新进展也支持紫萁目植物起源于石炭纪这一论点（Pryer et al.，1995）。这表明晚石炭世至早二叠世可能是紫萁植物的早期起源时期。

如上所述，紫萁目植物在晚二叠世经历了首次辐射演化。作为此次辐射演化的重要结果，归入现生紫萁科紫萁亚科的古紫萁属 *Palaeosmunda* 开始出现。一般认为，古紫萁属的茎干解剖特征明显进化于丛蕨亚科，其在南半球的发现可能指示紫萁科植物在南半球演化的时间要早于北半球（Tian et al.，2008a）；也就是说紫萁科植物很有可能自南半球起源，后来才迁移至北半球（Tidwell and Ash，1994）。然而南半球地区目前仍未有可信的早于晚二叠世的紫萁植物孢子、茎干或叶部化石的报道。报道于早二叠世地层的 *Grammatopteris* 以往被认为与紫萁科植物的起源及早期发展演化有密切关系。迄今为止，*Grammatopteris* 共计报道有 3 个种，即 *G. baldaufii* Renault、*G. rigollotii*（Beck）Hirmer、*G. freitasii* Rößler et Galtier。该属多报道于北半球德国及法国早二叠世地层（Renault，1891；Beck，1920；Hirmer，1927；Sahni，1932），但这有悖于紫萁植物在南半球演化时间更长的结论；而产自南美巴西早二叠世地层的 *G. freitasii* 的发现（Rößler and Galtier，2002），使我们对该属地理分布特征有了新的认识，更为我们探究紫萁目植物早期起源地提供了新的思路。但目前我们对早期紫萁科植物仍知之甚少，此外 *Grammatopteris* 与紫萁科及瓜伊拉蕨科的关系仍有待明确。

2. 多样性复苏期

二叠纪末生物集群灭绝事件对地球生物圈造成了极大影响，紫萁目植物的多样性也受到此次集群灭绝事件的显著影响，丛蕨亚科在二叠纪末趋于消亡，瓜伊拉蕨科的 *Zhongmingella* 及 *Tiania* 也在二叠纪末期消失。经历二叠纪末生物集群灭绝事件后，全球生物量在很长一段时间内均在低位徘徊，紫萁矿化茎干植物在早三叠世未有化石记录报道，而这一时期紫萁科叶部化石也未有明确化石记录。*Anomopteris mougeotii* 是这一时期报道的为数不多的疑似紫萁科叶部化石记录，Fuchs 等（1991）认为该种是紫萁科在经历二叠纪末生物集群灭绝事件后很快就发生复苏的一个重要证据（Taylor et al.，2009）。

中三叠世，南极地区地层报道了两个紫萁科矿化茎干类型 *Claytosmunda beardmorensis* 及 *Millerocaulis woolfei*，美国亚利桑那州报道了瓜伊拉蕨科伊托普蕨亚科的 *Itopsidema vancleavei*、*Donwelliacaulis chlouberii*。此外，瓜伊拉蕨科的 *G. carnierii* 在巴西中三叠统也有发现。尽管化石记录不多，但可能预示着紫萁目植物进入了复苏期，尤其是 *Claytosmunda* 及 *Millerocaulis* 均为首次出现，为两属侏罗—白垩纪大发展奠定了基础。此外，中国这一时期虽然缺少矿化茎干的化石记录，但报道的中三叠世地层 *Todites shensiensis* 也有助于增进对中三叠世紫萁科植物多样性的认识（Wang et al.，2005）。

晚三叠世紫萁植物进入了一个新的发展演化时期。这一时期，瓜伊拉蕨科没有明确的化石记录，而紫萁科茎干的化石记录达 3 属 4 种（*Osmundastrum indentatum*、*Millerocaulis herbstii*、*M. broganii*、*Claytosmunda johnstonii*），分布范围集中在南半球的澳大利亚塔斯马尼亚地区及阿根廷等地。此外，澳大利亚塔斯马尼亚地区还报道了 *M. richmondii*、*M. spinksii*、*M. swanensis*、*M. websteri* 等种，但原始文献未明确其精确的地层，仅含糊指出其时代为疑似三叠纪，不过也从侧面指示三叠纪时期 *Millerocaulis* 迎来了第一个繁盛期。值得关注的是，*Osmundastrum* 这一现生属已经开始出现。而从叶部化石的角度看，这一时期则在全球范围内出现了大量的 *Todites* 及 *Osmundopsis*，如中国晚三叠世 *Todites* 种一级多样性达 13 种。可见这一时期紫萁植物除多样性大大增加外，分布范围也拓展极快，基本已实现全球广布。Phipps 等（1998）报道了产自南极地区晚三叠世地层的 *Claytosmunda claytonites*（*Osmunda claytonites*），将绒紫萁属的化石记录时限也往前推进到了晚三叠世，与 *Claytosmunda beardmorensis* 在南极中三叠世地层的时间基本吻合。Jud 等（2008）指出紫萁植物的冠群在泛大陆（Pangaea）分裂之前已经开始演化了，这有助于揭示现代紫萁植物的全部分布性。

Galtier 等（2001）提出紫萁目植物在晚三叠世至早侏罗世经历了快速演化，此后一直延续到现在基本上未发生大的变化。Galtier 等所谓的快速变化，主要是针对紫萁中柱特征而言。在此次晚三叠世辐射演化时期，紫萁植物叶柄基特征也发生了快速的分异，并导致 *Claytosmunda* 及 *Osmundastrum* 等现代属开始起源并形成独立的演化路线。从化石的产地分析，此次紫萁科植物的辐射演化中心可能在南半球。

3. 早—中侏罗世多样性高峰

侏罗纪紫萁植物的多样性达到了顶峰。从矿化茎干的角度分析，*Osmundacaulis* 首次出现，*Millerocaulis* 继续繁盛，且分布范围明显扩大，包括中国、澳大利亚、北美、阿根廷、印度及南极等地。尤其值得一提的是，这一时期全球范围内出现了两个大的紫萁植物化石多样性保存产地，即澳大利亚的塔斯马尼亚地区及昆士兰地区（早侏罗世，*Osmundacaulis* 属 8 种及 *Lunea* 属 1 种；中侏罗世，*Millerocaulis* 属 3 种及 *Osmundacaulis* 属 8 种）与中国的冀北—辽西地区（中—晚侏罗世，*Millerocaulis* 及 *Claytosmunda* 2 属 14 种），上述两个地区堪称当时紫萁植物的多样性基因库。这一时期，南半球的 *Osmundacaulis* 及北半球的 *Claytosmunda* 多样性达到了高点。早侏罗世晚期，瓜伊拉蕨科最终全部走向了消亡。

Matsumoto 等（2006）曾经提出原阿氏茎属 *Ashicaulis*（现该属各种已分别调整至 *Millerocaulis* 及 *Claytosmunda* 2 属）在中、晚三叠世主要分布在南半球，而至侏罗世呈全球广布的模式，因而提出北半球侏罗纪 *Ashicaulis* 应从南半球迁徙而来的观点。目前看来这一观点仍可能存在诸多疑问，首先北半球在晚三叠世时期尽管没有紫萁矿化茎干化石的报道，但保存有丰富的紫萁叶部化石记录，北半球侏罗纪紫萁矿化茎干化石应来源于这些叶化石类群，而非从南半球迁徙而来。

况且三叠—侏罗纪时期，南北半球热带地区存在一个巨大的干旱带（Rees et al.，2000），很难想象喜湿热的紫萁植物能够顺利穿越此干旱带，而进入北半球。也正是南北半球基因交流的阻断，使两个半球各自产生了大量新的种类，从而提高了紫萁植物的属种多样性。这一时期全球范围内也报道了大量的紫萁叶部化石，如 *Todites princeps*、*T. thomasii* 等均系侏罗纪时期较为常见的紫萁叶部化石类型。中国紫萁植物化石在这一时期与全球基本保持了同步的趋势，种一级多样性在中侏罗世超过了 25 种。

4. 中—晚侏罗世之交多样性衰退

经历了早—中侏罗世的多样性高度繁盛后，受全球气候趋向干旱的影响，晚侏罗世紫萁植物的多样性呈现出迅速衰减的态势。从矿化茎干的角度考虑，目前全球已报道的紫萁茎干化石相对较少，仅报道了 *Osmundastrum pulchellum*、*Osmundacaulis lemonii*、*Millerocaulis wadei* 及 *M. wrightii* 等种。对中国已报道紫萁化石记录的资料进行统计，显示中、晚侏罗之交中国紫萁科化石的多样性由 5 属 26 种减少到了 2 属 3 种，多样性遭受了重大损失。这一时期，紫萁科植物古地理分布格局出现了显著变化，南半球紫萁科植物较为少见，而北半球中高纬度地区则成为当时的重要分布中心。

5. 早白垩世多样性迅速恢复阶段

早白垩世紫萁茎干化石属种多样性较晚侏罗世有所增加，共计报道有 6 属 21 种，主要分布范围包括北美、南非及南极等地。这一时期是现生紫萁科植物各属发展演化的关键时段，除紫萁属 *Osmunda* 之外，所有各现生属均有化石记录。在北美地区出现了紫萁科 *Plenasium* 属的一个亚属 *Plenasium* subg. *Aurealcaulis*；产自加拿大不列颠哥伦比亚省早白垩世地层的 *Todea tidwellii* 的报道，极大地促进了对 *Todea* 起源及演化的认识，这不仅是 *Todea* 属首次明确的化石记录报道，更直接表明 *Todea* 属在早白垩世已经属于一条独立的演化曲线。*Aurealcaulis* 及 *Todea* 等新类型的出现显示，紫萁植物在这一时期似乎出现了新一轮发展，当时的背景则是被子植物开始出现并逐渐占据新的生态位。此外，北美加拿大的不列颠哥伦比亚省早白垩世地层还发现了矿化保存的叶化石 *O. vancouverensis*（Vavrek et al.，2006）。

以往晚白垩世未有紫萁矿化茎干化石的报道。产自北美西部晚白垩世地层的 *Osmundastrum cinnamomeum*（*Osmunda cinnamomea*），将该现生种最早化石记录由中新世—渐新世推进到了晚白垩世。此外，全球范围内也有部分晚白垩世紫萁叶部化石的报道，如 *Osmunda delawarensis*、*O. major*、*O. patiolata*、*O. oeberiana*、*O. montanaesis*、*O. asuwensis*，产地多集中在北半球的美国蒙大拿州、科罗拉多州，德国，格陵兰及日本等地。Cheng 等（2020）报道的产自中国黑龙江地区晚白垩

世地层的 *Osmundacaulis* 属 2 种，代表了该属最晚的化石记录，*Osmundacaulis* 最终在白垩纪末期消亡。而同样在黑龙江地区晚白垩世地层发现的 *Plenasium xiei*（Cheng et al.，2020）则代表了现生 *Plenasium* 亚属最古老的化石记录。

6. 孑遗发展阶段

新生代紫萁植物茎干化石主要包括 3 个属，即 *Plenasium* 属 *Aurealcaulis* 亚属及 *Osmunda*、*Osmundastrum* 等现生属，共计约 15 种。它们多发现于北半球，如北美、欧洲及日本等地。与此同时，全球还报道了大量紫萁叶部化石，它们均被归入了现代属，分布范围与矿化茎干化石基本一致，主要产地包括美国西部、德国、加拿大阿尔伯塔、日本及我国南方和东北地区（Miller，1971；Liu et al.，2022）。这一时期紫萁科植物化石的发现对揭示现生紫萁科植物的地理分布具有极为重要的意义。现生紫萁植物的属种多样性及空间分布模式基本上是在继承晚白垩世及新生代紫萁植物的基础上发展而来的。新生代的部分紫萁植物化石完全可以与现代紫萁植物进行对比，但也有部分紫萁植物与现代类群并不一致。从另一个角度讲，这显示现代紫萁植物与新生代紫萁植物相比，具有一定程度的种一级更替现象。本书认为这与第四纪冰期的发生具有重大关系。尽管第四纪大冰期并未造成大规模的集群灭绝事件，许多物种可以退却到少数“避难所”中得以生存。就紫萁植物而言，东亚地区（日本、我国华中和华南）及美国东部由于发育有许多东西走向的山脉（如东亚地区的横断山脉、南岭山地、湘鄂川边境地区等及北美的阿巴拉契亚山脉），减轻了冰期气候对生物的影响，是相对较为理想的“避难所”，部分紫萁植物得以在此地孑遗生存下来。而上述地区恰恰是当前现生紫萁植物多样性最高的地区。

参 考 文 献

曹正尧. 1984. 黑龙江省东部龙爪沟群植物化石(三)//黑龙江省东部中生代含煤地层研究队. 黑龙江省东部中、上侏罗统与下白垩统化石(下册). 哈尔滨: 黑龙江科学技术出版社: 1-34.

陈芬, 窦亚伟, 黄其胜. 1984. 北京西山侏罗纪植物群. 北京: 地质出版社: 1-174.

陈芬, 窦亚伟, 杨关秀. 1980. 燕山西段侏罗纪门头沟-玉带山植物群. 古生物学报, 19(6): 423-432.

陈芬, 孟祥营, 任守勤, 等. 1988. 辽宁阜新和铁法盆地早白垩世植物群及含煤地层. 北京: 地质出版社.

陈义贤, 陈文寄, 等. 1997. 辽西及邻区中生代火山岩: 年代学、地球化学和构造背景. 北京: 地震出版社.

邓胜徽. 1995. 内蒙古霍林河盆地早白垩世植物群. 北京: 地质出版社.

邓胜徽, 陈芬. 2001. 中国东北地区早白垩世真蕨类植物. 北京: 地质出版社: 1-249.

邓胜徽, 任守勤, 陈芬. 1997. 内蒙古海拉尔地区早白垩世植物群. 北京: 地质出版社.

邓胜徽, 商平. 2000. 对中国中生代真蕨纲的评述. 植物学通报, 17: 53-60.

丁秋红, 郑少林, 张武. 2000. 东北地区中生代化石木异木属及其古生态. 古生物学报, 39(2): 237-249.

董曼, 孙革. 2011. 新疆沙尔湖煤田中侏罗世植物化石. 世界地质, 30(4): 493-503.

冯少南, 孟繁嵩, 陈公信, 等. 1977. 植物界//湖北省地质研究所, 河南省地质局, 等. 中南地区古生物图册(三). 北京: 地质出版社: 195-262.

顾道源. 1984. 古植物//新疆石油管理局地质调查处, 新疆地质局区域测量大队. 西北地区古生物图册: 新疆维吾尔自治区分册(三): 中、新生代部分. 北京: 地质出版社: 134-158.

郭双兴. 1979. 两广南部晚白垩世和早第三纪植物群及其地层意义//中国科学院古脊椎动物与古人类研究所, 中国科学院南京地质古生物研究所. 华南中、新生代红层: 广东南雄“华南白垩纪—早第三纪红层现场会议”论文选集. 北京: 科学出版社: 223-231.

何德长, 沈襄鹏. 1980. 湘赣地区中生代含煤地层化石: 第四分册: 植物化石. 北京: 煤炭工业出版社, 1-49 .

何义发. 2002. 经济蕨类植物紫萁的研究进展与展望. 湖北农业科学, (6): 101-103.

黄其胜. 1988. 长江中下游早侏罗世植物化石垂直分异及其意义. 地质论评, 34(3): 193-202.

黄枝高, 周惠琴. 1980. 古植物//中国地质科学院地质研究所. 陕甘宁盆地中生代地层古生物: 上册. 北京: 地质出版社: 43-114.

姜宝玉, 姚小刚, 牛亚卓, 等. 2010. 辽宁西部侏罗系与白垩系概览. 合肥: 中国科学技术大学出版社.

蒋子堃, 王永栋, 田宁, 等. 2016. 辽西北票中晚侏罗世髫髻山组木化石的古气候、古环境和古生态意义. 地质学报, 90(8): 1669-1678.
李春香, 陆树刚, 杨群. 2004. 蕨类植物起源与系统发生关系研究进展. 植物学通报, 21(4): 478-485.
李春香, 王怿, 孙晓燕. 2007. 蕨类植物的起源演化: 对“古老”类群的重新审视. 生命科学, 19(2): 245-249.
李佩娟, 曹正尧, 吴舜卿. 1976. 云南中生代植物. 北京: 科学出版社.
李佩娟, 何元良, 吴向午, 等. 1988. 青海柴达木盆地东北缘早、中侏罗世地层及植物群. 南京: 南京大学出版社: 1-231.
李星学. 1995. 中国地质时期植物群. 广州: 广东科技出版社.
李星学, 叶美娜, 周志炎. 1986. 中国东北吉林蛟河杉松早白垩世晚期植物群. 北京: 地质出版社: 1-143.
李中明. 1983. 古紫萁属的订正及两个新种. 植物分类学报, 21(2): 153-160.
刘本培, 全秋琦. 1996. 地史学教程. 北京: 地质出版社.
刘子进. 1982. 古植物//西安地质矿产研究所. 西北地区古生物图册: 陕甘宁分册(三): 中、新生代部分. 北京: 地质出版社: 116-139.
陆树刚. 2007. 蕨类植物学. 北京: 高等教育出版社: 1-362.
罗世家. 2001. 影响薇菜生长的主要环境因子分析. 湖北民族学院学报(自然科学版), 19(4): 8-10.
吕君昌. 2010. 达尔文翼龙的发现及其意义. 地球学报, 31(2): 129-136.
梅美棠, 田宝霖, 陈晔, 等. 1989. 中国含煤地层植物群. 徐州: 中国矿业大学出版社: 1-327.
米家榕. 1996. 冀北辽西早、中侏罗世植物古生态学及聚煤环境. 北京: 地质出版社: 1-208.
潘钟祥. 1936. 陕北古期中生代植物化石. 中国古生物志 甲种, 4(2): 1-49.
蒲荣干, 吴洪章. 1982. 辽西中晚侏罗世孢粉组合. 中国地质科学院沈阳地质矿产研究所所刊, 4: 169-184.
蒲荣干, 吴洪章. 1985. 辽宁西部中生界孢粉组合及其地层意义//张立君, 蒲荣干, 吴洪章. 辽宁西部中生代地层古生物(二). 北京: 地质出版社.
秦仁昌. 1978a. 中国蕨类植物科属系统排列和历史来源. 植物分类学报, 16(3): 1-19.
秦仁昌. 1978b. 中国蕨类植物科属系统排列和历史来源(续). 植物分类学报, 16(4): 16-37.
秦仁昌, 傅书遐, 王铸豪. 1959. 中国植物志. 北京: 科学出版社.
全成. 2005. 黑龙江嘉荫沿江地区晚白垩世植物群及地层. 长春: 吉林大学.
斯行健. 1956. 陕北延长层植物群的对比及其地质时代. 古生物学报, 4(1): 25-44.
斯行健, 李星学, 李佩娟, 等. 1963. 中国植物化石(第二册): 中国中生代植物. 北京: 科学出版社.
四川省煤田地质公司一三七地质队, 中国科学院南京地质古生物研究所. 1986. 川东北地区晚三叠世及早、中侏罗世植物. 合肥: 安徽科学技术出版社: 1-141.
苏玉山, 高金慧, 李淑筠, 等. 2008. 松南-辽西地区中生代盆地发育特征及含油气性评价. 现代地质, 22(4): 505-511.
孙革, 孟繁松, 钱丽君, 等. 1995. 三叠纪植物群//李星学, 周志炎, 蔡重阳, 等. 中国地质时期植物群. 广州: 广东科技出版社: 229-259.
陶君容. 2000. 中国晚白垩世至新生代植物区系发展演变. 北京: 科学出版社: 1-282.
陶君容, 熊宪政. 1986. 黑龙江晚白垩世植物区系及东亚、北美区系的关系. 植物分类学报, 24: 121-135.
王根厚, 张长厚, 王果胜, 等. 2001. 辽西地区中生代构造格局及其形成演化. 现代地质, 15(1): 1-7.
王谋强, 崔德祥, 罗登峰, 等. 1996. 贵州薇菜资源调查及其生态因素研究. 贵州农业科学, (1): 41-44.
王培善, 王筱英. 2001. 贵州蕨类植物志. 贵阳: 贵州科技出版社: 1-727.
王五力, 郑少林, 张立君, 等. 1989. 辽宁西部中生代地层古生物(1). 北京: 地质出版社. 1-168.
王秀芹, 田宁, 王永栋, 等. 2015. 辽西义县下白垩统九佛堂组木化石的发现. 世界地质, 34(4): 879-885.
王永栋, 付碧宏, 谢小平, 等. 2010. 四川盆地陆相三叠系与侏罗系. 合肥: 中国科学技术大学出版社.
王永栋, 田宁, 蒋子堃, 等. 2017. 中国中生代木化石研究新进展: 多样性变化及古气候波动. 地学前缘, 24(1): 52-64.
王永栋, 张武, 郑少林, 等. 2005. 辽西中侏罗世苏铁类型植物的新发现. 科学通报, 50(16): 1794-1796.
王姿晰, 史恭乐, 孙柏年, 等. 2021. 福建中中新世紫萁属(紫萁科)的一个新种. 古生物学报, 60(3): 429-438.
王自强. 1984. 植物界//地质矿产部天津地质矿产研究所. 华北地区古生物图册(二)中生代分册. 北京: 地质出版社: 224-302.
吴舜卿. 1999. 四川晚三叠世须家河组植物化石新记述. 中国科学院南京地质古生物研究所丛刊, 14: 1-69.
吴祥定. 1990. 树木年轮与气候变化. 北京: 气象出版社.
吴向午. 1991. 湖北秭归中侏罗世香溪组几种紫萁科植物. 古生物学报, 30(5): 570-581.
吴兆洪, 秦仁昌. 1991. 中国蕨类植物科属志. 北京: 科学出版社: 147-150.
徐仁. 1953. 山东即墨一种化石木与化石菌丝的发现. 古生物学报, 1(2): 80-83.
徐仁, 朱家柟, 陈晔, 等. 1979. 中国晚三叠世宝鼎植物群. 北京: 科学出版社: 1-130.
许坤, 杨建国, 陶明华, 等. 2003. 中国北方侏罗系(VII)东北地层区. 北京: 石油工业出版社.
杨庚, 郭华. 2002. 辽西地区构造系统的形成与东北亚区域构造演化. 铀矿地质, 18(4): 193-201.
杨关秀, 陈芬, 黄其胜. 1994. 古植物学. 北京: 地质出版社.
杨恕, 沈光隆. 1988. 兰州阿干镇煤田下侏罗统大西沟组植物化石的特点及时代. 兰州大学学报(自然科学版), 24(4): 139-144.
杨学林, 孙礼文. 1982. 松辽盆地东南部沙河子组和营城组的植物化石. 古生物学报, 21(5): 588-596.
杨学林, 孙礼文. 1985. 大兴安岭南部侏罗纪植物化石. 中国地质科学院沈阳地质矿产研究所文集, 12: 89-111.

叶美娜, 厉宝贤. 1982. 中国侏罗纪含植物化石地层的划分与对比. 北京: 科学出版社: 241-253.
宬铁梅, 王宇飞, 李承森, 等. 2000. 木材结构——定量解释全球环境变化的一把钥匙. 植物学通报, 17(专辑): 130-137.
张贝. 2014. 华南地区阴沉木的鉴定、成因及其宏观美学与应用研究. 南宁: 广西大学.
张本光. 2010. 中国阴沉木的形成与分布探讨. 中国园艺文摘, 26(8): 187-188.
张采繁. 1982. 中新生代植物//湖南省地质局. 湖南古生物图册. 北京: 地质出版社: 52-543.
张采繁. 1986. 湘东早侏罗世植物群//中国地质科学院地层古生物论文集编委会. 地层古生物论文集(第十四辑). 北京: 地质出版社: 185-206.
张锋, 胡旭峰, 王荀仟, 等. 2015. 重庆綦江中侏罗世木化石群的发现及其科学意义. 古生物学报, 54(2): 261-266.
张光飞, 翟书华, 苏文华. 2004. 云南紫萁科(Osmundaceae)植物的分类研究. 昆明师范高等专科学校学报, 26(4): 59-62.
张宏, 王明新, 柳小明. 1998. LA-ICP-MS 测年对辽西-冀北地区髫髻山组火山岩上限年龄的限定. 科学通报, 53(15): 1815-1824.
张泓, 熊存为, 李衡堂, 等. 1998. 中国西北侏罗纪含煤地层与聚煤规律. 北京: 地质出版社: 1-317.
张景钺. 1929. 河北异木之新种. 中国地质学会志, 8(3): 243-255.
张武, 李勇, 郑少林, 等. 2006. 中国木化石. 北京: 中国林业出版社.
张武, 张志诚, 郑少林. 1980. 东北地区古生物图册(二): 植物界. 北京: 地质出版社: 222-308.
张武, 郑少林. 1987. 辽宁西部地区早中生代植物化石//于希汉, 王五力, 刘宪亭, 等. 辽宁西部中生代地层古生物 3. 北京: 地质出版社: 239-338.
张武, 郑少林. 1991. 辽宁中侏罗世紫萁根茎化石一新种. 古生物学报, 30(6): 714-727.
张志诚. 1976. 植物界//内蒙古自治区地质局, 东北地质科学研究所. 华北地区古生物图册: 内蒙古分册(2)中-新生代部分. 北京: 地质出版社: 179-221.
张志诚. 1984. 黑龙江北部嘉荫地区晚白垩世植物化石. 地层古生物论文集, 11: 111-132.
张志诚. 1987. 辽宁阜新地区阜新组植物化石//于希汉, 王五力, 刘宪亭, 等. 辽宁西部中生代地层古生物 3. 北京: 地质出版社: 369-386.
郑少林, 李勇, 张武, 等. 2005. 辽西侏罗纪木化石 *Sahnioxylon*(萨尼木属)及其系统学意义. 世界地质, 24(3): 209-218.
郑少林, 张武. 1982. 辽西中侏罗世植物化石的新材料及其地层意义. 中国地质科学院沈阳地质矿产研究所所刊, 4: 160-168.
郑少林, 张武. 1983. 黑龙江省勃利盆地早白垩世中晚期植物群. 中国地质科学院沈阳地质矿产研究所文集, 7: 68-98.
郑少林, 张武, 丁秋红. 2001. 辽西中上侏罗统土城子组植物化石的新发现. 古生物学报, 40(1): 67-85.
中国科学院北京植物研究所, 南京地质古生物研究所《中国新生代植物》编写组. 1978. 中国植物化石. 第三册. 中国新生代植物. 北京: 科学出版社: 1-232.
中国科学院南京地质古生物研究所, 中国科学院植物研究所《中国古生代植物》编写小组. 1974.

中国植物化石. 第一册. 中国古生代植物. 北京: 科学出版社: 1-227.

周志炎. 1995. 侏罗纪植物群//李星学, 周志炎, 蔡重阳, 等. 中国地质时期植物群. 广州: 广东科技出版社: 260-309.

朱志鹏, 李丰硕, 谢奥伟, 等. 2018. 浙江新昌早白垩世木化石新材料及内含真菌菌丝化石. 地质学报(中文版), 92: 1149-1162.

Ablaev A G. 1974. Upper Cretaceous flora of the Sikhote-Alin and its significance for stratigraphy. Novosibirsk: Nauka, 180.

Ablaev A G. 1985. Floras of the Koryak-Kamchatka Region and problem of the continental stratigraphy. Vladivostok: Far East Science Center Academy of Sciences USSR Publisher: 1- 60.

Archangelsky S, de la Sota E R. 1962. Estudio anatomico de un estípite petrificado de "*Osmundites*" de edad Jurássica, Procedente del Gran Bajo de San Julián, Provincia de Santa Cruz. Ameghiniana 2: 153-164.

Archangelsky S, de la Sota E R. 1963. *Osmundites herbstii*, nueva petrificatíon, Triássica de el Tranquilo, Provincia de Santa Cruz. Ameghiniana, 3: 135-139.

Arnold C A. 1945. Silicified plant remains from the Mesozoic and Tertiary of Western North America. Papers of the Michigan Academy of Science, Arts and Letters, 30: 3-34.

Arnold C A. 1952. Fossil Osmundaceae from the Eocene of Oregon. Palaeontographica Abteilung B, 92: 63-78.

Arnold C A. 1964. Mesozoic and Tertiary fern evolution and distribution. Memoirs of the Torrey Botanical Club, 21: 58-66.

Ash S. 1994. *Donwellicaulis chlouberii* gen. et. sp. nov. (Guiariaceae, Osmundales) one of the oldest Mesozoic plant megafossils in North America. Palaeontographica Abteilung B, 234: 1-17.

Ash S R, Creber G T. 1992. Palaeoclimatic interpretation of the wood structures of the trees in the Chinile Formation (Upper Triassic), Petrified Forest National Park, Arizona, USA. Palaeogeography, Palaeoclimatology, Palaeoecology, 96, 3-4: 299-317.

Ash S R, Creber G T. 2000. The Late Triassic *Araucarioxylon arizonucium* trees of the Petrified Forest National Park, Arizona, USA. Palaeontology, 43(1): 15-28.

Beck R. 1920. Über *Protothamnopteris baldaufi* nov. sp., einen neuen verkieselten Farn aus dem Chemnitzer Rotliegenden. Abh. Sächs. Akad. Wiss, 36: 513-522.

Beerling D J, Lomax B H, Royer D L, et al. 2002. An atmospheric pCO_2 reconstruction across the Cretaceous-Tertiary boundary from leaf megafossils. Proceedings of the National Academy of Sciences of the United States of America, 99(12): 7836-7840.

Beerling D J, Royer D L. 2002a. Fossil plants as indicators of the Phanerozoic global carbon cycle. Annual Review of Earth and Planetary Sciences, 30: 527-556.

Beerling D J, Royer D L. 2002b. Reading a CO_2 signal from fossil stomata. New Phytologist, 153(3): 387-397.

Bodor E, Barbacka M. 2008. Taxonomic implications of Liassic ferns *Cladophlebis* Brongniart and *Todites* Seward from Hungary. Palaeoworld, 17(3-4): 201-214.

Bomfleur B, Grimm G W, McLoughlin S. 2015. *Osmunda pulchella* sp. nov. from the Jurassic of Sweden—reconciling molecular and fossil evidence in the phylogeny of modern royal ferns (Osmundaceae). BMC Evol. Biol., 15: 126.

Bomfleur B, Grimm G W, McLoughlin S. 2017. The fossil Osmundales (Royal Ferns)—A phylogenetic network analysis, revised taxonomy, and evolutionary classification of anatomically preserved trunks and rhizomes. PeerJ, 5: e3433.

Bomfleur B, McLoughlin S, Vajda V. 2014. Fossilized nuclei and chromosomes reveal 180 million years of genomic stasis in royal ferns. Science, 343(6177): 1376-1377.

Bower F O. 1926. The Ferns (Filicales). II. Cambridge: Cambridge University Press.

Brison A L, Philippe M, Thevenard F. 2001. Are Mesozoic wood growth rings climate-induced? Paleobiology, 27(3): 531-538.

Brongniart A. 1849. Tableau des genres de végétaux fossiles considérés sous le point de vue de leur classification botanique et de leur distribution géologique. Dictionnaire Universel d'Histoire Naturelle, Pairs, 13: 1-127.

Brown R W. 1962. Paleocene flora of the Rocky Mountains and Great Plains. Professional Papers of the United States Geological Survey, 375: 1-119.

Budantsev L Y. 1997. Late Eocene flora of Western Kamchatka. St. Petersburg. Proceedings of Komarov Botanical Institute, RAS, 19: 1-115.

Burakova A T. 1961. Middle Jurassic ferns from western Turkmenia. Paleontologicheskii Zhurnal, 4: 139(in Russian).

Cai C Y, Leschen R A B, Hibbett D S. et al. 2017. Mycophagous rove beetles highlight diverse mushrooms in the Cretaceous. Nature Communications, 8: 14894.

Cantrill D J. 1997. The pteridophyte *Ashicaulis livingstonensis* (Osmundaceae) from the Upper Cretaceous of Williams Point, Livingston Island, Antarctica. New Zealand Journal of Geology and Geophysics, 40(3): 315-323.

Carruthers W. 1870. On the structure of a fern-stem from the Lower Eocene of Herne Bay, and on its allies, recent and fossil. Annals and Magazine of Natural History, 5(30): 450-451.

Chandler M E J. 1965. The genetic position of *Osmundites dowkeri* Carruthers. Bullution of British Museum (Natural History) Geology, 10(6): 141-161.

Chang S C, Zhang H C, Renne P R, et al. 2009. High–precision $^{40}Ar/^{39}Ar$ age constraints on the basal Lanqi Formation and its implications for the origin of angiosperm plants. Earth Planetary Science Letters, 279(3-4): 212-221.

Cheng Y M. 2011. A new species of *Ashicaulis* (Osmundaceae) from the Mesozoic of China: A close relative of living *Osmunda claytoniana* L. Review of Palaeobotany and Palynology, 165(1-2): 96-102.

Cheng Y M, Li C S. 2007. A new species of *Millerocaulis* (Osmundaceae, Filicales) from the Middle Jurassic of China. Review of Palaeobotany and Palynology, 144(3-4): 249-259.

Cheng Y M, Li C S, Jiang X M, et al. 2007b. A new species of *Lagerstroemioxylon* (Lythraceae) from the Pliocene of Yuanmou, Yunnan, China. Acta Phytotaxonomica Sinica, 45(3): 315-320.

Cheng Y M, Liu F X, Tian N, et al. 2019. *Plenasium xiei* sp. nov. from the Cretaceous of Northeast China: Additional evidence for the longevity of osmundaceous ferns. Journal of Systematics and Evolution, 2021, 59(2): 375-387.

Cheng Y M, Liu F X, Yang X N, et al. 2020. Two new species of Mesozoic tree ferns (Osmundaceae: *Osmundacaulis*) in Eurasia as evidence of long-term geographic isolation. Geoscience Frontiers, 11(5): 1875-1888.

Cheng Y M, Mehrotra R C, Jin Y G, et al. 2012a. A new species of *Pistacioxylon* (Anacardiaceae) from the Miocene of Yunnan, China. IAWA Journal, 33(2): 197-204.

Cheng Y M, Wang Y F, Li C S. 2007a. A new species of *Millerocaulis* (Osmundaceae) from the Middle Jurassic of China and its implication for evolution of *Osmunda*. International Journal of Plant Sciences, 168(9): 1351-1358.

Cheng Y M, Yang X N. 2018. A new tree fern stem, *Heilongjiangcaulis keshanensis* gen. et sp. nov., from the Cretaceous of Songliao Basin, Northeast China: A representative of early Cyatheaceae. Historical Biology, 30(4): 518-530.

Cheng Y M, Yin Y F, Mehrotra R C, et al. 2012b. A new fossil wood of *Koelreuteria* (Sapindaceae) from the Pliocene of China and remarks on the phytogeographic history of Koelreuteria. IAWA Journal, 33(3): 301-307.

Creber G T, Chaloner W G. 1985. Tree growth in the Mesozoic and Early Tertiary and the reconstruction of palaeoclimates. Palaeogeography, Palaeoclimatology, Palaeoecology, 52(1-2): 35-60.

Daugherty L H. 1960. *Itopsidema*, a new genus of the Osmundaceae from the Triassic of Arizona. American Journal of Botany, 47(9): 771-777.

De Bary A. 1884. Comparative anatomy of the vegetative organs of the phanerogams and ferns (Transl. Brower F O, Scott D H.). Oxford: Clarendon Press.

Debey M H, von Ettingshausen C. 1859. Die urweltlichen Acrobryen des Kreidegebirges von Aachen und Maestricht. Denkschriften der Kaiserlichen Akademie der Wissenschaften. Mathematisch-naturwissenschaftliche Klasse, 17: 183-248.

Deng S H. 2002. Ecology of the Early Cretaceous ferns of Northeast China. Review of Palaeobotany and Palynology, 119(1-2): 93 -112.

Dennis R L. 1969. Fossil mycelium with clamp connections from the Middle Pennsylvanian. Science, 163(3868): 670-671.

Ding Q H, Tian N, Wang Y D, et al. 2016. Fossil coniferous wood from the Early Cretaceous Jehol Biota in western Liaoning, NE China: New material and palaeoclimate implications. Cretaceous Research, 61: 57-70.

Douglass A E. 1928. Climate and trees. Nature Magazine, 12: 51-53.

Duan S Y. 1987. The Jurassic Flora of Zhaitang, Western Hills of Beijing. Stockholm: Swedish Museum of Natural History.

Edwards W N. 1933. *Osmundites* from Central Australia. Annals and Magazine of Nature History, 10: 81-109.

Eichwald E. 1842. Die Urwelt Russlands. Heft II. Stuttgart: 180.

Eichwald E. 1860. Lethaea Roossica ou Paleontologie de la Russie, v. I. Stuttgart: 96.

Erasmus T. 1978. The anatomy and evolution of *Osmundacaulis* Miller emend. with notes on the geometry of the xylem framework of the Osmundaceae stele. University of Pretoria unpublished Ph. D. Dissertation.

Falcon-Lang H J. 2003. Growth intteruptions in silicified conifer woods from the Upper Cretaceous Two Medicince Formation, Montana, USA: Implications for palaeoclimate and dinosaur palaeoecology. Palaeogeography, Palaeoclimatology, Palaeoecology, 199(3-4): 299-314.

Faull J H. 1901. The anatomy of the Osmundaceae. Botanical Gazette, 32(6): 381-420.

Faull J H. 1910. The stele of *Osmunda cinnamomea*. Transactions of the Canadian Institute, 8: 515-534.

Feng Z. 2012. *Ningxiaitesspecialis*, a new woody gymnosperm from the uppermost Permian of China. Review of Palaeobotany and Palynology, 181: 34-46.

Feng Z, Schneider J W, Labandeira C C, et al. 2015a. A specialized feeding habit of Early Permian oribatid mites. Palaeogeography, Palaeoclimatology, Palaeoecology, 417: 121-125.

Feng Z, Su T, Yang J Y, et al. 2014. Evidence for insect-mediated skeletonization on an extant fern family from the Upper Triassic of China. Geology, 42(5): 407-410.

Feng Z, Wang J, Liu L J, et al. 2012. A novel coniferous tree trunk with septate pith from the Guadalupian (Permian) of China: Ecological and evolutionary significance. International Journal of Plant Sciences, 173(7): 835-848.

Feng Z, Wang J, Rößler R, et al. 2013. Complete tylosis formation in a latest Permian conifer stem. Annals of Botany, 111(6): 1075-1081.

Feng Z, Wang J, Rößler R, et al. 2017. Late Permian wood-borings reveal an intricate network of ecological relationships. Nature Communications, 8: 556.

Feng Z, Wei H B, Wang C L, et al. 2015b. Wood decay of *Xenoxylon yunnanensis* Feng sp. nov. from the Middle Jurassic of Yunnan Province, China. Palaeogeography, Palaeoclimatology, Palaeoecology, 433: 60-70.

Francis J E. 1986. Growth rings in Cretaceous and Tertiary wood from Antarctic and their palaeoclimatic implications. Palaeontology, 29: 665-684.

Francis J E, Poole I. 2002. Cretaceous and Early Tertiary climates of Antarctica: Evidence from fossil wood. Palaeogeography, Palaeoclimatology, Palaeoecology, 182(1-2): 47-64.

Fritts H C. 1976. Tree Rings and Climate. London: Academic Press.

Fuchs G, Grauvogel-Stamm L, Mader D. 1991. Une remarquable flore à Pleuromeia et Anomopteris in situ du Buntsandstein moyen (Trias inférieur) de l'Eifel (Allemagne R. F.): Morphologie, paléoécologie et paléogéographie. Palaeontographica, 222B: 89-120.

Galtier J, Wang S J, Li C S, et al. 2001. A new genus of filicalean fern from the Lower Permian of

China. Botanical Journal of the Linnean Society, 137(4): 429-442.

Gardiner W, Tokutaro I. 1887. On the structure of the mucilage-secreting cells of *Blechnum occidentale* L and *Osmunda regalis* L. Annals of Botany, 1(1): 27-54.

Gardner J S, Ettingshausen C B. 1882. A Monograph of the British Eocene Flora I. Filices. Monographs of the Palaeontographical Society, 36: 168.

Good C W. 1979. *Botryopteris* pinnules with abaxial sporangia. American Journal of Botany, 66(1): 19-25.

Gould R E. 1970. *Palaeosmunda*, a new genus of siphonostelic osmundaceous trunks from the Upper Permian of Queensland. Paleontology, 13: 10-28.

Gould R E. 1973. A new species of *Osmundacaulis* from the Jurassic of Queensland. Proceedings of the Linnean Society of New South Wales, 98: 86-94.

Grimm G W, Kapli P, Bomfleur B, et al. 2015. Using more than the oldest fossils: Dating Osmundaceae by three Bayesian clock approaches. Systematic Biology, 64(3): 396-405.

Gupta K M. 1968. On a new species of *Osmundites*, *O. rajmahalense* sp. nov. from the Rajmahal Hill, Bihar. Proceedings of the Indian National Science Academy, 55: 428-429.

Gupta K M. 1970. Investigations on the Jurassic flora of the Rajmahal Hill, India. Palaeontographica Abteilung B, 130: 173-188.

Hao S G, Xue J Z. 2013. The Early Devonian Posongchong Flora of Yunnan—A Contribution to an Understanding of the Evolution and Early Diversification of Vascular Plants. Beijing: Science Press: 1-366.

Harris T M. 1931. The fossil flora of Scoresby Sound, East Greenland, 1. Meddelelser om Grønland, 85: 1-102.

Harris T M. 1961. The Yorkshire Jurassic flora. I. Filicales. London: British Museum (Natural History): 1-212.

Hasebe M, Omori T, Nakazawa M, et al. 1994. *rbcL* gene sequences provide evidence for the evolutionary lineages of leptosporangiate ferns. Proceedings of the National Academy of Sciences of the United States of America, 91(12): 5730-5734.

Hasebe M, Wolf P G, Pryer K M, et al. 1995. Fern phylogeny based on *rbcL* nucleotide sequences. American Fern Journal, 85(4): 134-181.

Hass H, Rowe N P. 1999. Thin section and wafering//Jones T P, Rowe N P. Fossil Plants and Spores: Modern Techniques. Geological Society of London: 76-81.

Hennipman E. 1968. A new *Todea* from New Guinea, with remarks on the generic delimitation of recent Osmundaceae. Blumea: Biodiversity, Evolution and Biogeography of Plants, 16(1): 105-108.

Herbst R. 1975. On *Osmundacaulis carnieri* (Schuster) Miller and *Osmundacaulis braziliensis* (Abdrews) Miller, 1975//Campbell K S W. Gondwana Geology. Canberra: Australian National University Press: 117-123.

Herbst R. 1977. Dos nuevas especies de *Osmundacaulis* (Osmundaceae, Filices) yotros restos de

Osmundales de Argentina. Facena, 1: 19-44.

Herbst R. 1981. *Guairea milleri* nov. gen. et. sp., Guaireaceae, nueva familia de las Osmundales (sensu lato) del Permico superior de Paraguay. Ameghiniana, 18: 35-50.

Herbst R. 2001. A revision of the anatomy of *Millerocaulis patagonica* (Achangelsky and de la Sota) Tidwell (Filicales, Osmundaceae), from the Middle Jurassic of Santa Cruz Province, Argentina. Asociación Paleontológica Argentina Publicación Especial, 8: 39-48.

Herbst R. 2003. *Osmundacaulis tehuelchense* nov. sp. (Osmundaceae, Filices) from the Middle Jurassic of Santa Cruz Province(Patagonia, Argentina). Courier Forschungsinstitut Senckenberg, 241: 85-95.

Herbst R. 2015. The Osmundaceae (Filices) from the Cretaceous of South Africa: New species and revision. Palaeontologia Africana, 49: 25-41.

Herbst R, Salazar E. 1999. *Osmundacaulis tehuelchense* nov. sp. (Osmundaceae, Filices) from the Middle Jurassic of Santa Cruz Province (Patagonia), Argentina. Courier Forschungs institut Senckenberg, 24: 85-95.

Herendeen P S, Skog J E. 1998. *Gleichenia chaloneri*: A new fossil fern from the Lower Cretaceous(Albian)of England. International Journal of Plant Sciences, 159: 870-879.

Hewitson W. 1962. Comparative morphology of the Osmundaceae. Annals of the Missouri Botanical Garden, 49: 57-93.

Hibbett D S, Grimaldi D, Donoghue M J. 1997. Fossil mushrooms from Miocene and Cretaceous ambers and the evolution of Homobasidiomycetes. American Journal of Botany, 84(8): 981-991.

Hill R S, Forsyth S M, Green F. 1989. A new genus of osmundaceous stem from the Upper Triassic of Tasmania. Paleontology, 32: 287-296.

Hirmer M. 1927. Handbuch der Palaobotanik: Munich: 1-603.

Hu D Y, Hou L H, Zhang L J, et al. 2009. A pre-*Archaeopteryx* troodontid theropod from China with long feathers on the metatarsus. Nature, 461: 640-643.

Huang L L, Jin J H, Quan C, et al. 2016. *Camellia nanningensis* sp. nov. : The earliest fossil wood record of the genus *Camellia* (Theaceae) from East Asia. Journal of Plant Research, 129(5): 823-831.

Huang L L, Jin J H, Quan C, et al. 2018a. Fossil woods of Fagaceae from the upper Oligocene of Guangxi, South China. Journal of Asian Earth Sciences, 152: 39-51.

Huang L L, Sun J, Jin J H, et al. 2018b. *Litseoxylon* gen. nov. (Lauraceae): The most ancient fossil angiosperm wood with helical thickenings from southeastern Asia. Review of Palaeobotany and Palynology, 258: 223-233.

Jeffrey E C. 1899. The Morphology of the Central Cylinder in the Angiosperms. Canadian Instit. . 4: 599-636.

Jeffrey E C. 1902. The Structure and Development of the Stem in the Pteridophyta and Gymnosperms. Phil. Trans. Roy. Soc. London, 195: 119-146.

Jiang H E, Ferguson D K, Li C S, et al. 2008. Fossil coniferous wood from the Middle Jurassic of

Liaoning Province, China. Review of Palaeobotany and Palynology, 150: 37-47.

Jiang Z K, Huang M, Liu B P, et al. 2017. The relationship between Phototropism and Plate Motion. Acta Geologica Sinica-English Edition, 91(1): 345-346.

Jiang Z K, Liu B P, Wang Y D, et al. 2019a. Tree ring phototropism and implications for the rotation of the North China Block. Scientific Reports, 9: 4856.

Jiang Z K, Wang Y D, Philippe M, et al. 2016. A Jurassic wood providing insights into the earliest step in *Ginkgo* wood evolution. Scientific Reports, 6: 38191.

Jiang Z K, Wang Y D, Tian N, et al. 2019b. The Jurassic fossil wood diversity from western Liaoning, NE China. Journal of Palaeogeography, 8: 1.

Jiang Z K, Wang Y D, Zheng S L, et al. 2012. Occurrence of *Sciadopitys*-like fossil wood (conifer) in the Jurassic of western Liaoning and its evolutionary implications. Chinese Science Bulletin, 57: 569-572.

Jud N A, Rothwell G W, Stockey R A. 2008. *Todea* from the Lower Cretaceous of western North America: Implications for the phylogeny, systematics, and evolution of modern Osmundaceae. American Journal of Botany, 95(3): 330-339.

Kamaeva A M. 1990. Stratigraphy and flora of deposits on the boundary of Cretaceous and Paleogene in the Zeya-Bureya depression. Khabarovsk: Far East Branch Academy of Sciences USSR, Khabarovsk, 87.

Kidston R, Gwynne-Vaughan D T. 1907. On the fossil Osmundaceae, Part I. Transactions of Royal Society of Edinburgh, 45: 759-780.

Kidston R, Gwynne-Vaughan D T. 1908. On the fossil Osmundaceae, Part II. Transactions of Royal Society of Edinburgh, 46: 213-232.

Kidston R, Gwynne-Vaughan D T. 1909. On the fossil Osmundaceae, Part III. Transactions of Royal Society of Edinburgh, 46: 651-677.

Kidston R, Gwynne-Vaughan D T. 1914. On the fossil Osmundaceae, Part IV. Transactions of Royal Society of Edinburgh, 50: 469-480.

Kramer K U, Green P S. 1990. Vol. I. Pteridophytes and gymnosperms//Kubitzki K. The Families and Genera of Vascular Plants. Berlin: Springer-Verlag: 1-277.

Krassilov V A. 1978. Mesozoic Lycopods and ferns from the Bureja Basin. Palaeontographica B, 166: 16-29.

Krings M, Dotzler N, Galtier J, et al. 2011. Oldest fossil basidiomycete clamp connections. Mycoscience, 52(1): 18-23.

Kryshtofovich A N. 1936. Materials to the Tertiary Lowerdue flora of Sakhalin. Proceedings of the Academy of Sciences of USSR. Ser. Geology, 5: 697-727.

Li C S, Cui J Z. 1995. Atlas of Fossil Plant Anatomy of China. Beijing: Science Press: 1-132.

Li L, Jin J H, Quan C, et al. 2016. First record of podocarpoid fossil wood in South China. Scientific Reports, 6: 32294.

Li Z M. 1993. The genus *Shuichengella* gen. nov. and systematic classification of the Order

Osmundales. Review of Palaeobotany and Palynology, 77: 51-63.

Liu X Y, Wang Y D, Wang L, et al. 2022. Fossil pinnae, sporangia and spores of *Osmunda* from the Eocene of South China and their implications for biogeography and palaeoecology. Journal of Systematics and Evolution, 60(1): 220-234.

Looy C V, Brugman W A, Dilcher D L, et al. 1999. The delayed resurgence of equatorial forests after the Permian-Triassic ecological crisis. Proceedings of the National Academy of Sciences of the United States of America, 96(24): 13857-13862.

Luo Z X, Yuan C X, Meng Q J, et al. 2011. A Jurassic eutherian mammal and divergence of marsupials and placentals. Science, 476: 442-445.

Lü J C. 2009. A new non-pterodactyloid pterosaur from Qinglong County, Hebei Province of China. Acta Geologica Sinica, 83(2): 189-199.

Lü J C, Fucha X H. 2011. A new pterosaur (Pterosauria) from Middle Jurassic Tiaojishan Formation of western Liaoning, China. Global Geology, 13(3-4): 113-118.

Matsumoto M, Nishida H. 2003. *Osmunda shimokawaensis* sp. nov. and *Osmunda cinnamomea* L. based on permineralized rhizomes from the Middle Miocene of Shimokawa, Hokkaido, Japan. Paleontological Research, 7(2): 153-165.

Matsumoto M, Saiki K, Zhang W, et al. 2006. A new species of osmundaceous fern rhizome, *Ashicaulis macromedullosus* sp. nov. from the Middle Jurassic, northern China. Paleontological Research, 10: 195-205.

Metzgar J S, Skog J E, Zimmer E A, et al. 2008. The paraphyly of *Osmunda* is confirmed by phylogenetic analyses of seven plastid loci. Systematic Botany, 33(1): 31-36.

Millay M A, Taylor T N. 1990. New fern stems from the Triassic of Antarctica. Review of Palaeobotany and Palynology, 62(1-2): 41-64.

Miller C N. 1967. Evolution of the fern genus *Osmunda*. Contribution from the Museum of Palaeontology. Michigan: The University of Michigan, 21: 139-203.

Miller C N. 1971. Evolution of fern family Osmundaceae based on anatomical studies. Contribution from the Museum of Palaeontology. Michigan: The University of Michigan, 23(8): 105-169.

Miller C N. 1982. *Osmunda wehrii*, a new species based on petrified rhizomes from the Miocene of Washington. American Journal of Botany, 69(1): 116-121.

Morgans H S. 1999. Lower and Middle Jurassic woods of the Cleveland Basin (NorthYorshire), England. Palaeontology, 42(2): 303-328.

Nathorst A G. 1910. Beiträge zur geologie der Bären-insel, Spitzbergens und des König-Karl-landes. Bulletin of Geological Institute, 10: 261-415.

Naugolnykh S V. 2002. A new species of *Todites* (Pteridophyta) with *in situ* spores from the Upper Permian of Pechora Cis-Urals (Russia). Acta Palaeontologica Polonica, 47(3): 469-478.

Osborn J M, Taylor T N, White J A. 1989. *Palaeofibulus* gen. nov., a clamp-bearing fungus from the Triassic of Antarctica. Mycologia, 81(4): 622-626.

Penhallow D P. 1902. *Osmundites skidegatensis* nov. sp., Transactions of Royal Society of Canada, II:

3-18.

Phipps C J, Axsmith B J, Taylor T N, et al. 2000. *Gleichenipteris antarcticus* gen. et sp. nov. from theTriassic of Antarctica. Review of Palaeobotany and Palynology, 108: 75-83.

Phipps C J, Taylor T N, Taylor E L, et al. 1998. *Osmunda* (Osmundaceae) from the Triassic of Antarctica: An example of evolutionary stasis. American Journal of Botany, 85(6): 888-895.

Poinar G O, Singer R. 1990. Upper Eocene gilled mushroom from the Dominican Republic. Science, 248(4959): 1099-1101.

Posthumus O. 1924. *Osmundites kidstonii* Stopes. Annals of Botany, 38: 215-216.

Presl K B. 1845. Supplementum Tentaminis Pteridographiae, continens Genera et Species Ordinum Dictorum Marattiaceae, Ophioglossaceae, Osmundaceae, Schizaeaceae et Lygodiaceae. Abhandlungen der Mathematisch-Naturwissenschaftlichen Classe der Königlichen Böhmischen Gesellschaft der Wissenschaften, 4: 261-380.

Pryer K M, Schneider H, Smith A R, et al. 2001. Horsetails and ferns are a monophyletic group and the closest living relatives to seed plants. Nature, 409: 618-622.

Pryer K M, Schuettpelz E, Wolf P G, et al. 2004. Phylogeny and Evolution of ferns (Monilophytes) with a focus on the early leptosporangiate divergences. American Journal of Botany, 91(10): 1582-1598.

Pryer K M, Smith A R, Skog J E. 1995. Phylogenetic relationships of extant ferns based on evidence from morphology and *rbcL* sequences. American Fern Journal, 85(4): 205-282.

Radčenko G P. 1955. Index fossils of Upper Paleozoic flora of Sajany-Altai region [in Russian]// Âvorskij V I. Atlas rukovodâsih form iskopaemoj fauny i flory Zapadnoj Sibiri, vol. 2, Gosgeoltehizdat, Moskva: 42-153.

Rees P M, Ziegler A M, Valdes P J. 2000. Jurassic phytogeography and climates: New data and model comparisons//Huber B T, Macle K G, Wing S L. Warm Climates in Earth History. Cambridge: Cambridge University Press: 297-318.

Renault B. 1891. Note sur la famille des Botryoptéridées. Bulletin. Socit d'histoire naturelle d'Autun, 4: 349-373.

Rößler R, Galtier J. 2002. First *Grammatopteris* tree ferns from the Southern Hemisphere e new insights in the evolution of the Osmundaceae from the Permian of Brazil. Review of Palaeobotany and Palynology, 121(3-4): 205-230.

Rothwell G W. 1987. Complex Paleozoic filicales in the evolutionary radiation of ferns. American Journal of Botany, 74(3): 458-461.

Rothwell G W. 1996. Pteridophytic evolution: An often underappreciated phytological success story. Review of Palaeobotany and Palynology, 90(3-4): 209-222.

Rothwell G W, Taylor E L, Taylor T N. 2002. *Ashicaulis woolfei* nov. sp. : Additional evidence for the antiquity of osmundaceous ferns from the Triassic Antarctic. American Journal of Botany, 89(2): 352-361.

Sahni B. 1932. On a Paleozoic tree-fern, *Grammatopteris baldaufi* (Beck) Hirmer, a link between the

Zygopteridaceae and Osmundaceae. Annals of Botany, 46(4): 863-877.

Samylina V A. 1964. Mesozoic flora from the left bank of Koleyma River(Zeirianka coal-bearing Basin)I, Paleobotanica. Nauka, Moscow 5: 41-79(in Russian).

Schelpe E. 1955. *Osmundites natalensis*—A new fossil fern from the Cretaceous of Zululand. Annals and Magazine of Natural History Series 12, 8(93): 652-656.

Schelpe E. 1956. *Osmundites atherstonii*—A new fossil fern from the Cretaceous of Zululand. Annals and Magazine of Natural History Series12, 9(101): 330-332.

Schneider H, Schuettpelz E, Pryer K M, et al. 2004. Ferns diversified in the shadow of angiosperms. Nature, 428: 553-557.

Schopf J M. 1978. An unusual Osmundaceous specimen from Antarctica. Canadian Journal of Botany, 56(24): 3083-3095.

Schuettpelz E, Korall P, Pryer K M. 2006. Plastid *atpA* data provide improved support for deep relationships among ferns. Taxon, 55(4): 897-906.

Schuettpelz E, Pryer K M. 2007. Fern phylogeny inferred from 400 leptosporangiate species and three plastid genes. Taxon, 56(4): 1037-1050.

Serbet R, Rothwell G W. 1999. *Osmunda cinnamomea* (Osmundaceae) in the Upper Cretaceous of western North America: Additional evidence for exceptional species longevity among filicalean ferns. International Journal of Plant Sciences, 160(2): 425-433.

Seward A C. 1900. The Jurassic flora. I. The Yorkshire Coast. Catalogue of the Mesozoic Plants in the Department of Geology, British Museum (Natural History), London, 3: 1–341.

Seward A C. 1907. Notes on fossil plants from South Africa. Geological Magazine, 4: 481-487.

Seward A C. 1910. Fossil plants: A text-book for Students of Botany and Geology, vol. 2. Cambridge: Cambridge University Press: 624.

Seward A C, Ford S O. 1903. The anatomy of *Todea*, with notes on the geological history of the Osmundaceae. Transactions of Linnean Society of London Botany II, 6(5): 237-260.

Sharma B D. 1973. Anatomy of Osmundaceous rhizomes collected from the Middle Jurassic of Amarjola in the Rajmahal Hills, India. Palaeontographica Abteilung B Band, 140: 151-160.

Sharma B D, Bohra D R. 1976. *Actinostelopteris pakurense* gen. et sp. nov. from the Jurassic of Rajmahal Hills, India. Palaeobotanist, 23: 55-58.

Sharma B D, Bohra D R. 1977. A new assemblage of fossil plants from the Rajmahal Hills: Sporangia and seeds. Geophytology, 7: 107-112.

Shi X, Yu J X, Broutin J, et al. 2015. *Junggaropitys*, a new gymnosperm stem from the Middle-Late Triassic of Junggar Basin, Northwest China, and its palaeoecological and palaeoclimatic implications. Review of Palaeobotany and Palynology, 223: 10-20.

Skog J E. 1976. *Loxsomopteris anasilla*, a new fossil fern rhizome from the Cretaceous of Maryland. American Fern Society, 66(1): 8-14.

Slater B J, McLoughlin S, Hilton J. 2012. Animal-plant interactions in a Middle Permian permineralised peat of the Bainmedart Coal Measures, Prince Charles Mountains, Antarctica.

Palaeogeography, Palaeoclimatology, Palaeoecology, 363-364: 109-126.

Smith M A, Rothwell G W, Stockey R A. 2015. Mesozoic diversity of Osmundaceae: *Osmundacaulis whittlesii* sp. nov. in the Early Cretaceous of western Canada. International Journal of Plant Sciences, 176(3): 245-258.

Stein Jr W E, Wight D C, Beck C B. 1982. Techniques for preparation of pyrite and limonite permineralizations. Review of Palaeobotany and Palynology, 36(1-2): 185-194.

Stewart W N, Rothwell G W. 1993. Palaeobotany and the Evolution of Plants. 2nd ed. Cambridge: Cambridge University Press: 250-253.

Stockey R A, Smith S Y. 2000. A new species of *Millerocaulis* (Osmundaceae) from the Lower Cretaceous of California. Internal Journal of Plant Sciences, 161(1): 159-166.

Stopes M C. 1921. The missing link in *Osmundites*. Annals of Botany, 35(137): 55-61.

Sun G, Miao Y Y, Mosbrugger V, et al. 2010. The Upper Triassic to Middle Jurassic strata and floras of the Junggar Basin, Xinjiang, Northwest China. Palaeobiodiversity and Palaeoenvironments, 90(3): 203-214.

Tanai T. 1970. The Oligocene floras from the Kushiro coal field, Hokkaido, Japan. Journal of the Faculty of Science Hokkaido Imperial University, 4(14): 383-514.

Taylor T N, Krings M. 2010. Paleomycology, the re-discovery of the obvious. Palaios, 25(5): 283-286.

Taylor T N, Krings M, Taylor E D. 2014. Fossil Fungi. New York: Elsevier/Academic Press.

Taylor T N, Taylor E D. 1993. Paleobotany—The Biology and Evolution of Fossil Plants (I). New Jersey: Prentice Hall: 1-982.

Taylor T N, Taylor E D, Krings M. 2009. Paleobotany—The Biology and Evolution of Fossil Plants (II): 1-1230.

Terada K, Nishida H, Sun G. 2011. Fossil woods from the Upper Cretaceous to Paleocene of Heilongjiang (Amur) River area of China and Russia. Global Geology, 14(3): 192-203.

The Pteridophyte Phylogeny Group (PPG I). 2016. A community-derived classification for extant lycophytes and ferns. Journal of Systematics and Evolution, 54(6): 563-603.

Tian B L, Wang S J, Guo Y T, et al. 1996. Flora of Palaeozoic coal balls of China. The Palaeobotanist, 45: 247-254.

Tian N, Wang Y D, Dong M, et al. 2016a. A systematic overview of fossil osmundalean ferns in China: Diversity variation, distribution pattern, and evolutionary implications. Palaeoworld, 25(2): 149-169.

Tian N, Wang Y D, Jiang Z K. 2008a. Permineralized rhizomes of the Osmundaceae (Filicales): Diversity and tempo-spatial distribution pattern. Palaeoworld, 17(3-4): 183-200.

Tian N, Wang Y D, Jiang Z K. 2008b. Preliminary study on Late Triassic to Early Jurassic strata and floral variation in Hechuan region of Chongqing, southern Sichuan Basin. Global Geology, 11(3): 125-129.

Tian N, Wang Y D, Jiang Z K. 2010. Preliminary analysis on the high petrified ratio of the osmundaceous fossils based on materials from the Jurassic of western Liaoning, China. Earth Science Frontiers, 17: 240-241.

Tian N, Wang Y D, Jiang Z K. 2021. A new permineralized osmundaceous rhizome with fungal remains from the Jurassic of western Liaoning, NE China. Review of Palaeobotany and Palynology, 290: 104414.

Tian N, Wang Y D, Philippe M, et al. 2014a. A specialized new species of *Ashicaulis* (Osmundaceae, Filicales) from the Jurassic of Liaoning, NE China. Journal of Plant Research, 127: 209-219.

Tian N, Wang Y D, Philippe M, et al. 2016b. New record of fossil wood *Xenoxylon* the Late Triassic in the Sichuan Basin, southern China and its palaeoclimatic implications. Palaeogeography, Palaeoclimatology, Palaeoecology, 464: 65-75.

Tian N, Wang Y D, Zhang W, et al. 2013. *Ashicaulis beipiaoensis* sp. nov., a new species of osmundaceous fern from the Middle Jurassic of Liaoning Province, northeastern China. International Journal of Plant Sciences, 174(3): 328-339.

Tian N, Wang Y D, Zhang W, et al. 2014b. A new structurally preserved fern rhizome species of Osmundaceae (Filicales) *Ashicaulis wangii* sp. nov. the Jurassic of western Liaoning and its significances for paleogeography and evolution. Science China, Earth Sciences, 57(4): 671-681.

Tian N, Wang Y D, Zhang W, et al. 2018c. Permineralized osmundaceous and gleicheniaceous ferns the Jurassic of Inner Mongolia, NE China. Palaeobiodiversity and Palaeoenvironments, 98: 165-176.

Tian N, Wang Y D, Zheng S L, et al. 2020. White-rotting fungus with clamp-connections in a coniferous wood the Cretaceous of Heilongjiang Province, NE China. Cretaceous Research, 105: 104014.

Tian N, Xie A W, Wang Y D, et al. 2015. New records of Jurassic petrified wood in Jianchang of western Liaoning, China and its palaeoclimate implications. Science China, Earth Sciences, 58(12): 2154-2164.

Tian N, Zhu Z P, Wang Y D, et al. 2018a. Occurrence of *Brachyoxylon* Hollick et Jeffrey the Lower Cretaceous of Zhejiang Province, southern China. Journal of Palaeogeography, 7: 8.

Tian N, Zhu Z P, Wang Y D, et al. 2018b. *Sequoioxylon zhangii* sp. nov. (Sequoioideae, Cupressaceae s. l.), a new coniferous wood the Upper Cretaceous in Heilongjiang Province, Northeastern China. Review of Palaeobotany and Palynology, 257: 85-94.

Tidwell W D. 1986. *Millerocaulis*, a new genus with species formerly in *Osmundacaulis* Miller (fossils: Osmundaceae). SIDA Contribution of Botany, 11(4): 401-405.

Tidwell W D. 1987. A new species of *Osmundacaulis* (*O. jonesii* sp. nov) from Tasmania. Review of Palaeobotany and Palynology, 52: 205-216.

Tidwell W D. 1990. A new osmundaceous species (*Osmundacaulis lemonii* n. sp.) from the Upper Jurassic Morrison Formation, Utah. Hunteria, 2: 3-11.

Tidwell W D. 1991. *Lunea jonesii* gen. et sp. nov., a new member of Guaireaceae from the mid-Mesozoic of Tasmania, Australia. Palaeontographica Abteilung B Paläophytologie, 223:

81-90.

Tidwell W D. 1992. *Millerocaulis richmondii* sp. nov., an osmundaceous fern from Mesozoic strata near Little Swannport, Tasmania, Australia. Papers and Proceeding of the Royal Society of Tasmania, 126: 1-7.

Tidwell W D. 1994. *Ashicaulis*, a new genus for some species of *Millerocaulis* (Osmundaceae). SIDA Contribution of Botany, 16: 253-261.

Tidwell W D, Ash S R. 1994. A review of selected Triassic to Early Cretaceous ferns. Journal of Plant Research, 107: 417-442.

Tidwell W D, Clifford H T. 1995. Three new species of *Millerocaulis* (Osmundaceae) from Queensland, Australia. Australian Systematic Botany, 8: 667-685.

Tidwell W D, Jones R. 1987. *Osmundacaulis nerii*, a new species of osmundaceous species from Tasmania, Australia. Palaeontographica Abteilung B, 204: 181-191.

Tidwell W D, Medlyn D A. 1991. Two new species of *Aurealcaulis* (Osmundaceous) from Northwestern New Mexico, Great Basin. Great Basin Naturalist, 51: 325-335.

Tidwell W D, Munzing G E, Banks M R. 1991. *Millerocaulis* species (Osmundaceae) from Tasmania, Australia. Palaeontographica Abteilung B, 223: 91-105.

Tidwell W D, Parker L R. 1987. *Aurealcaulis crossii* gen. et sp. nov., an arborescent, osmundaceous trunk from the Fort Union Formation (Paleocene), Wyoming. American Journal of Botany, 74: 803-812.

Tidwell W D, Pigg K B. 1993. New species of *Osmundacaulis* emend. from Tasmania, Australia. Palaeontographica Abteilung B, 230: 141-158.

Tidwell W D, Rushforth S R. 1970. *Osmundacaulis wadei*, a new osmundaceous species from the Morrison Formation (Jurassic) of Uath. Bulletin of the Torrey Botanical Club, 97(3): 137-144.

Tidwell W D, Skog J E. 1999. Two new species of *Solenostelopteris* from the Upper Jurassic Morrison Formation in Wyoming and Utah. Review of Palaeobotany and Palynology, 104: 285-298.

Tidwell W D, Skog J E. 2002. Three new species of *Aurealcaulis* (*A. burgii* sp. nov., *A. dakotensis* sp. nov., *A. nebraskensis* sp. nov.) from South Dakota and Nebraska, USA. Palaeontographica Abteilung B, 262: 25-37.

Tryon A F, Lugardon B. 1990. Spores of the Pteridophyta. New York: Springer.

Tryon R M, Tryon A F. 1982. Ferns and Allied Plants. New York: Springer-Verlag: 51-57.

Vajda V, Raine J I, Hollis C J. 2001. Indication of global deforestation at the Cretaceous-Tertiary Boundary by New Zealand fern spike. Science, 294(5547): 1700-1702.

Vakhrameev V A. 1991. Jurassic and Cretaceous Floras and Climates of the Earth. Translated by Litvinov, J. V. Cambridge: Cambridge University Press.

Vakhrameev V A, Doludenko M P. 1961. Late Jurassic and Early Cretaceous floras from Bureja Basin and its significance for stratigraphy. Transaction of the Geological Institute of the Academy of Sciences of USSR 54: 1-135(in Russian).

van Konijnenburg-van Cittert J H A. 1978. Osmundaceous spores in situ from the Jurassic, England. Review of Palaeobotany and Palynology, 26: 125-141.

van Konijnenburg-van Cittert J H A. 1996. Two *Osmundopsis* species and their sterile foliage from the Middle Jurassic of Yorkshire. Palaeontology, 39: 719-731.

van Konijnenburg-van Cittert J H A. 2002. Ecology of some Late Triassic to Early Cretaceous ferns in Eurasia. Review of Palaeobotany and Palynology, 119: 113-124.

Van Tieghem P, Douliot H. 1886. Sur la Polytdie: Annales des Sciences Naturelles; Botanique IV.

Vavrek M J, Stockey R A, Rothwellt G W. 2006. *Osmunda vancouverensis* sp. nov. (Osmundaceae), perminalized fertile frond segments from the Lower Cretaceous of British Columbia, Canada. International Journal of Plant Sciences, 167(3): 631-637.

Vera E I. 2007. A new species of *Ashicaulis* Tidwell (Osmundaceae) from Aptian strata of Livingston Island, Antarctica. Cretaceous Research, 28(3): 500-508.

Vera E I. 2008. Proposal to emend the genus *Millerocaulis* Erasmus ex Tidwell 1986 to recombine the genera *Ashicaulis* Tidwell 1994 and *Millerocaulis* Tidwell emend. Tidwell 1994. Rev. Asoc. Paleontol. Argent., 45(4): 693-698.

Vera E I. 2012. *Millerocaulis tekelili* sp. nov., a new species of osmundalean fern from the Aptian Cerro Negro Formation (Antarctica). Alcheringa: An Australasian Journal of Palaeontology, 36(1): 35-45.

Vishnu-Mittre. 1955. *Osmundites sahnii* sp. nov., a new species of petrified osmundaceous rhizomes from India. The Palaeobotanist, 4: 113-118.

von Pettko T. 1849. *Tubicaulis* von Ilia bei Schmenitz. Haidinger's Naturwissenschaftliche Abhandl., Bd. iii, Theirl. i., p. 163. Wein.

Wan M L, Yang W, He X Z, et al. 2017a. *Yangquanoxylon miscellum* gen. nov. et sp. nov., a gymnospermous wood from the Upper Pennsylvanian–Lower Permian Taiyuan Formation of Yangquan City, Shanxi Province, with reference to the palaeoclimate in North China. Palaeogeography, Palaeoclimatology, Palaeoecology, 479: 115-125.

Wan M L, Yang W, Liu L J, et al. 2017b. *Ductoagathoxylon jimsarensis* sp. nov., a coniferous wood from the Wuchiapingian (Upper Permian) Wutonggou Formation in Junggar Basin, northern Bogda Mountains, northwestern China. Review of Palaeobotany and Palynology, 241: 13-25.

Wan M L, Yang W, Tang P, et al. 2017c. *Medulloprotaxodioxylon triassicum* gen. et sp. nov., a taxodiaceous conifer wood from the Norian (Triassic) of northern Bogda Mountains, northwestern China. Review of Palaeobotany and Palynology, 466: 353-360.

Wan M L, Yang W, Wang J. 2014. *Septomedullopitys szei* sp. nov., a new gymnospermous wood from Lower Wuchiapingian (Upper Permian) continental deposits of NW China, and its implication for a weakly seasonal humid climate in mid-latitude NE Pangaea. Palaeogeography, Palaeoclimatology, Palaeoecology, 407: 1-13.

Wan M L, Zhou W M, Tang P, et al. 2016. *Xenoxylon junggarensis* sp. nov., a new gymnospermous fossil wood from the Norian (Triassic) Huangshanjie Formation in northwestern China, and its palaeoclimatic implications. Palaeogeography, Palaeoclimatology, Palaeoecology, 441: 679-687.

Wang Q, Albert G A, Wang Y F, et al. 2006a. Paleocene Wuyun flora in Northeast China: *Woodwardia bureiensis*, *Dryopteris* sp. and *Osmunda sachalinensis*. Acta Phytotaxonomica Sinica, 44(6): 712-720.

Wang S J, Hilton J, Galtier J, et al. 2014a. *Tiania yunnanense* gen. et sp. nov., an osmundalean stem from the Upper Permian of southwestern China previously placed within *Palaeosmunda*. Review of Palaeobotany and Palynology, 210: 37-49.

Wang S J, Hilton J, He X Y, et al. 2014b. The anatomically preserved stem *Zhongmingella* gen. nov. from the Upper Permian of China: Evaluating the early evolution and phylogeny of the Osmundales. Journal of Systematic Palaeontology, 12: 1-22.

Wang Y D. 2002. Fern ecological implications from the Lower Jurassic in Western Hubei, China. Review of Palaeobotany and Palynology, 119(1-2): 125-141.

Wang Y D, Cao Z Y, Thévenard F. 2005. Additional data on *Todites* (Osmundaceae) from the Lower Jurassic—with special reference to the palaeogeographical and stratigraphical distribution in China. Geobios, 38(6): 823-841.

Wang Y D, Saiki K I, Zhang W, et al. 2006b. Biodiversity and palaeoclimate of the Middle Jurassic floras from the Tiaojishan Formation in western Liaoning, China. Progress in Natural Sciences, 16: 222-230.

Wang Y D, Yang X J, Zhang W, et al. 2009. Biodiversity and palaeoclimatic implications of fossil wood from the non-marine Jurassic of China. Episodes, 32: 13-20.

Wang Y D, Zhang W, Zheng S L, et al. 2005. New discovery of fossil cycad-like plants from the Middle Jurassic of West Liaoning, China. Chinese Science Bulletin, 50: 1804-1807.

Wang Z Q. 1983. *Osmundacaulis hebeiensis*, a new species of fossil rhizomes from the middle Jurassic of China. Review of Palaeobotany and Palynology, 39(1-2): 87-107.

Wardlaw C W. 1946. Experimental and analytical studies of pteridophytes, VIII. Stelar morphology, the effect of defoliation on the stele of *Osmunda* and *Todea*. Annanls of Botany, 10: 97-107.

Xu H H, Berry C M, Stein W E, et al. 2017. Unique growth strategy in the Earth's first trees revealed in silicified fossil trunks from China. Proceedings of the National Academy of Sciences of the United States of America, 114(45): 12009-12014.

Yang X J, Wang Y D, Zhang W. 2013. Occurrences of Early Cretaceous fossil woods in China: Implications for paleoclimates. Palaeogeography, Palaeoclimatology, Palaeoecology, 385: 213-220.

Yang X J, Zhang W, Zheng S L. 2010. An osmundaceous rhizome with sterile and fertile fronds and in situ spores from the Jurassic of western Liaoning. Chinese Science Bulletin, 55: 3864-3867.

Yang X N, Liu F X, Cheng Y M. 2018. A new tree fern stem, *Tempskya zhangii* sp. nov. (Tempskyaceae) from the Cretaceous of northeast China. Cretaceous Research, 84: 188-199.

Yatabe Y, Murakami N, Iwatsuki K. 2005. *Claytosmunda*; a new subgenus of *Osmunda* (Osmundaceae). Acta Phytotaxonomica et Geobotanica, 56(2): 127-128.

Yatabe Y, Nishida H, Murakami N. 1999. Phylogeny of Osmundaceae inferred from *rbcL* nucleotide sequences and comparison to the fossil evidences. Journal of Plant Research, 112: 397-404.

Zalessky M D. 1924. On new species of Permian Osmundaceæ. Botanical Journal of the Linnean Society, 46(310): 347-359.

Zalessky M D. 1927. Flore permienne des limites ouralinnes de I'Angaride, Altas. Mémoires du comité geologique, Nouvelle série. Livraison, 176.

Zalessky M D. 1931a. Structure anatomique du stipe du *Petchropteris splendida* n. g. et. sp., un nuveau reorésentant. Bulletin of Academy of the Sciences of the USSR, 5 : 705-710.

Zalessky M D. 1931b. Structure anatomique du stipe du *Chasmatopteris principalis* n. g. et. sp., un nuveau reorésentant. Bulletin of Academy of the Sciences of the USSR, 5: 715-720.

Zalessky M D. 1935. Structure anatomique de stipe d'une nouvelle Osmóndee du terrain Permian du Basin de Kousnetzk. Bulletin of Academy of the Sciences of the USSR, 5: 747-752.

Zenetti P. 1895. Leitungsystem in Stamm von *Osmunda regalis* L. und dessen bbergang in den Blattstiel: Bot. Zeit. 53: 53-78.

Zhang W, Wang Y D, Saiki K, et al. 2006. A structurally preserved cycad-like stem, *Lioxylon liaoningense* gen. et. sp. nov, from the Middle Jurassic in Western Liaoning, China. Progress in Natural Science, 26(Special issue): 236-248.

Zhang W, Yang X J, Fu X P, et al. 2012. A polyxylic *Cycad* trunk from the Middle Jurassic of western Liaoning, China and its evolutionary implications. Review of Palaeobotany Palynology, 183: 50-60.

Zhang Y J, Tian N, Zhu Z P, et al. 2018. Two new species of *Protocedroxylon* Gothan (Pinaceae) the Middle Jurassic of eastern Inner Mongolia, NE China. Acta Geologica Sinica—English Edition, 92(5): 1685-1699.

Zhou Z Y, Zhang B L. 1989. A sideritic *Protocupressinoxylon* with insect borings and frass from the Middle Jurassic, Henan, China. Review of Palaeobotany Palynology, 59: 133-143.

图　　版

说明

1. 本书所示图版所涉及的标本及薄片分别保存于辽宁古生物博物馆及中国科学院南京地质古生物研究所。

2. 图中部分常用解剖特征英文简写注释如下：P=髓部，XC=木质部圆筒，IC=内部皮层，OC=外部皮层，VB=维管束，PB=叶柄基，SW=叶柄基托叶翼，SM=厚壁组织块，SR=硬化环，SFB=硬化环厚壁纤维带，LT=叶迹，RT=根迹。

图版 1

A～H *Claytosmunda liaoningensis*（Zhang et Zheng）Bomfleur, Grimm et McLoughlin

A. 示标本外形；B. 横切面，示中柱及内外皮层及叶迹特征；C. 横切面，示木质部圆筒及髓部特征，外韧网管中柱，异质髓部（P）；D. 横切面，髓部放大，白色箭头指示薄壁细胞，黑色箭头指示厚壁细胞；E. 外皮层叶迹，叶迹维管束内始式，示单个原生木质部丛（箭头）；F. 距离中柱较近的叶柄基，示异质硬化环（SR），硬化环远轴端具厚壁纤维带（SFB），约占据整个环的 1/3，维管束凹面可见一较小的厚壁组织块（箭头）；G. 叶柄基托叶区中部的叶柄基，示异质硬化环远轴端厚壁纤维带，约占据整个环的 1/2，维管束凹面及叶柄基托叶翼内各具一厚壁组织块（SM）；H. 叶柄基区外围叶柄基，示异质硬化环，维管束凹面内厚壁组织块呈半月形。比例尺：A=1 cm；B= 2 mm；C～E、G、H=1 mm；F=0.5 mm。

标本编号：LMY-251；**薄片编号**：LMY-251。

产地及层位：辽宁省北票市长皋乡赖马营村，中—上侏罗统髫髻山组。

图版 2

A～H *Claytosmunda liaoningensis*（Zhang et Zheng）Bomfleur, Grimm et McLoughlin

A. 茎干横切面，示单个中柱及皮层、叶迹、叶柄基的分布和特征；B. 横切面，示中柱、内外部皮层及叶迹特征；C. 横切面，示木质部圆筒（XC）、髓部（P）及内部皮层（IC）叶迹（LT），外韧网管中柱，髓部特征不明；D. 内部皮层叶迹，示单个原生木质部丛（箭头）；E. 外部皮层叶迹，示两个原生木质部丛（箭头）；F. 叶柄基区内部较靠近外部皮层的叶柄基，示异质硬化环，维管束凹面及叶柄基托叶翼内各具一厚壁组织块（SM）；G. 叶柄基区中部叶柄基，维管束凹面内厚壁组织块呈半月形；H. 叶柄基区外围叶柄基，示异质硬化环，维管束凹面内厚壁组织块呈弓形。比例尺：A=2 cm；B= 2 mm；C～D、F～H=1 mm；E=0.5 mm。

标本编号：LMY-12；**薄片编号**：LMY-12-1。

产地及层位：辽宁省北票市长皋乡赖马营村，中—上侏罗统髫髻山组。

图版 3

A～H *Claytosmunda liaoningensis*（Zhang et Zheng）Bomfleur, Grimm et McLoughlin

A. 茎干横切面，示单个中柱及皮层、叶迹、叶柄基的分布和特征；B. 横切面，示中柱、内外部皮层及叶迹特征；C. 内部皮层叶迹，示单个原生木质部丛（箭头）；D. 外部皮层叶迹，示单个原生木质部丛（箭头）；E. 叶柄基区内部靠近外部皮层叶柄基，示叶柄基维管束（VB）、同质硬化环（SR）及托叶翼（SW），箭头示托叶翼内厚壁组织块；F. 叶柄基区内部靠近外部皮层的叶柄基，示异质硬化环（SR），硬化环远轴端具厚壁纤维带（SFB），箭头指示叶柄基托叶翼内各具一厚壁组织块（SM），维管束凹面未见厚壁组织；G、H. 叶柄基区外围叶柄基，示异质硬化环，箭头指示硬化环远轴端具厚壁纤维带（SFB），维管束凹面内具半月形至弓形厚壁组织块（SM），叶柄基托叶翼内各具一厚壁组织块（SM）。比例尺：A=5 mm；B= 2 mm；C～F =0.5 mm；G、H =1 mm。

标本编号：SBD-211；**薄片编号**：SBD-211-1。

产地及层位：辽宁省北票市长皋乡蛇不呆沟村，中—上侏罗统髫髻山组。

图版 4

A～H *Claytosmunda liaoningensis*（Zhang et Zheng）Bomfleur, Grimm et McLoughlin

A. 茎干横切面，示单个中柱、髓部、皮层、叶迹及绕中柱分布的叶柄基；B. 横切面，示中柱、内外部皮层及叶迹特征；C. 横切面，外韧网管中柱，示木质部圆筒（XC）、髓部（P）及内部皮层（IC）叶迹（LT），外韧网管中柱；D. 中柱局部放大，示即时型完整叶隙（箭头）及内皮层叶迹（LT）；E. 外部皮层叶迹，示两个原生木质部丛（箭头）；F～H. 典型叶柄基，示异质硬化环（SR），远轴端具厚壁纤维带（SFB），维管束（VB）凹面具一半月形厚壁组织块（SM），叶柄基托叶翼（SW）内各具一厚壁组织块（SM）。比例尺：A=1 cm；B、H= 2 mm；C、F、G =0.5 mm；D、E =1 mm。

标本编号：SBD-13；**薄片编号**：SBD-13-1。

产地及层位：辽宁省北票市长皋乡蛇不呆沟村，中—上侏罗统髫髻山组。

图版 5

A～H *Claytosmunda liaoningensis*（Zhang et Zheng）Bomfleur, Grimm et McLoughlin

A. 示标本外形；B. 横切面，示中柱、内外皮层及叶迹特征，白色箭头指示呈“V”形的韧皮部，黑色箭头指示残存的中柱鞘；C. 内皮层叶迹，箭头指示单个原生木质部丛；D. 外皮层叶迹，箭头指示单个原生木质部丛；E、F. 距离中柱较近的叶柄基，示异质硬化环（SR），硬化环远轴端具厚壁纤维带（箭头），约占据整个环的 1/3，两侧托叶翼内可见较小厚壁组织块（SM）（白色箭头），图 F 维管束凹面可见一椭圆形厚壁组织块（SM）（黑色箭头）；G. 叶柄基托叶区中部的叶柄基，示异质硬化环（SR），远轴端厚壁纤维带占据整个环的 1/2，维管束凹面及叶柄基托叶翼内各具一团块状厚壁组织块（SM）；H. 叶柄基区外围叶柄基，示异质硬化环（SR），维管束凹面内厚壁组织块（SM）呈半月形，托叶翼内厚壁组织块有所增大。比例尺：A=2 cm；B= 2 mm；C、D =0.5 mm；E～H=1 mm。

标本编号：DMG-42；**薄片编号**：DMG-42-1。

产地及层位：辽宁省北票市长皋乡段嘛沟村，中—上侏罗统髫髻山组。

图版 6

A～H *Claytosmunda liaoningensis*（Zhang et Zheng）Bomfleur, Grimm et McLoughlin

A. 茎干横切面，示单个中柱及皮层、叶迹、叶柄基的分布和特征；B. 横切面，示中柱、内外部皮层及叶迹特征；C. 横切面，示木质部圆筒（XC）、髓部（P）及内部皮层（IC）叶迹（LT），外韧网管中柱；D～F. 叶柄基区不同发育阶段典型叶柄基特征，示异质硬化环及维管束凹面和托叶翼内厚壁组织特征，箭头指示硬化环远轴端厚壁纤维带；G. 茎干径切面，示髓部（P）、木质部圆筒（XC）、叶迹（LT）及叶柄基（PB）在纵切面的分布特征；H. 茎干径切面局部放大。比例尺：A=1 cm；B= 2 mm；C～F、H=1 mm；G=5 mm。

标本编号：LMY-116；**薄片编号**：LMY-116-1，2。

产地及层位：辽宁省北票市长皋乡赖马营村，中—上侏罗统髫髻山组。

图版 7

A～H *Claytosmunda liaoningensis*（Zhang et Zheng）Bomfleur, Grimm et McLoughlin

A. 标本外形，示一个主根茎（a）及两个分支根茎（b、c），白色弧线表示在不同层面获取根茎横切面的位置，数字（1～6）表示不同横切面的序号；B、E. 主根茎 a 不同层面的两个横切面，示中柱特征，其中 B 为横切面 1 所示的中柱，E 为横切面 2 所示的中柱；D、G、H. 分支根茎 b 不同层面的两个横切面，示中柱特征，其中 D 为横切面 4 所示的中柱，G、H 为横切面 3 所示的两个中柱；C、F. 示分支根茎 c 不同层面的两个横切面，示中柱特征，其中 C 为横切面 6 所示的中柱，F 为横切面 5 所示的中柱。比例尺：A=3 cm；B～H=1 mm。

标本编号：DMG-I；**薄片编号**：DMG-I-1-6。

产地及层位：辽宁省北票市长皋乡段嘛沟村，中—上侏罗统髫髻山组。

图版 8

A～H *Claytosmunda liaoningensis*（Zhang et Zheng）Bomfleur, Grimm et McLoughlin

A. 图版 7 中主根茎 a 横切面 1 所示中柱及内外皮层特征；B. 示髓部特征，局部可见薄壁细胞；C. 木质部圆筒的一部分，示延迟型叶隙；D、E. 内皮层叶迹，维管束示单个原生木质部丛；F～H. 示外部皮层叶迹，维管束示单个原生木质部丛。比例尺：A=2 mm；B～H=0.5 mm。

标本编号：DMG-I；**薄片编号**：DMG-I-1，4。

产地及层位： 辽宁省北票市长皋乡段嘛沟村，中—上侏罗统髫髻山组。

图版 9

A～H *Claytosmunda liaoningensis*（Zhang et Zheng）Bomfleur, Grimm et McLoughlin

A～E，G～H 来源自图版 7 中主根茎 a 薄片 1，F 来源自分支根茎 b 薄片 4。A. 托叶翼区基部叶柄基，示同质硬化环，维管束凹面及托叶翼内未见厚壁组织；B、C. 托叶翼区中部叶柄基，示异质硬化环，硬化环远轴端具厚壁纤维带，托叶翼两侧各具一较大厚壁组织块，维管束凹面内具一团块状至半月形厚壁组织块；D、E、G. 托叶翼区最顶部叶柄基横切面，维管束凹面内具一半月形厚壁组织块；F. 示根迹维管束横切面，具二极型原生木质部；H. 示位于叶柄基内皮层内的一个成熟根迹横切面。比例尺：A～E、G =1 mm；F=0.5 mm；H=0.75 mm。

标本编号： DMG-I；**薄片编号：** DMG-I-1，4。

产地及层位： 辽宁省北票市长皋乡段嘛沟村，中—上侏罗统髫髻山组。

图版 10

A～H *Claytosmunda* cf. *liaoningensis*（Zhang et Zheng）Bomfleur, Grimm et McLoughlin

A. 示标本外形；B. 根茎横切面，示中柱、内外皮层及叶迹、叶柄基分布特征；C. 根茎横切面，示中柱、内外皮层界限及皮层叶迹特征；D. 中柱横切面，示管状中柱及不完整叶隙；E. 中柱局部放大，示不完整叶隙，叶隙约占据木质部圆筒厚度的 1/7～1/6；F. 示髓部特征；G. 托叶翼区较内部叶柄基，硬化环为异质，远轴端为一厚壁组织带占据，约占整个硬化环周长的 1/3，维管束凹面内具一厚壁组织团块；H. 托叶翼区较内部及中部叶柄基，硬化环为异质，远轴端为一厚壁组织带占据，约占整个硬化环周长的 1/2，维管束凹面内具一厚壁组织块，呈团块状至半月形。比例尺：A、B=1 cm，C、G=2 mm，D、E，H=1 mm，F=0.5 mm。

标本编号： LMY-129；**薄片编号：** LMY-129-1。

产地及层位： 辽宁省北票市长皋乡赖马营村，中—上侏罗统髫髻山组。

图版 11

A～C *Claytosmunda* cf. *liaoningensis*（Zhang et Zheng）Bomfleur, Grimm et McLoughlin

A、B. 叶柄基托叶翼区上部，维管束凹面内厚壁组织块呈新月形至半月形，叶翼内具一巨大的团块状厚壁组织块，占据托叶翼的大部分空间；C. 示直接从根茎中柱发出的根迹。比例尺：A～C=1 mm。

标本编号： LMY-129；**薄片编号：** LMY-129-1。

产地及层位： 辽宁省北票市长皋乡赖马营村，中—上侏罗统髫髻山组。

图版 12

A～I *Claytosmunda* cf. *liaoningensis*（Zhang et Zheng）Bomfleur, Grimm et McLoughlin

A. 示标本外形；B. 根茎横切面，示单个中柱、内外部皮层界线、皮层叶迹及叶柄基特征；C. 示髓部细胞特征；D. 示木质部圆筒局部细节及内皮层叶迹特征；E. 示内皮层叶迹细节特征；F. 示外部皮层叶迹；G～I. 叶柄基，硬化环为异质，远轴端为一厚壁组织带所占据，约占整个硬化环周长的 1/2，维管束凹面内具一团块状厚壁组织块。比例尺：A、B=1 cm；C～F=0.5 mm；G～I=1 mm。

标本编号：LMY-129；**薄片编号**：LMY-129-B。

产地及层位：辽宁省北票市长皋乡赖马营村，中—上侏罗统髫髻山组。

图版 13

A～J *Claytosmunda plumites*（Tian et Wang）Bomfleur, Grimm et McLoughlin

A.示标本外形；B. 示中柱、内外部皮层及叶迹、叶柄基分布特征；C. 示中柱特征，外韧网管中柱，即时型完整叶隙；D. 叶柄基托叶翼区基部，示异质硬化环，厚壁纤维带占据环的远轴端，约占整个环周长的 1/3，维管束凹面内具一团块状厚壁组织块（SM），托叶翼内各具一呈条带状厚壁组织块，其靠近硬化环一端较粗；E. 叶柄基托叶翼区基部略往上，维管束凹面内厚壁组织呈新月形；F. 叶柄基托叶翼区中部，维管束凹面内厚壁组织呈略弯曲的短棒状；G. 叶柄基托叶翼区上部，远轴端厚壁纤维带向两侧退缩（白色箭头）；H、I. 叶柄基托叶翼区顶部，维管束凹面内厚壁组织块呈蘑菇状，远轴端厚壁纤维带完全退缩到两侧，并略膨大（白色箭头）；J. 出托叶翼区叶柄基，维管束凹面内厚壁组织块呈伞状。比例尺：A=1 cm，B、J=2 mm，C、I= 1 mm，D～H=0.5 mm。

标本编号：PMOL-B01252-01253。

产地及层位：辽宁省北票市长皋乡赖马营村，中—上侏罗统髫髻山组。

图版 14

A～I *Claytosmunda plumites*（Tian et Wang）Bomfleur, Grimm et McLoughlin

A. 根茎横切面，示中柱、内外皮层及叶迹、叶柄基分布特征；B. 示中柱、内外部皮层及叶迹、叶柄基分布特征；C. 示中柱及内外皮层特征，中部及髓部保存较差，内外皮层界线清晰；D. 示木质部圆筒特征，外韧网管中柱；E. 内部皮层叶迹，示叶迹维管束单个原生木质部丛，图下方示根迹二极型原生木质部（黑色箭头）；F、G. 外部皮层叶迹，示叶迹维管束具一个或两个原生木质部丛（箭头）；H. 叶柄基托叶翼区基部，示同质硬化环，维管束凹面内未见厚壁组织；I. 叶柄基托叶翼区基部略往上，硬化环同质，维管束凹面内具一半月形厚壁组织块，托叶翼内厚壁组织块呈条带状，其靠近硬化环一端较粗，往托叶翼尖端方向渐尖。比例尺：A=1 cm，B= 2 mm，C = 1 mm，D、F、I=0.5 mm，E、G、H＝0.4 mm。

标本编号：PMOL-B01252-01253。

产地及层位：辽宁省北票市长皋乡台子山，中—上侏罗统髫髻山组。

图版 15

A～F *Claytosmunda plumites*（Tian et Wang）Bomfleur, Grimm et McLoughlin

A、B. 叶柄基托叶翼区中下部，硬化环远轴端两侧及远轴端最外侧开始出现厚壁纤维窄带，其中最外侧厚壁纤维带约占整个远轴端厚度的 1/4，远轴端两侧厚壁组织略大（箭头），维管束凹面内具一弓形厚壁组织块，托叶翼内厚壁组织块呈尖锥状；C、D. 叶柄基托叶翼区中部，硬化环远轴端完全为厚壁纤维带占据（箭头），维管束凹面内具一粗壮的厚壁组织块，厚壁组织块近轴端中部略突起；E. 叶柄基托叶翼区顶部，维管束凹面内厚壁组织块呈蘑菇状，硬化环厚壁纤维带退缩至远轴端两侧（箭头）；F. 叶柄基区疑似藻类化石。

标本编号：PMOL-B01252-01253。

产地及层位：辽宁省北票市长皋乡台子山，中—上侏罗统髫髻山组。

G～J *Claytosmunda* cf. *plumites*（Tian et Wang）Bomfleur, Grimm et McLoughlin

G. 标本 LMY-275 另一中柱，示中柱、内外皮层及皮层内叶迹特征；H. 中柱横切面，示外韧网管中柱，即时型叶隙；I. 叶柄基托叶翼区顶部，示异质硬化环，远轴端为厚壁纤维带占据，占据硬化环周长的 1/2，维管束凹面内厚壁组织呈略弯短棒状，向近轴面中部略凸起，托叶翼内具一较大厚壁组织块；J. 出托叶翼区叶柄基，维管束凹面内厚壁组织渐成伞状，硬化环远轴端仍为厚壁纤维带占据。比例尺：A、C、F、H～J=0.5 mm，B= 0.67 mm，D、E、G=1 mm。

标本编号：LMY-275。

产地及层位：辽宁省北票市长皋乡台子山，中—上侏罗统髫髻山组。

图版 16

A～H *Claytosmunda* cf. *plumites*（Tian et Wang）Bomfleur, Grimm et McLoughlin

A. 示标本外形；B. 根茎横切面，示两个中柱；C. 根茎横切面，示中柱、内外部皮层、皮层内叶迹特征及外围叶柄基特征；D. 中柱横切面，示外韧网管中柱，木质部束具中始式原生木质部，箭头指示正在分离的叶迹，叶隙为即时型或延迟型；E. 中柱局部放大，示正在分离的叶迹，叶隙为即时型，内部皮层叶迹仅具单个内始式原生木质部丛；F. 外部皮层叶迹，叶迹维管束示单个原生木质部丛（箭头）；G. 叶柄基托叶翼区基部，示异质硬化环，维管束凹面具一较小团块状厚壁组织，托叶翼内具一较小厚壁组织块（黑色箭头）；H. 叶柄基托叶翼区中部，硬化环异质，远轴端具厚壁纤维带，维管束凹面内厚壁组织块较大，几乎完全占据整个维管束凹面，浅“C”形至新月形，两侧托叶翼内各具一较大团块状厚壁组织（箭头）。比例尺：A=2 cm，B=1 cm，C=2 mm，D=0.67 mm，E～G=0.5 mm，H=1 mm。

标本编号：LMY-275；**薄片编号**：LMY-275-1。

产地及层位：辽宁省北票市长皋乡赖马营村，中—上侏罗统髫髻山组。

图版 17

A～J *Claytosmunda* cf. *plumites*（Tian et Wang）Bomfleur, Grimm et McLoughlin

A. 示标本外形；B. 根茎横切面，示中柱、内外皮层及皮层内叶迹特征；C. 示中柱特征，外韧网管中柱，延迟型叶隙（箭头）；D. 外部皮层叶迹，叶迹维管束示单原生木质部丛（箭头）；E. 叶柄基托叶翼区中部，示多个叶柄基及 4 条近乎平行的根迹，叶柄基具异质硬化环，远轴端具厚壁纤维带，约占整个环周长的 1/3，维管束凹面内不具厚壁组织或仅具一较小厚壁组织块；F、G. 叶柄基托叶翼区中部，示异质硬化环，远轴端具厚壁纤维带，约占整个环周长的 1/2，维管束凹面内具一较大的团块状厚壁组织，几乎完全占据整个维管束凹面，托叶翼内具一厚壁组织块；H～J. 出托叶翼区叶柄基，维管束凹面内厚壁组织渐成伞状或蘑菇状，远轴端仍为厚壁纤维带所占据。比例尺：A=4 cm；B、C、E～J=1 mm；D=0.5 mm。

标本编号：DMG-56；**薄片编号**：DMG-56-1，2，3。

产地及层位：辽宁省北票市长皋乡段嘛沟村，中—上侏罗统髫髻山组。

图版 18

A～H *Claytosmunda* cf. *plumites*（Tian et Wang）Bomfleur, Grimm et McLoughlin

A. 示标本外形；B. 根茎横切面，示中柱、内外皮层及叶迹、叶柄基分布特征；C. 根茎横切面，示中柱、内外皮层及皮层内叶迹特征；D. 中柱横切面，示外韧网管中柱；E. 内部皮层叶迹，维管束仅具单个内始式原生木质部丛（箭头）；F. 外部皮层叶迹，维管束示单个原生木质部丛（箭头）；G. 叶柄基托叶翼区中部，示异质硬化环，远轴端完全由厚壁纤维带占据，维管束凹面内厚壁组织呈粗壮的短棒状；H. 托叶翼区顶部及出托叶翼区叶柄基，保存较差，但可以看到维管束凹面内厚壁组织块呈伞状。比例尺：A=2 cm，B=1 cm，C、H=2 mm，D=0.67 mm，E、F=0.5 mm，G=1 mm。

标本编号：LMY-305-1；**薄片编号**：LMY-305-1-1。

产地及层位：辽宁省北票市长皋乡赖马营村，中—上侏罗统髫髻山组。

图版 19

A～G *Claytosmunda* cf. *plumites*（Tian et Wang）Bomfleur, Grimm et McLoughlin

A. 示标本外形；B. 根茎横切面，示中柱、内外皮层及皮层内叶迹特征；C. 中柱横切面，示外韧网管中柱，保存较差，内皮层及其叶迹特征不明；D、E. 叶柄基托叶翼区中部，示异质硬化环，远轴端具厚壁纤维带，维管束凹面内厚壁组织块较大，几乎完全占据整个维管束凹面，托叶翼内各具一团块状厚壁组织；F、G.叶柄基托叶翼区上部，硬化环为异质，远轴端完全由厚壁纤维带占据，维管束凹面内厚壁组织块呈伞状或蘑菇状，两侧托叶翼各具一厚壁组织块。比例尺：A=1 cm，B、F、G=2 mm，C～E=1 mm。

标本编号：TZS-16；**薄片编号**：TZS-16-1。

产地及层位：辽宁省北票市长皋乡台子山，中—上侏罗统髫髻山组。

图版 20

A～H *Claytosmunda preosmunda*（Cheng, Wang et Li）Bomfleur, Grimm et McLoughlin

A. 示标本外形；B. 根茎横切面，示单个中柱；C. 根茎横切面，示中柱、内外皮层及皮层叶迹特征；D. 中柱横切面，示管状中柱，髓部细胞组成特征不明，未见完整叶隙；E. 叶柄基托叶翼区基部，示异质硬化环，远轴端最外围可见由厚壁纤维带形成的窄带，托叶翼内各具一较小的厚壁组织块（箭头），维管束凹面内未见明显厚壁组织；F. 托叶翼区中部典型叶柄基，硬化环为异质，远轴端为一厚壁组织带占据，约占整个硬化环周长的 1/3，两侧托叶翼内各具一厚壁组织团块；G、H. 示根茎外围叶柄基，硬化环远轴端厚壁纤维带逐渐收缩至两侧（白色箭头），其余部分厚度收窄为 1～2 个细胞厚，维管束凹面内具一新月形厚壁组织块（黑色箭头），托叶翼内厚壁组织块逐渐增大，呈团块状。比例尺：A =2 cm，B =1 cm，C、G=2 mm，D～F、H=0.5 mm。

标本编号：LMY-88；**薄片编号**：LMY-88-1。

产地及层位：辽宁省北票市长皋乡赖马营村，中—上侏罗统髫髻山组。

图版 21

A～J *Claytosmunda preosmunda*（Cheng, Wang et Li）Bomfleur, Grimm et McLoughlin

A. 示标本外形；B. 根茎横切面，示单个中柱；C. 根茎横切面，示中柱、内外皮层及皮层叶迹特征；D. 中柱横切面，示外韧网管中柱，髓部细胞组成特征不明；E. 刚从皮层区脱离的叶柄基，硬化环为同质，维管束凹面及托叶翼内部均未见厚壁组织块；F. 叶柄基托叶翼区基部，整个硬化环远轴端完全为厚壁纤维组织占据，维管束凹面具一厚壁组织团块，托叶翼内未见明显厚壁组织；G～I. 托叶翼区中部，硬化环为异质，远轴端厚壁纤维带收窄，仅占据远轴端外侧，约占整个硬化环厚度的 1/3，维管束凹面内具一半月形厚壁组织团块，托叶翼内具一巨大的厚壁组织团块；J. 托叶翼区上部，硬化环远轴端厚壁纤维带逐渐收缩至两侧（箭头），维管束凹面内具一半月形厚壁组织块，托叶翼内厚壁组织块巨大，呈团块状。比例尺：A、B=1 cm，C=2 mm，D～J=1 mm。

标本编号：LMY-109；**薄片编号**：LMY-109-1。

产地及层位：辽宁省北票市长皋乡赖马营村，中—上侏罗统髫髻山组。

图版 22

A～H *Claytosmunda preosmunda*（Cheng, Wang et Li）Bomfleur, Grimm et McLoughlin

A. 叶柄基托叶翼区中下部，示异质硬化环，远轴端最外围可见由厚壁纤维带形成的窄带，托叶翼内各具一较小的厚壁组织块（箭头），维管束凹面内具一厚壁组织块；B～E. 托叶翼区中部典型叶柄基，硬化环为异质，远轴端为一厚壁组织带占据，约占整个硬化环周长的 1/3～1/2，维管束凹面内具一新月形厚壁组织块，两侧托叶翼内各具一厚壁组织团块；F. 示根茎外围叶柄基，硬化环远轴端厚壁纤维带逐渐收缩至两侧（白色箭头），其余部分厚度收窄为 1～2 个细胞厚，维管束凹面内具一新月形厚壁组织块，托叶翼内厚壁组织块逐渐增大，呈团块状；G. 中柱纵切面，示髓部、木质部圆筒、叶迹、叶柄基在纵切面的分布特征，示叶迹维管束从木质部圆筒分离的角度（约 15°）；H. 示内部皮层叶迹分出的两个根迹。比例尺：A～G=1 mm，H=0.5 mm。

标本编号：LMY-88；**薄片编号**：LMY-88-1。

产地及层位：辽宁省北票市长皋乡段嘛沟村，中—上侏罗统髫髻山组。

图版 23

A～H *Claytosmunda wangii*（Tian et Wang）Bomfleur, Grimm et McLoughlin

A. 示标本外形；B. 茎干横切面，示单个中柱、内外部皮层及叶迹、叶柄基分布特征；C. 横切面，示中柱、内外皮层界线及皮层叶迹；D. 木质部圆筒（XC），示外韧网管中柱及内皮层叶迹；E. 中柱局部放大，示维管束具单个原生木质部丛（箭头），延迟型叶隙；F. 示异质髓部，以薄壁细胞为主，间有厚壁细胞（箭头）；G. 内外部皮层叶迹，a 为内部皮层叶迹，b 为外部皮层叶迹，均只见单个原生木质部丛（箭头）；H. 较靠近外皮层叶柄基，示同质硬化环，叶柄基内部皮层具少量厚壁组织块（箭头），维管束凹面内未见厚壁组织，叶柄基托叶翼具一较小厚壁组织块。比例尺：A、B =1 cm；C = 2 mm；D=1 mm；E、G=0.5 mm；F=0.25 mm；H=0.67 mm。

标本编号：PB21634；**薄片编号**：PB21634-1。

产地及层位：辽宁省北票市长皋乡蛇不呆沟村，中—上侏罗统髫髻山组。

图版 24

A～H *Claytosmunda wangii*（Tian et Wang）Bomfleur, Grimm et McLoughlin

A. 较靠近外皮层叶柄基，示同质硬化环，叶柄基内部皮层具少量厚壁组织块（箭头），维管束凹面内未见厚壁组织，托叶翼内见一根迹（RT）；B. 叶柄基区较内部叶柄基，硬化环呈异质，远轴端开始出现厚壁纤维带（SFB），叶柄基内皮层具少量厚壁组织块（箭头），维管束凹面内具散碎的厚壁组织块（SM），两侧托叶翼内各具一略呈楔形的厚壁组织块（SM）；C、D. 叶柄基区中部叶柄基，硬化环远轴端完全为厚壁纤维带占据，纤维带两侧略膨大，叶柄基维管束凹面内出现呈弓形厚壁组织块，中间具间断，略呈串珠状，维管束凹面开口处及内部皮层均见散碎厚壁组织块；E. 叶柄基区较外侧叶柄基，异质硬化环远轴端厚壁纤维带两端逐渐膨大，叶柄基内部皮层内散碎的厚壁组织块绕维管束形成一圈（箭头），维管束凹面内具大量散碎厚壁组织块；F. 最外围的叶柄基中，硬化环仍呈异质，但远轴端有所收窄，且厚壁纤维带两端呈膨大的块状（箭头），维管束凹面内厚壁组织增大，呈弓形至新月形；G、H. 标本另一层面横切面，示中柱、内外皮层及叶迹分布特征。比例尺：A=0.67 cm；B、H=1 mm；C～E = 1.33 mm；F、G=2 mm。

标本编号：PB21634；**薄片编号**：PB21634-1，2。

产地及层位：辽宁省北票市长皋乡蛇不呆沟村，中—上侏罗统髫髻山组。

图版 25

A～H *Claytosmunda wangii*（Tian et Wang）Bomfleur, Grimm et McLoughlin

A. 示标本外形；B. 茎干横切面，示两个分叉的中柱（a，b）及叶迹、叶柄基分布特征；C. 横切面，示木质部圆筒（XC）、髓部（P）、内皮层及所含叶迹，外韧网管中柱；D. 横切面，示另一中柱；E. 髓部，局部可见薄壁细胞（箭头）；F. 中柱局部放大，示即时型完整叶隙，内皮层叶迹（LT）仅具单个原生木质部丛，根迹（RT）具二极型原生木质部（白色箭头）；G. 外部皮层叶迹，示单个原生木质部丛（箭头）；H. 较靠近外皮层叶柄基，示同质硬化环，均有薄壁纤维构成。比例尺：A =2 cm；B=1 cm；C =1 mm；D～G =0.5 mm；H=0.67 mm。

标本编号：PB21635。

产地及层位：辽宁省北票市长皋乡台子山，中—上侏罗统髫髻山组。

图版 26

A～F *Claytosmunda wangii*（Tian et Wang）Bomfleur, Grimm et McLoughlin

A. 刚进入叶柄基区的叶柄基，示异质硬化环（SR），远轴端出现一厚壁纤维带（SFB），约占据整个远轴端厚度的 1/2，叶柄基内皮层内具少数厚壁组织碎块（箭头），叶柄基托叶翼内具一较小的厚壁组织块；B. 叶柄基区中部叶柄基，示异质硬化环（SR），厚壁纤维带（SFB）占据整个远轴端，叶柄基内皮层内厚壁组织碎块数目有所增加，沿维管束远轴端分布，维管束凹面内具一弓形厚壁组织块，托叶翼内厚壁组织块有所增大；C～F. 最外围的叶柄基中，硬化环仍呈异质，但远轴端有所收窄，且厚壁纤维带两端呈膨大的块状（箭头），维管束凹面内厚壁组织增大，呈弓形至新月形。比例尺：A、B、D、F=1 mm；C、E=2 mm。

标本编号：PB21635。

产地及层位：辽宁省北票市长皋乡台子山，中—上侏罗统髫髻山组。

图版 27

A～H *Claytosmunda wangii*（Tian et Wang）Bomfleur, Grimm et McLoughlin

A. 示标本外形；B. 茎干横切面，示单个中柱、内外部皮层及叶迹、叶柄基分布特征；C. 横切面，示中柱及内皮层叶迹，外韧网管中柱（XC），内皮层叶迹维管束具单个原生木质部丛，即时型叶隙；D. 中柱局部放大，示内皮层叶迹（LT）及完整叶隙，仅具单个原生木质部丛（箭头）；E. 外部皮层叶迹（LT）及根迹（RT），白色箭头示叶迹单个原生木质部丛，黑色箭头示根迹横切面；F. 较靠近外皮层叶柄基，示同质硬化环；G. 刚进入叶柄基区的叶柄基，示异质硬化环（SR），远轴端出现一厚壁纤维带（SFB），约占据整个远轴端厚度的 1/2，叶柄基内皮层内具少数厚壁组织碎块（箭头），叶柄基托叶翼内具一较小的厚壁组织块；H. 最外围的叶柄基中，硬化环仍呈异质，但远轴端有所收窄，且厚壁纤维带两端呈膨大的块状（箭头），维管束凹面内厚壁组织增大，呈弓形至新月形。比例尺：A =1 cm；B、H=2 mm；C、E～G = 1 mm；D=0.5 mm。

标本编号：PB21635。

产地及层位：辽宁省北票市长皋乡台子山，中—上侏罗统髫髻山组。

图版 28

A～H *Claytosmunda zhangiana* Tian, Wang et Jiang

A. 示标本外形；B. 根茎横切面，示中柱、内外皮层及叶迹、叶柄基分布特征；C. 木质部圆筒及内外皮层叶迹特征，示外韧网管中柱及完整叶隙；D. 示髓部（P）位置、木质部圆筒（XC）局部细节特征及内部皮层（IC）区的叶迹（LT）；E. 示外皮层叶迹，维管束仅具单个原生木质部丛（箭头）；F. 靠近外皮层叶柄基，示异质硬化环，维管束凹面内未见厚壁组织；G. 叶柄基区中部叶柄基，远轴端厚壁纤维带中间部分逐渐收窄，两端膨大（箭头），维管束凹面内未见厚壁组织，两个托叶翼内各具一厚壁组织块；H. 叶柄基区外围叶柄基，整个纤维带呈哑铃状，两端明显膨大，中部收窄（箭头），托叶翼内见一团块状厚壁组织（SM）（箭头）。比例尺：A = 2 cm；B = 1 cm；C、H = 2 mm；D、E、G= 1 mm；F= 0. 5 mm。

标本编号：PMOL-B01254。

产地及层位：辽宁省北票市长皋乡段嘛沟村，中—上侏罗统髫髻山组。

图版 29

A～H *Claytosmunda zhengii* sp. nov.

A. 根茎横切面，示中柱、内外皮层及叶迹、叶柄基分布特征；B. 示中柱、内外部皮层及皮层叶迹分布特征；C. 示中柱特征，管状中柱，具不完整叶隙，髓部未保存；D. 示外部皮层叶迹，示单个原生木质部丛（箭头）；E. 靠近外部皮层叶柄基，硬化环为异质，远轴端具厚壁纤维带，维管束凹面内未见明显厚壁组织，叶柄基内皮层具一环维管束分布的厚壁组织带，两侧托叶翼内各具一厚壁组织块；F. 叶柄基托叶翼区中部叶柄基，原环绕维管束分布的厚壁组织带近轴端的一部分融合为一大块（SM），并进入维管束凹面内，托叶翼内具大量厚壁组织块（箭头）；G、H. 根茎最外围叶柄基，维管束凹面内厚壁组织块逐渐变为两块（箭头），托叶翼内具大量厚壁组织块。比例尺：A=1 cm，B= 2 mm，C、E～H = 1 mm，D=0.5 mm。

标本编号：SBD-2；**薄片编号**：SBD-2-1。

产地及层位：辽宁省北票市长皋乡蛇不呆沟村，中—上侏罗统髫髻山组。

图版 30

A～H *Millerocaulis beipiaoensis*（Tian et al.）Bomfleur, Grimm et McLoughlin

A. 茎干横切面，示标本分叉后的两个中柱及皮层、叶迹、叶柄基的分布和特征；B. 示分叉后一中柱，可见中柱及内外皮层；C. 示木质部圆筒及木质部束特征；D. 木质部圆筒局部放大，示中始式原生木质部（白色箭头）；E. 示一正从中柱木质部圆筒分离的叶迹，示即时型叶隙；F. 内皮层叶迹，见单个原生木质部丛（黑色箭头）；G. 外皮层叶迹，示两个原生木质部丛（黑色箭头）；H. 示离皮层较近叶柄基特征，其维管束见两个原生木质部丛（黑色箭头）。比例尺：A= 6 mm；B= 3 mm；C、D = 1 mm；E～H = 0.5 mm。

标本编号：PB21406-21410。

产地及层位：辽宁省北票市长皋乡蛇不呆沟村，中—上侏罗统髫髻山组。

图版 31

A～H *Millerocaulis beipiaoensis*（Tian et al.）Bomfleur, Grimm et McLoughlin

A. 横切面，示离中柱较近叶柄基，示同质硬化环（SR），维管束近轴凹面具两个原生木质部丛（黑色箭头）；B. 示不同发展阶段的叶柄基特征，其叶柄基维管束凹面内厚壁组织块形态从 1～3 由团块状逐渐变为半月形；C～E. 示不同水平面上叶柄基横切面，白色箭头指示叶柄基内厚壁组织；F. 示外部皮层内根迹（RT）；G. 示根迹二极型木质部束；H. 示根迹梯纹加厚。比例尺：A、C、D、F = 1 mm；B、E= 0.5 mm；G= 0.25 mm；H= 25 μm。

标本编号：PB21406-21410。

产地及层位：辽宁省北票市长皋乡蛇不呆沟村，中—上侏罗统髫髻山组。

图版 32

A～H *Millerocaulis beipiaoensis*（Tian et al.）Bomfleur, Grimm et McLoughlin

A. 示标本外形；B. 横切面，示中柱、内外皮层及叶迹特征；C. 木质部圆筒，示外韧网管中柱及内皮层叶迹，叶隙为即时型；D. 中柱局部放大，示中始式原生木质部，图下部示髓部（P），由薄壁细胞构成；E. 中柱局部放大，示完整叶隙，黑色箭头指示呈“V”形的韧皮部细胞；F. 示根迹二极型原生木质部束（白色箭头）；G、H. 示典型叶柄基。比例尺：A=1 cm；B=2 mm；C、G、H=1 mm；D、E=0.5 mm；F=0.25 mm。

标本编号：PB21406-21410。

产地及层位：辽宁省北票市长皋乡蛇不呆沟村，中—上侏罗统髫髻山组。

图版 33

A～H *Millerocaulis bromeliifolites* sp. nov.

A. 示标本外形；B. 根茎横切面，示疑似中柱及叶柄基分布特征，皮层部分未保存；C. 横切面，示疑似管状中柱，局部可见管胞（箭头），髓部未保存；D. 疑似中柱局部放大，示不完整叶隙及管胞；E. 较靠近外部皮层叶柄基，硬化环为同质，维管束凹面未见明显厚壁组织，托叶翼内散布大量厚壁组织块；F～H. 托叶翼区典型叶柄基，维管束凹面内具一巨大的厚壁组织块，呈元宝状，往维管束开口方向呈凸起状，托叶翼较短，内具一较大的厚壁组织块，其远轴端具长条状厚壁组织，其末端探入托叶翼尖端（白色箭头），周围散布大量较小的厚壁组织丛。比例尺：A、B=1 cm，C、E、F、H=1 mm，D=0.5 mm，G=2 mm。

标本编号：LMY-249；**薄片编号**：LMY-249-1。

产地及层位：辽宁省北票市长皋乡赖马营村，中—上侏罗统髫髻山组。

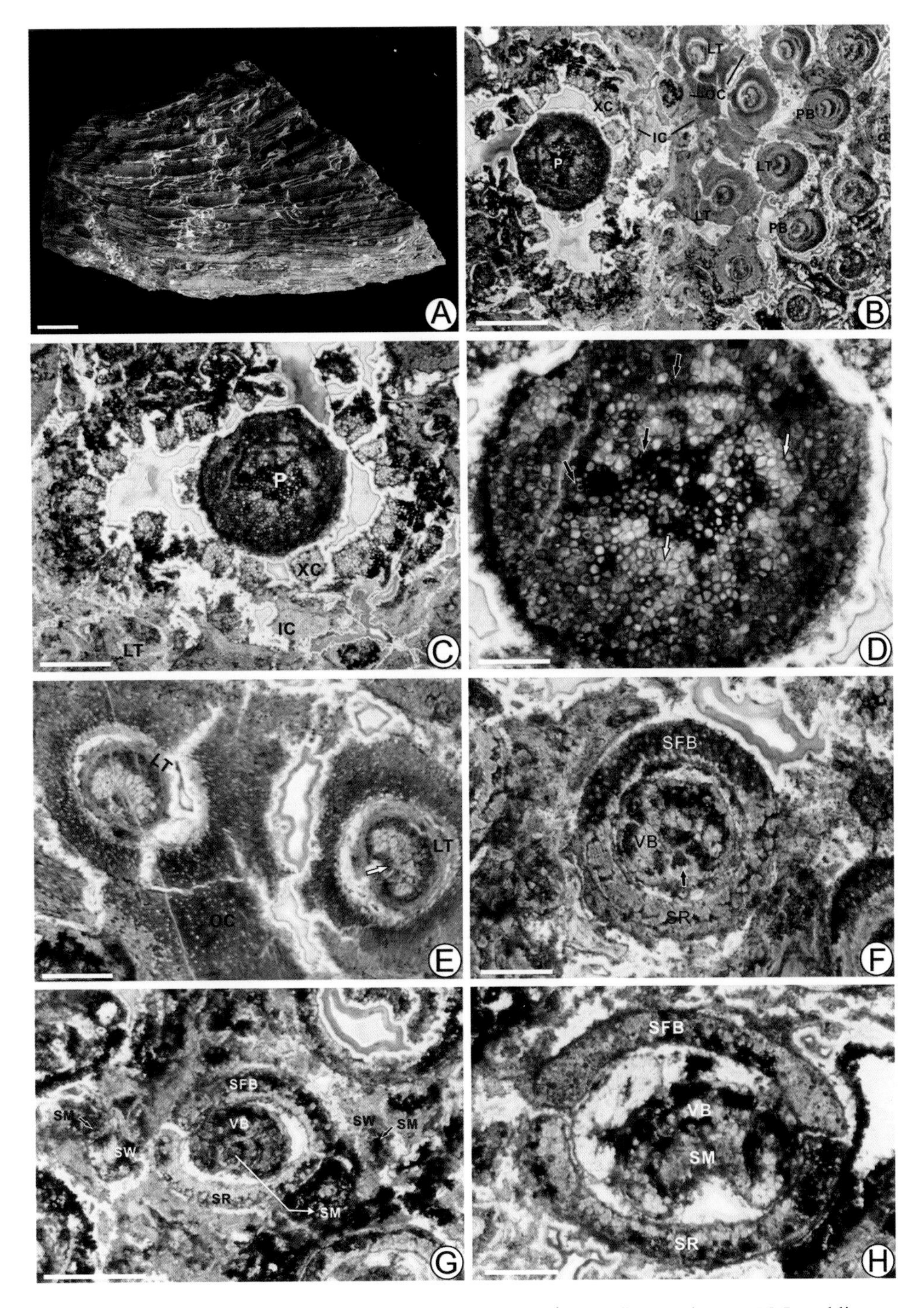

图版 1　*Claytosmunda liaoningensis*（Zhang et Zheng）Bomfleur, Grimm et McLoughlin

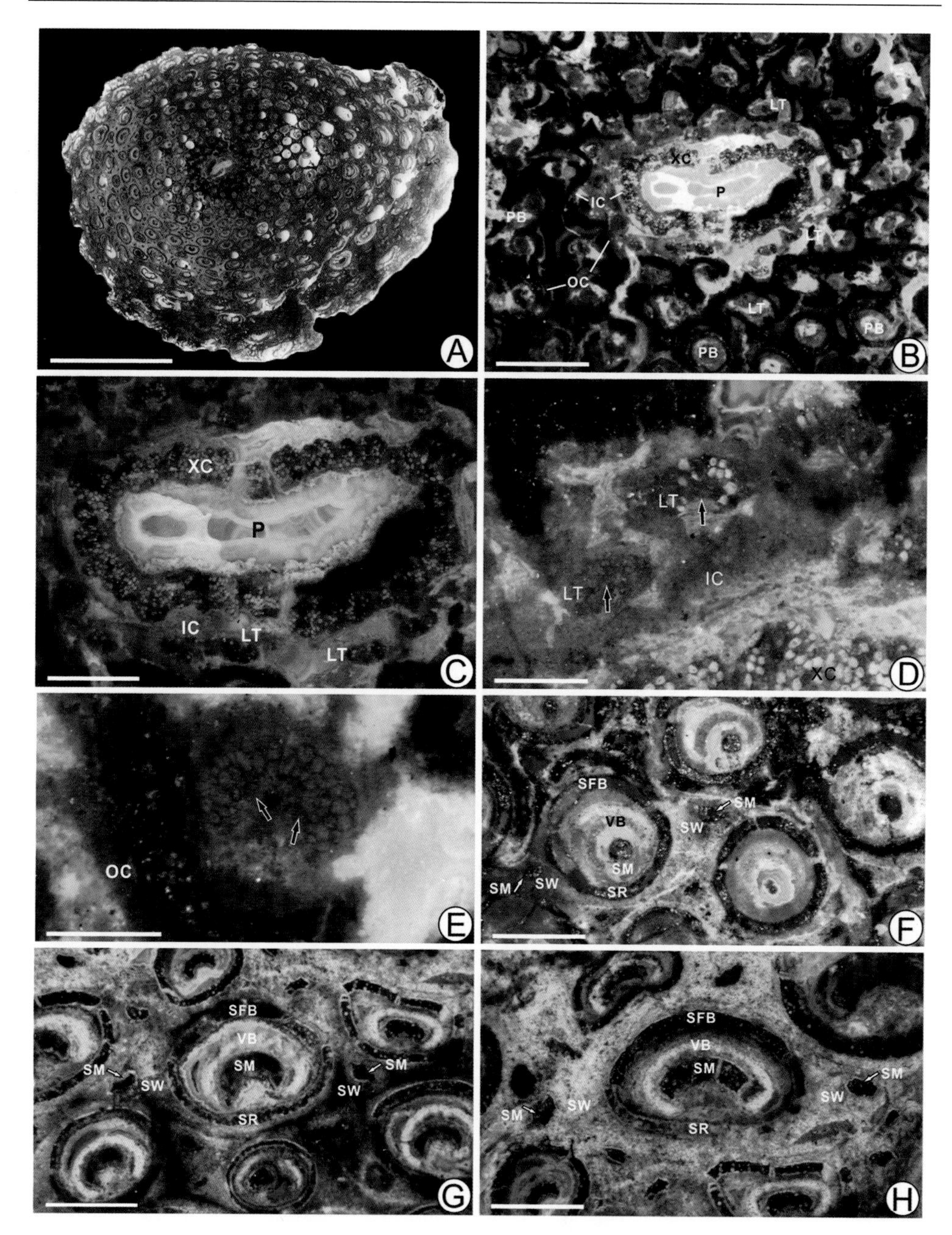

图版 2 *Claytosmunda liaoningensis*（Zhang et Zheng）Bomfleur, Grimm et McLoughlin

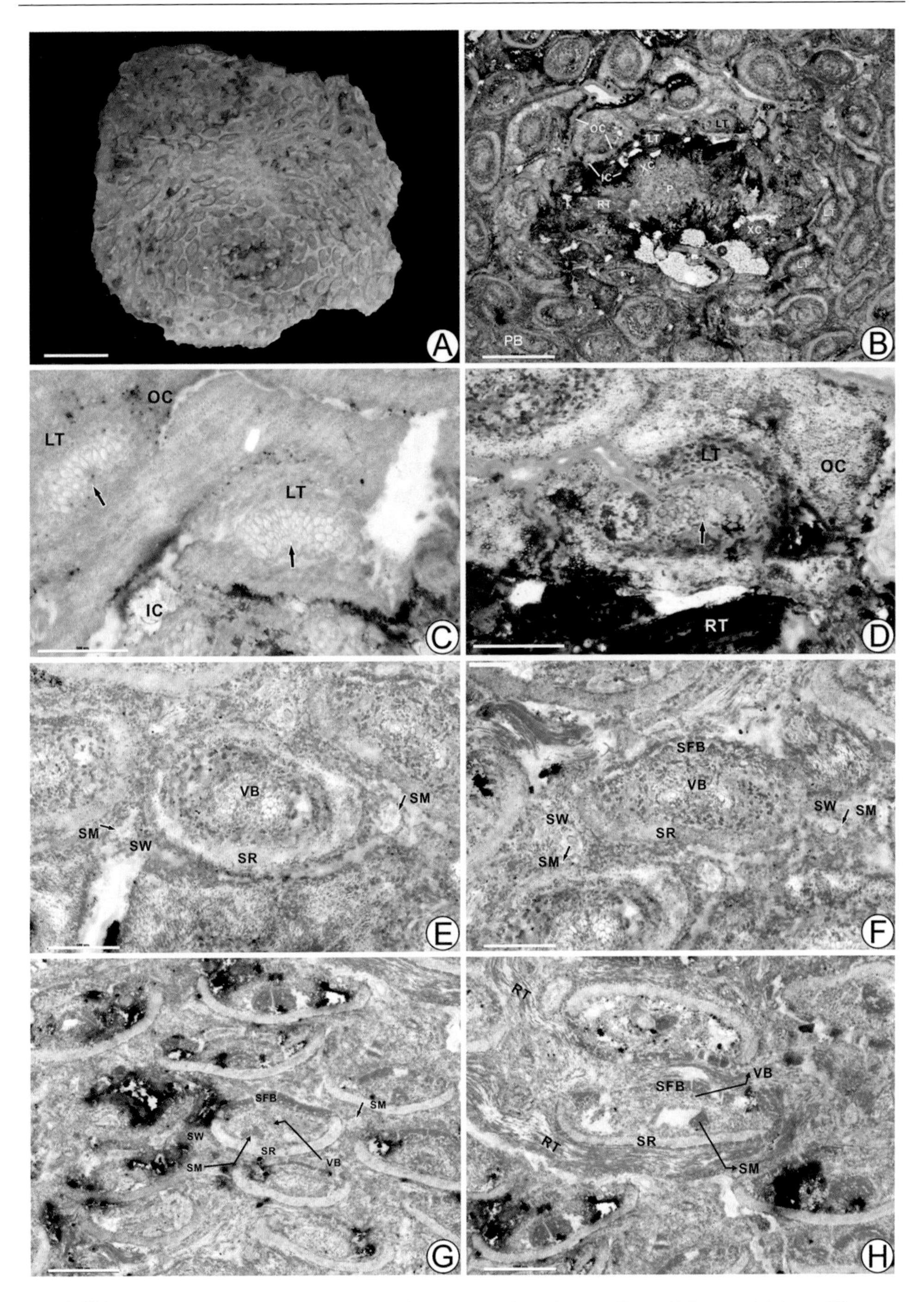

图版 3　*Claytosmunda liaoningensis*（Zhang et Zheng）Bomfleur, Grimm et McLoughlin

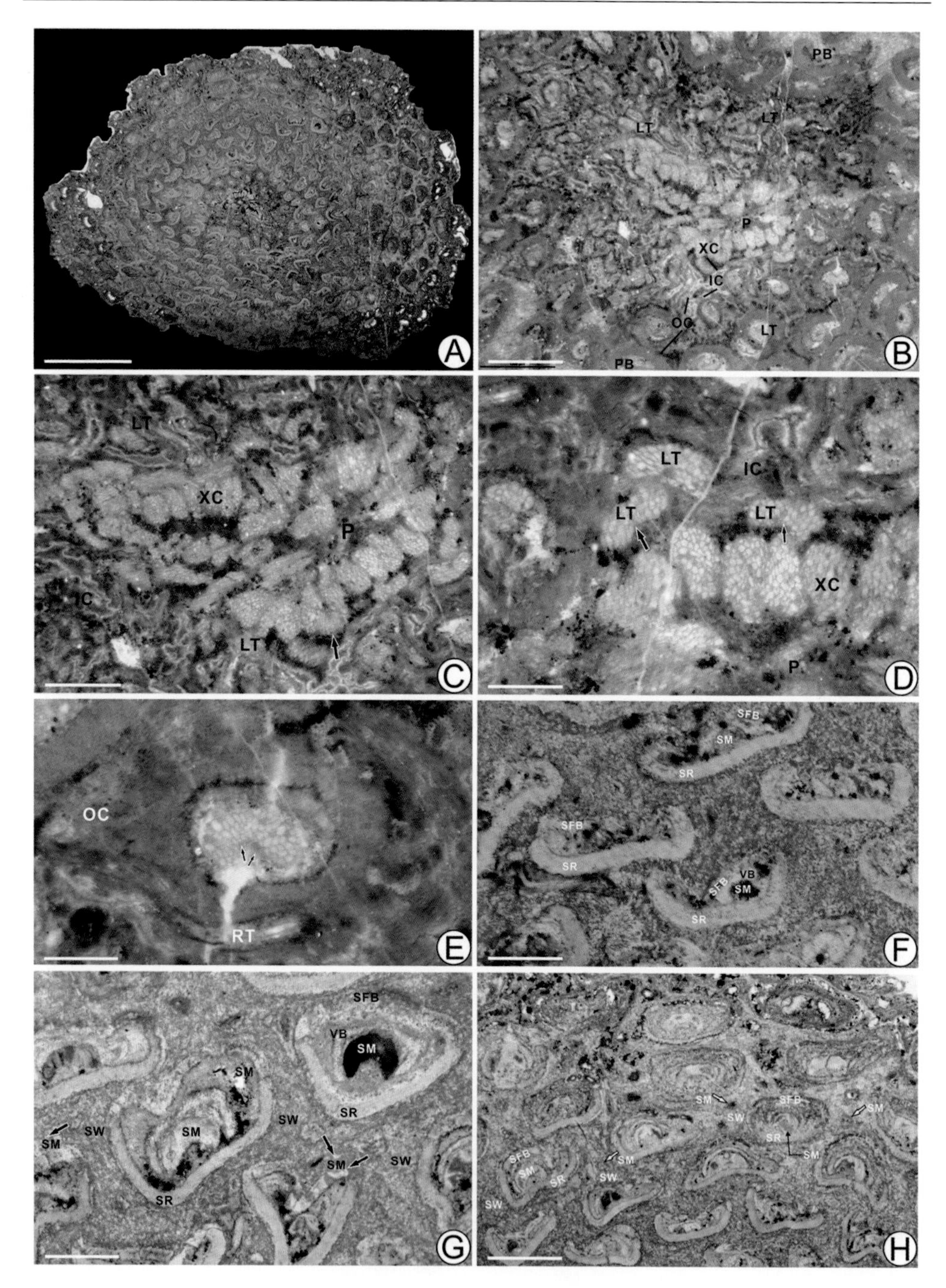

图版 4　*Claytosmunda liaoningensis*（Zhang et Zheng）Bomfleur, Grimm et McLoughlin

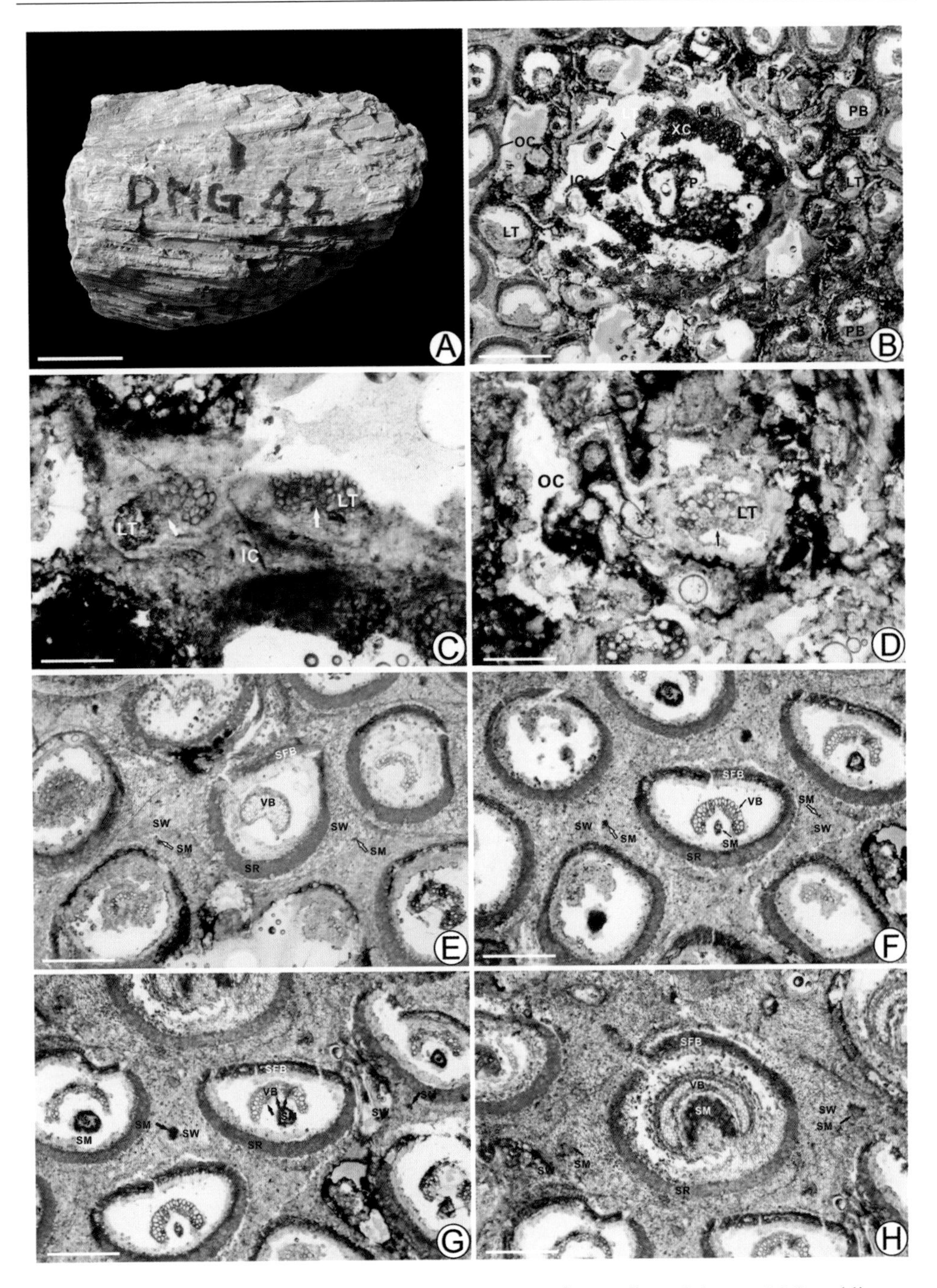

图版 5　*Claytosmunda liaoningensis*（Zhang et Zheng）Bomfleur, Grimm et McLoughlin

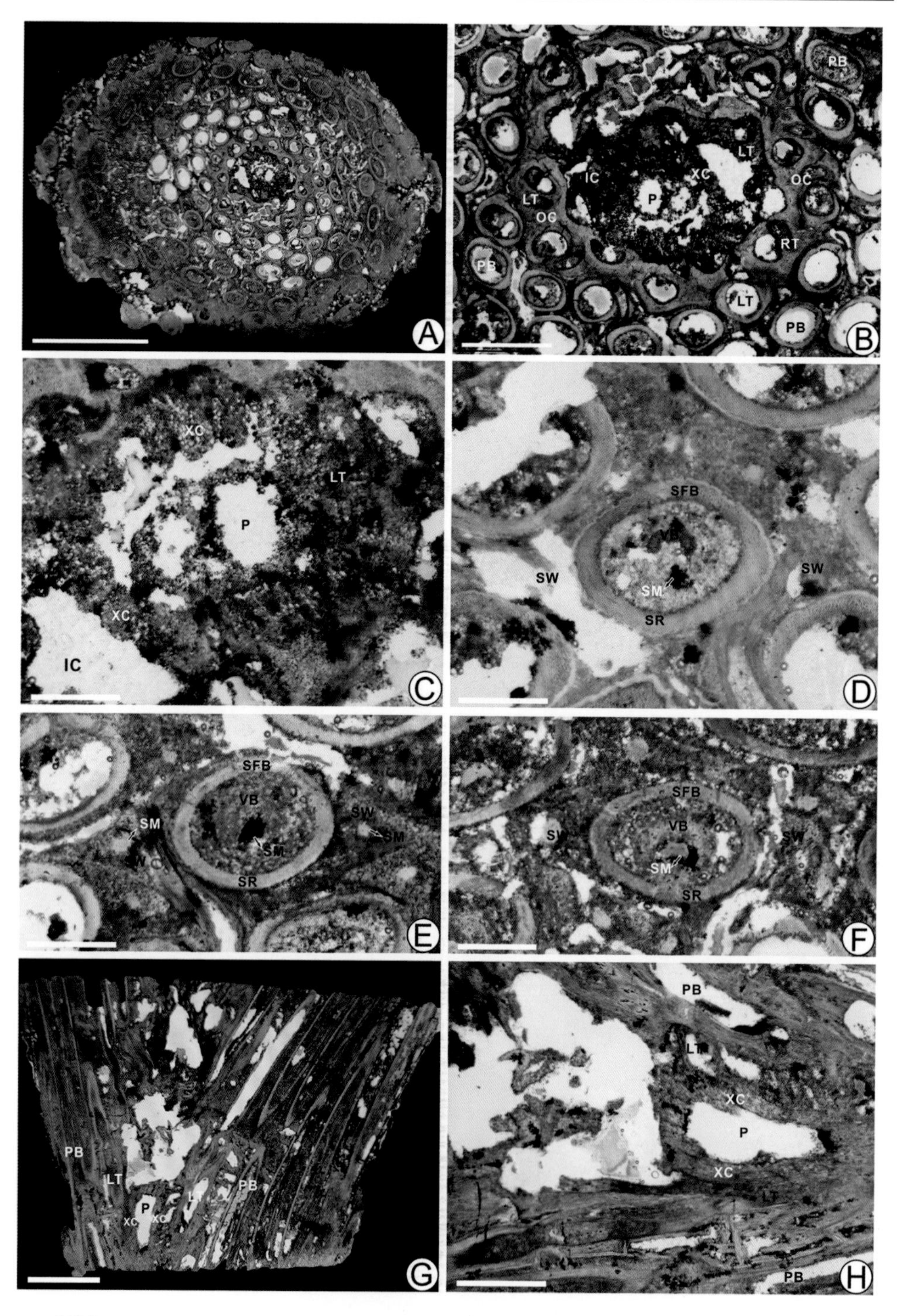

图版 6　*Claytosmunda liaoningensis*（Zhang et Zheng）Bomfleur, Grimm et McLoughlin

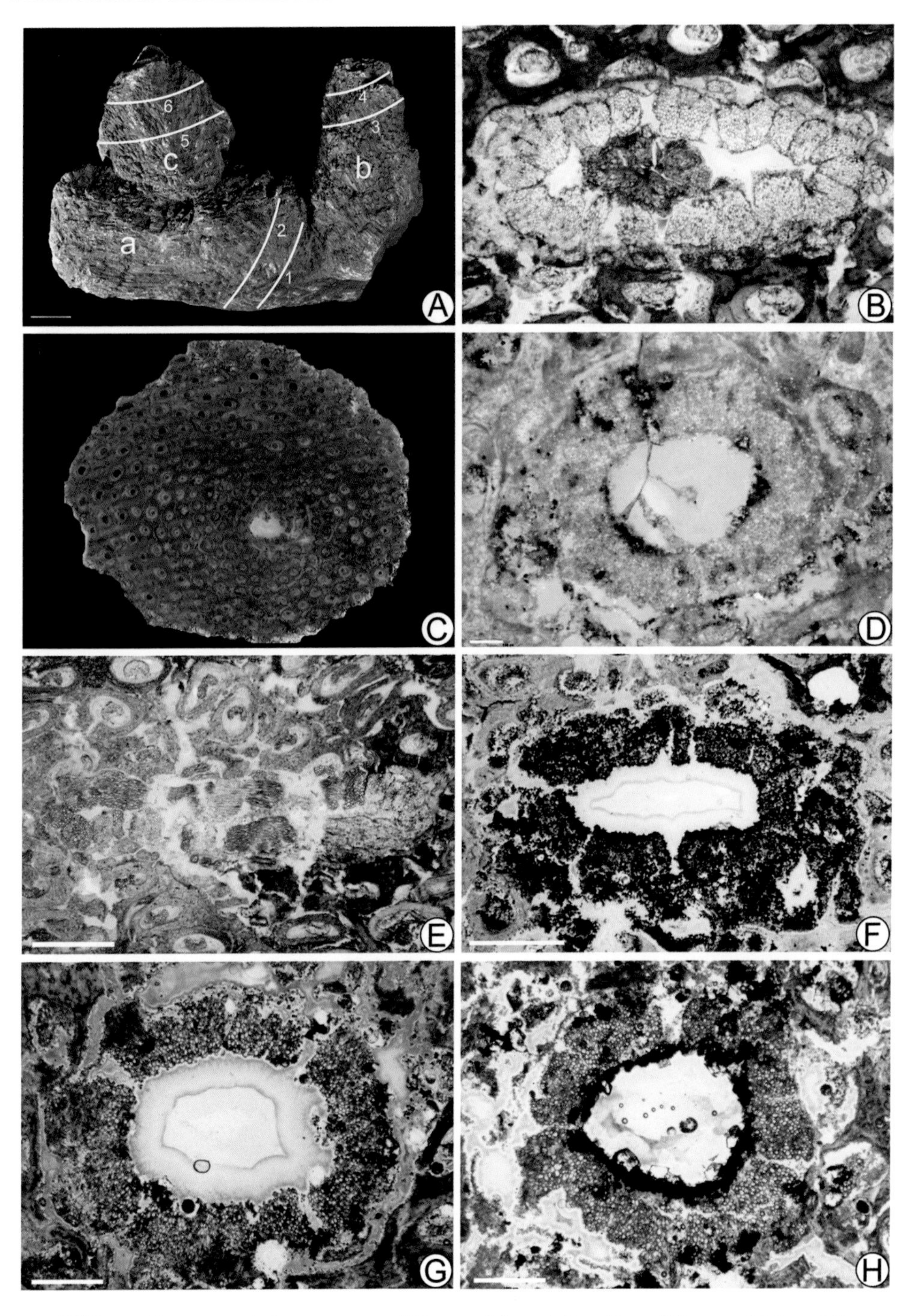

图版 7　*Claytosmunda liaoningensis*（Zhang et Zheng）Bomfleur, Grimm et McLoughlin

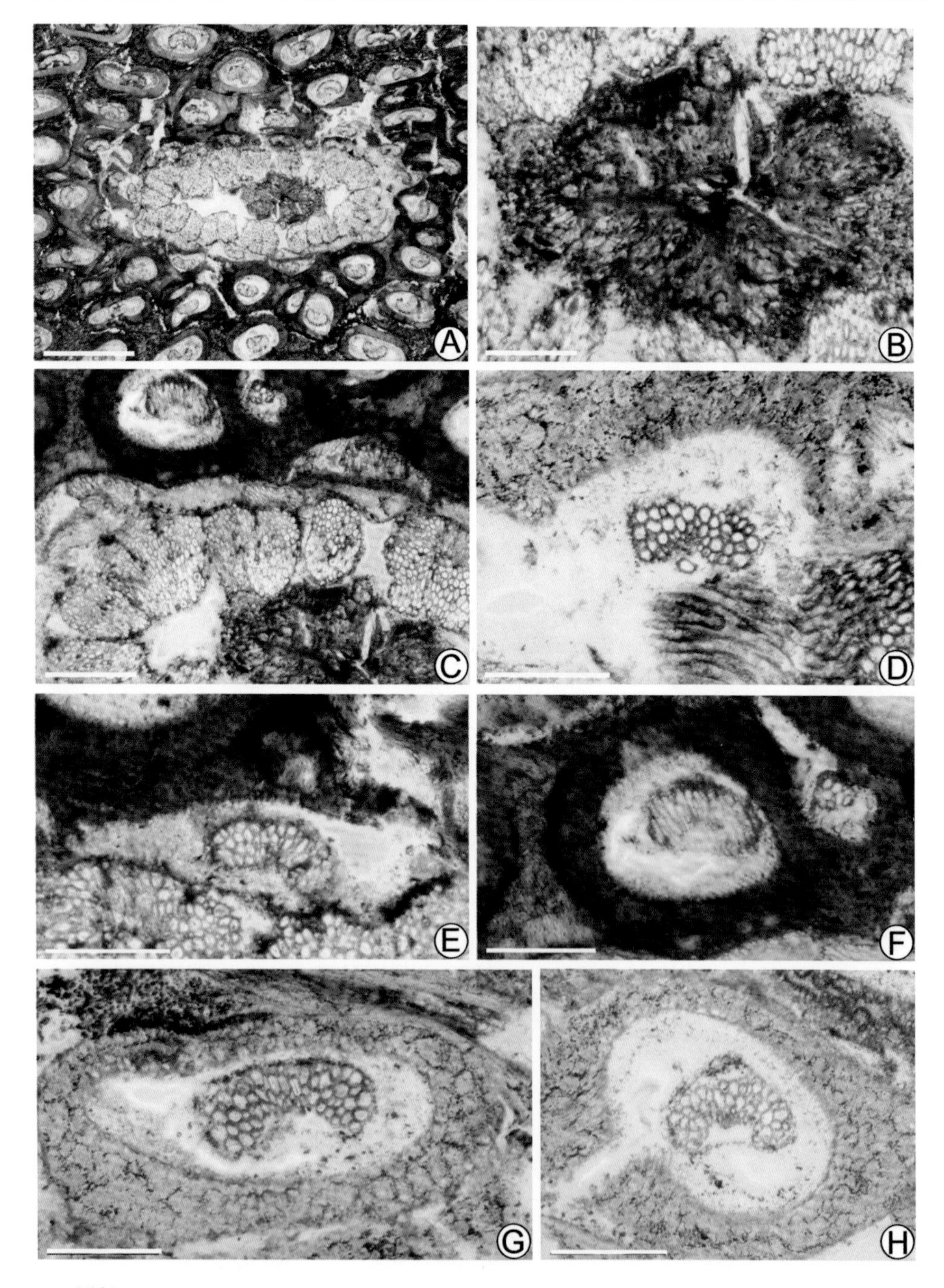

图版 8　*Claytosmunda liaoningensis*（Zhang et Zheng）Bomfleur, Grimm et McLoughlin

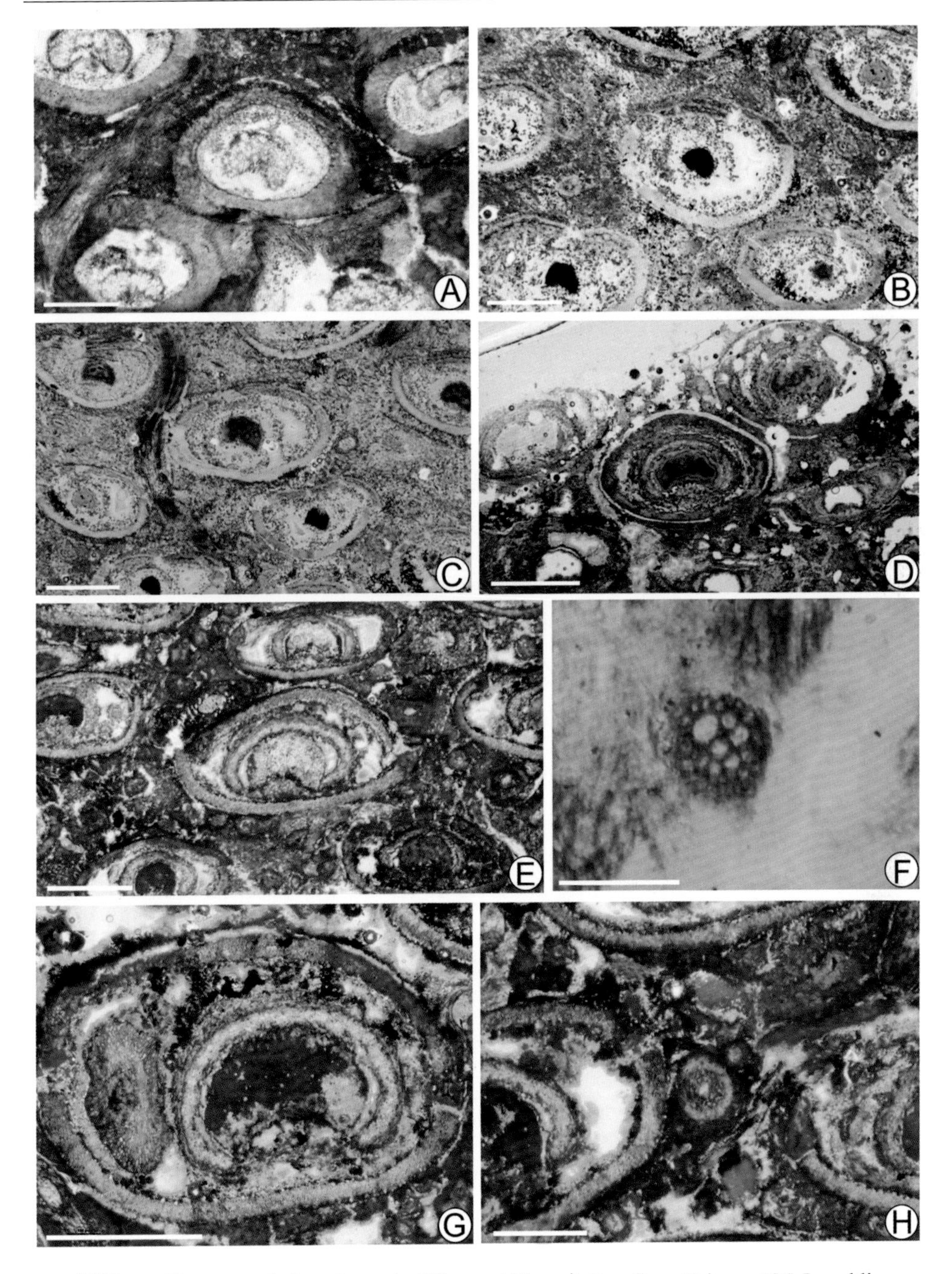

图版 9　*Claytosmunda liaoningensis*（Zhang et Zheng）Bomfleur, Grimm et McLoughlin

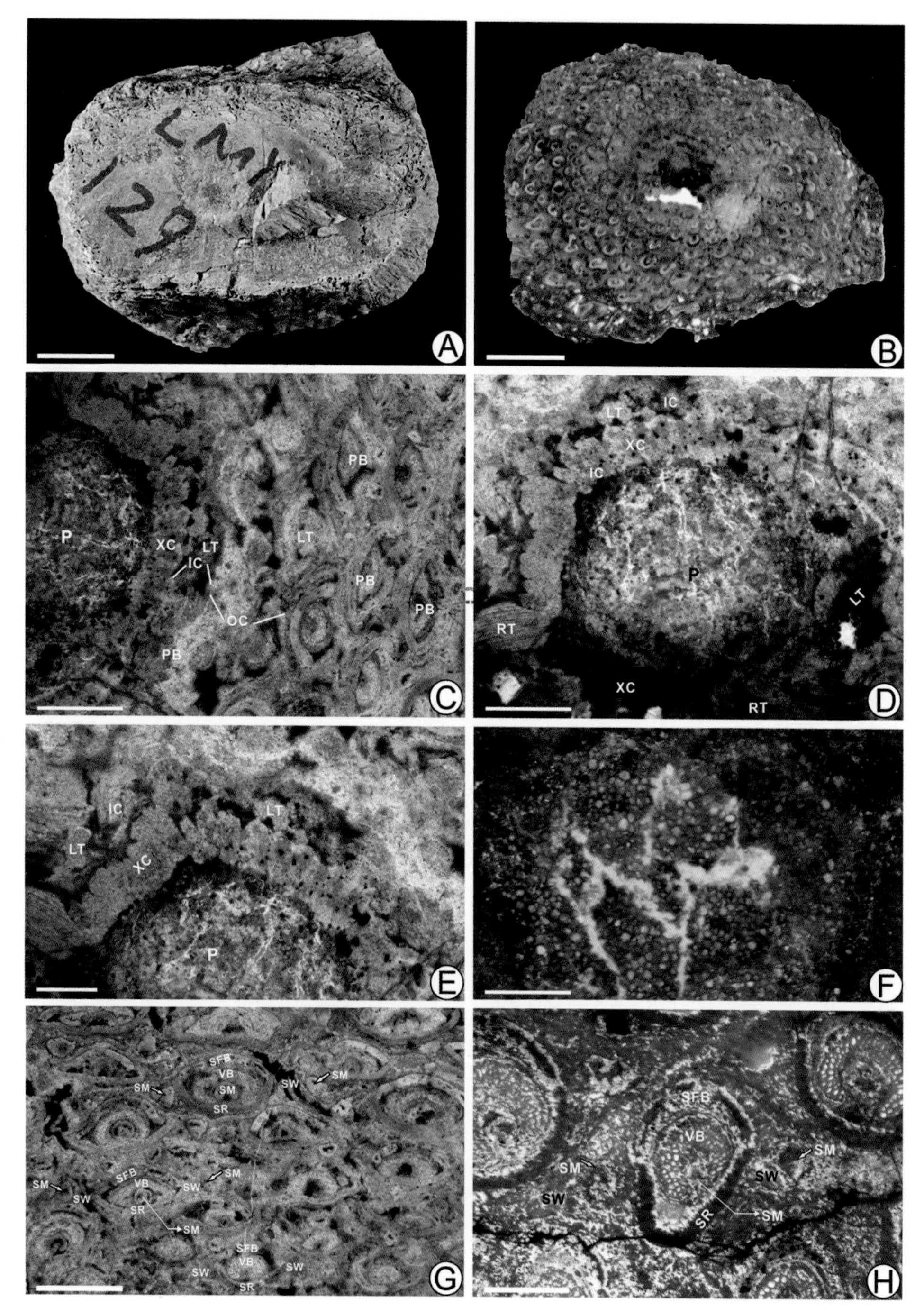

图版 10　*Claytosmunda* cf. *liaoningensis*（Zhang et Zheng）Bomfleur, Grimm et McLoughlin

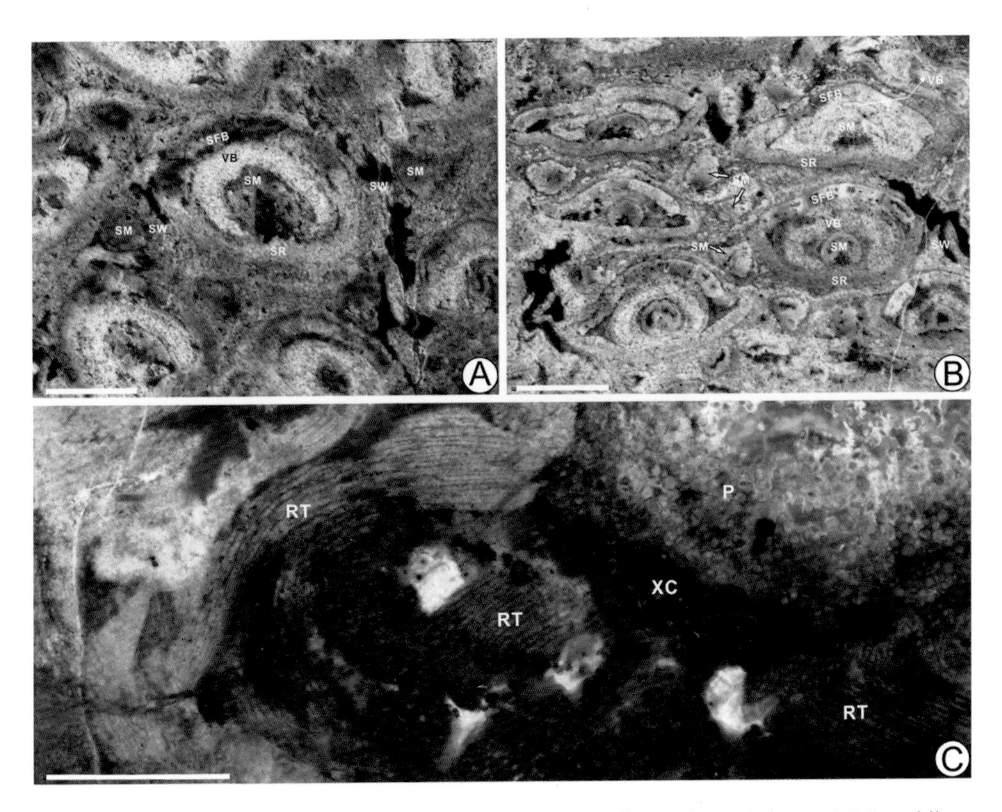

图版 11 *Claytosmunda* cf. *liaoningensis*（Zhang et Zheng）Bomfleur, Grimm et McLoughlin

图版 12　*Claytosmunda* cf. *liaoningensis*（Zhang et Zheng）Bomfleur, Grimm et McLoughlin

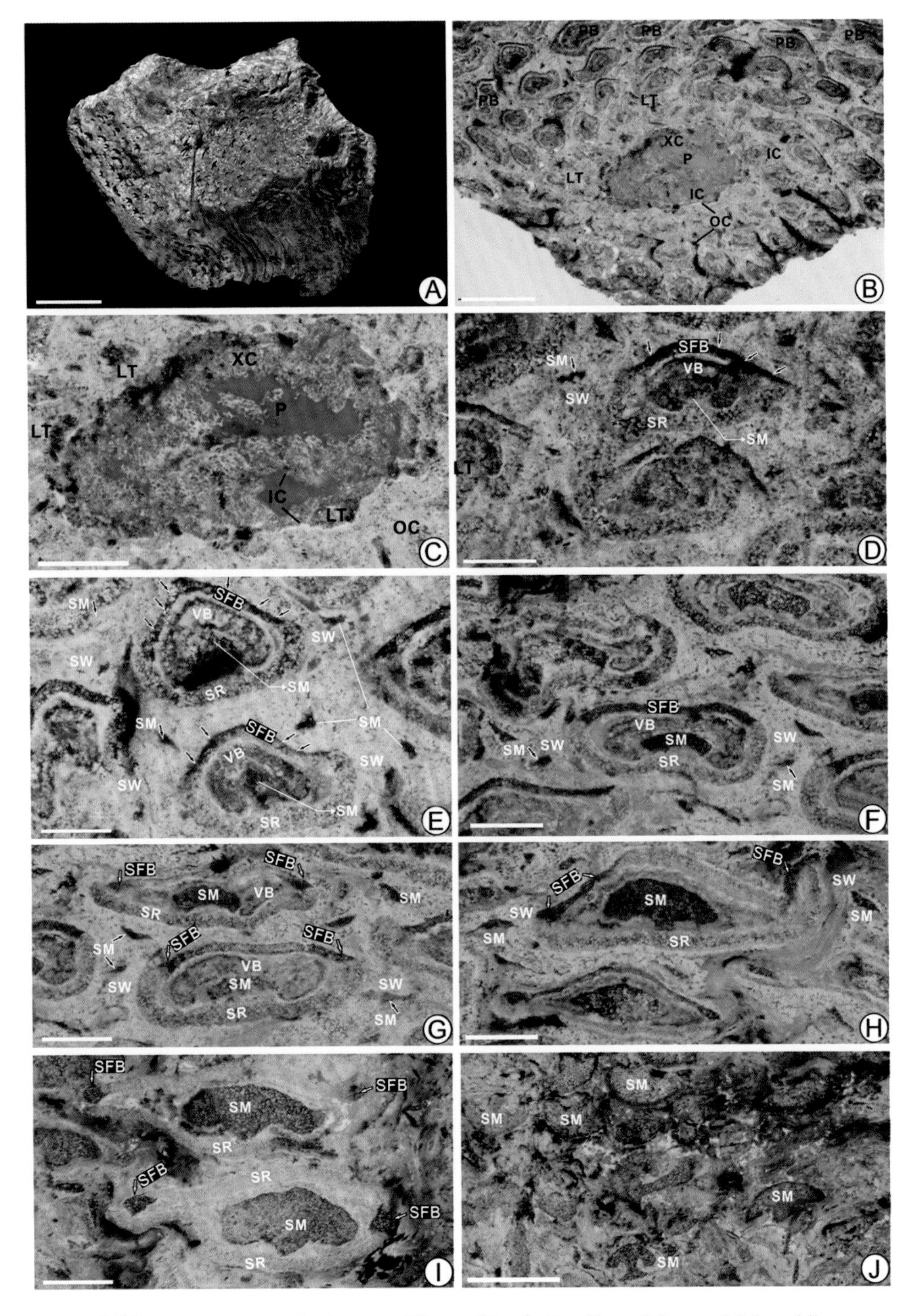

图版 13　*Claytosmunda plumites*（Tian et Wang）Bomfleur, Grimm et McLoughlin

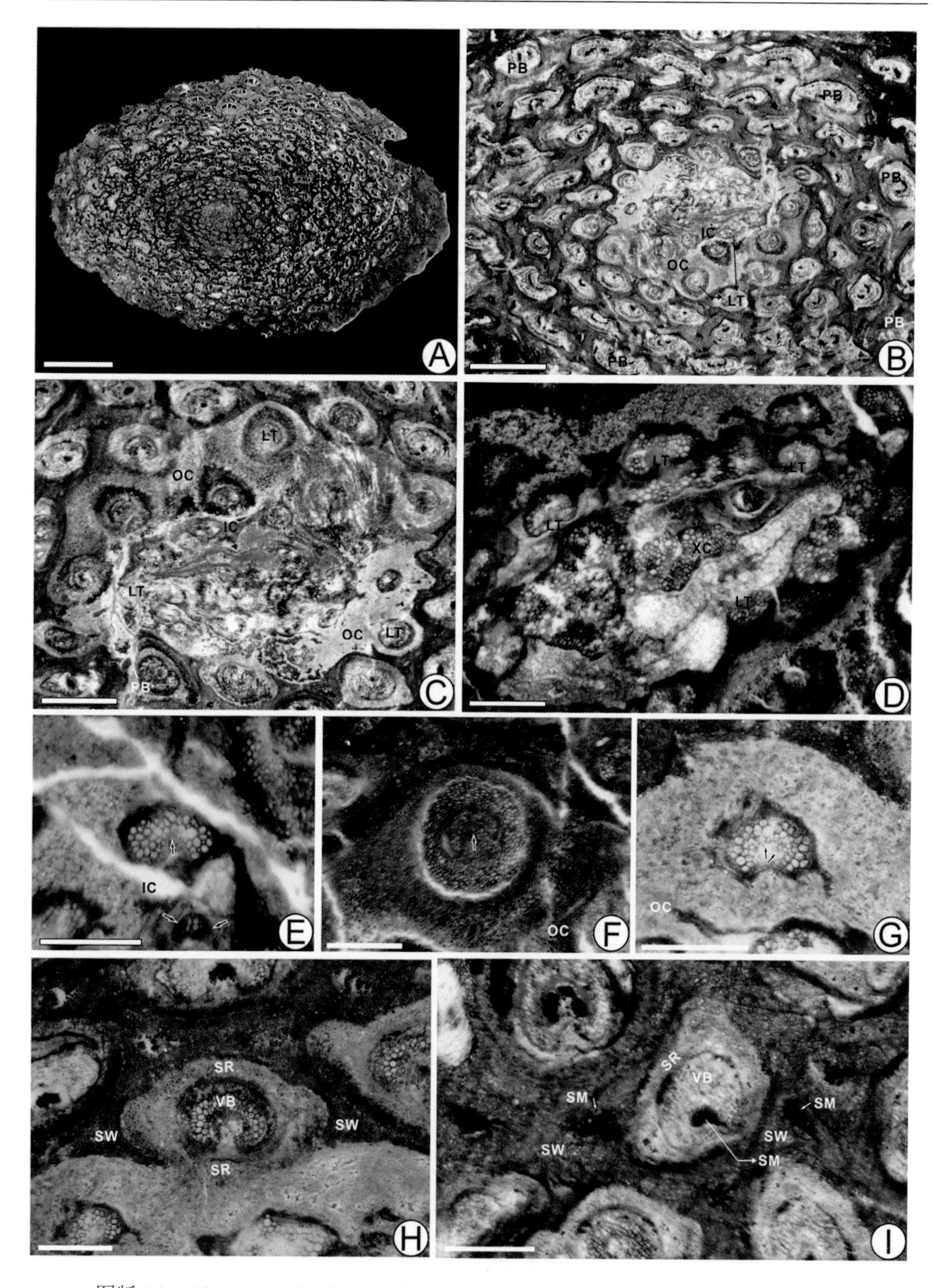

图版 14　*Claytosmunda plumites*（Tian et Wang）Bomfleur, Grimm et McLoughlin

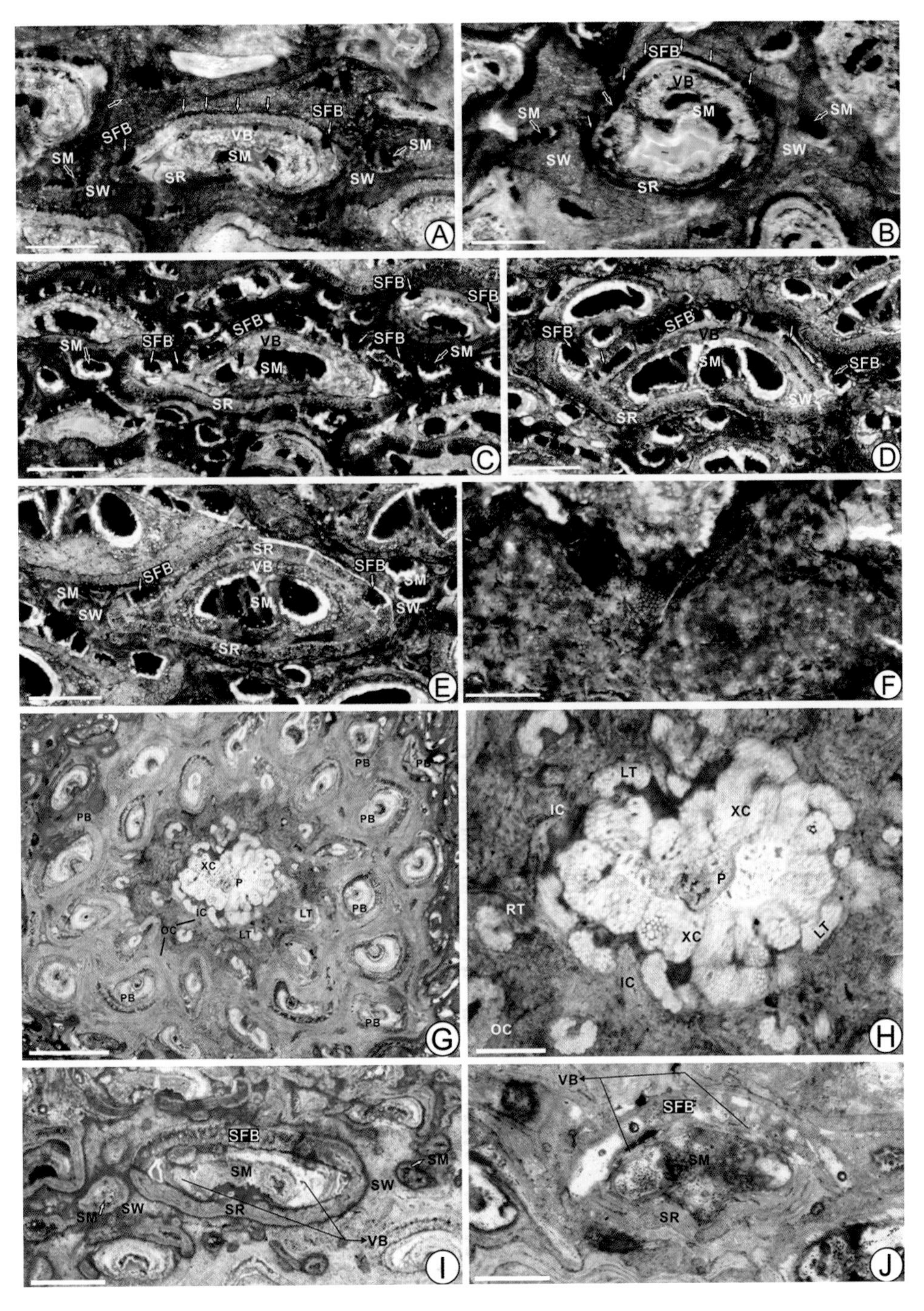

图版 15　*Claytosmunda plumites* 及 *Claytosmunda* cf. *plumites*

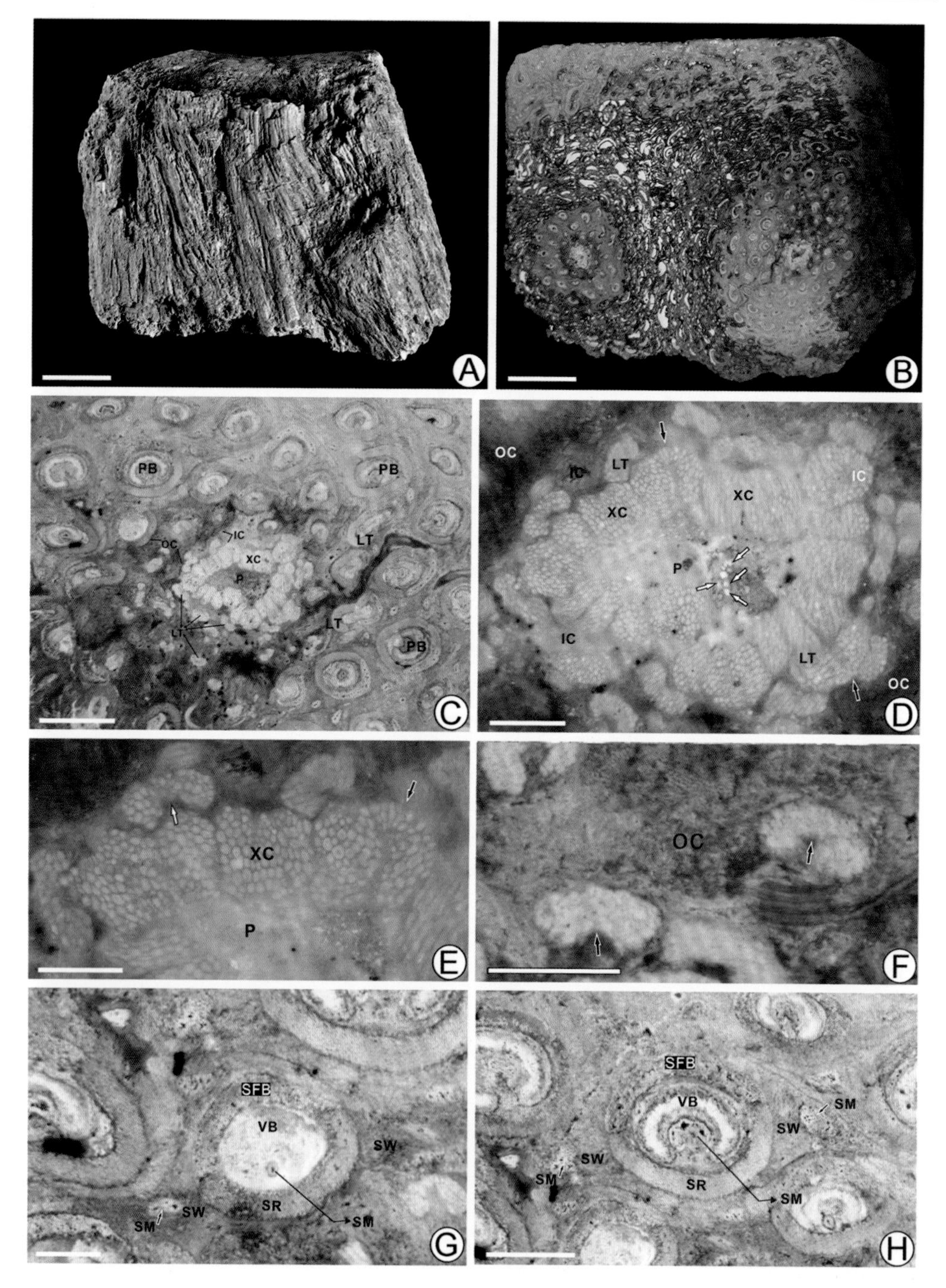

图版 16　*Claytosmunda* cf. *plumites*（Tian et Wang）Bomfleur, Grimm et McLoughlin

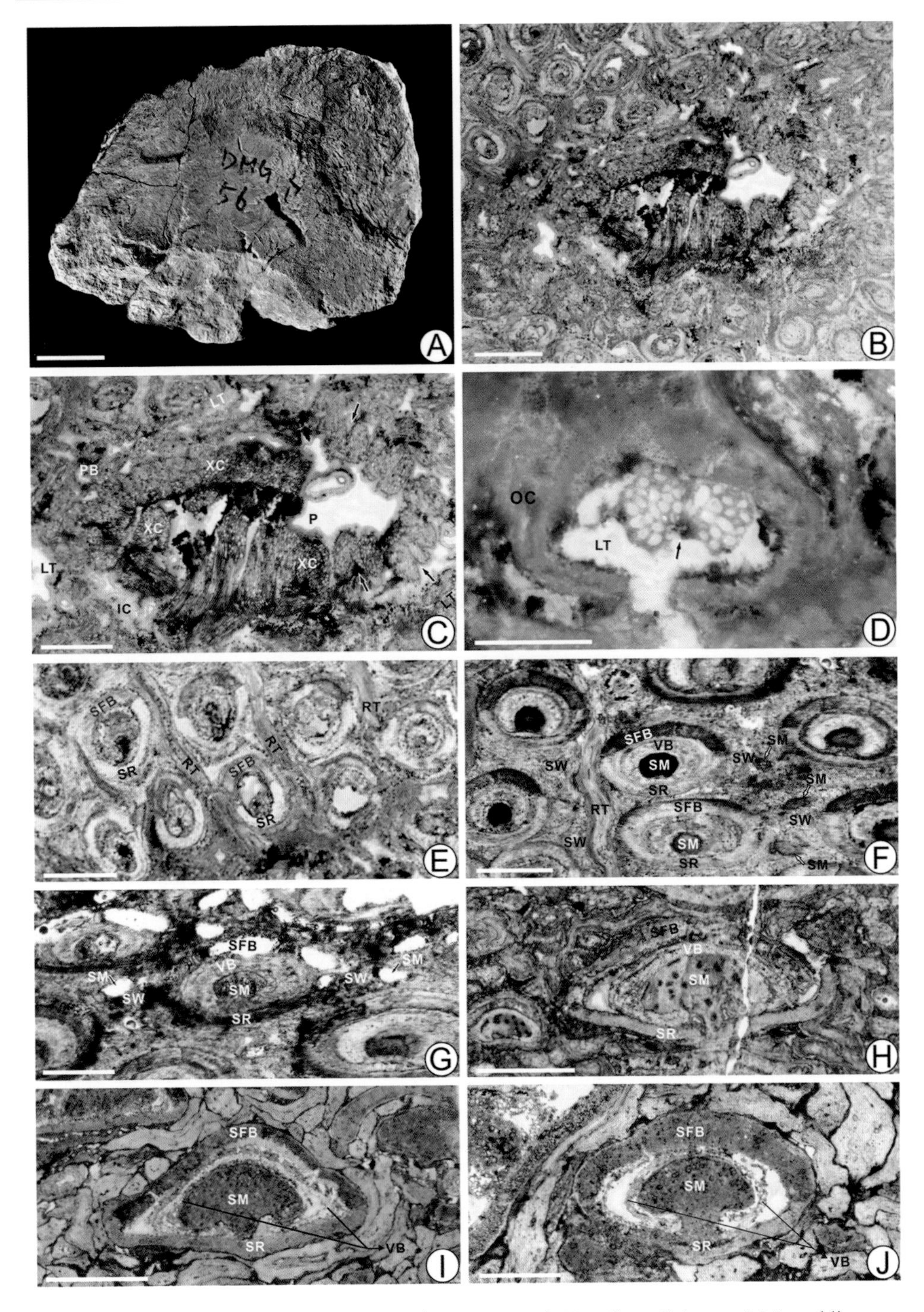

图版 17　*Claytosmunda* cf. *plumites*（Tian et Wang）Bomfleur, Grimm et McLoughlin

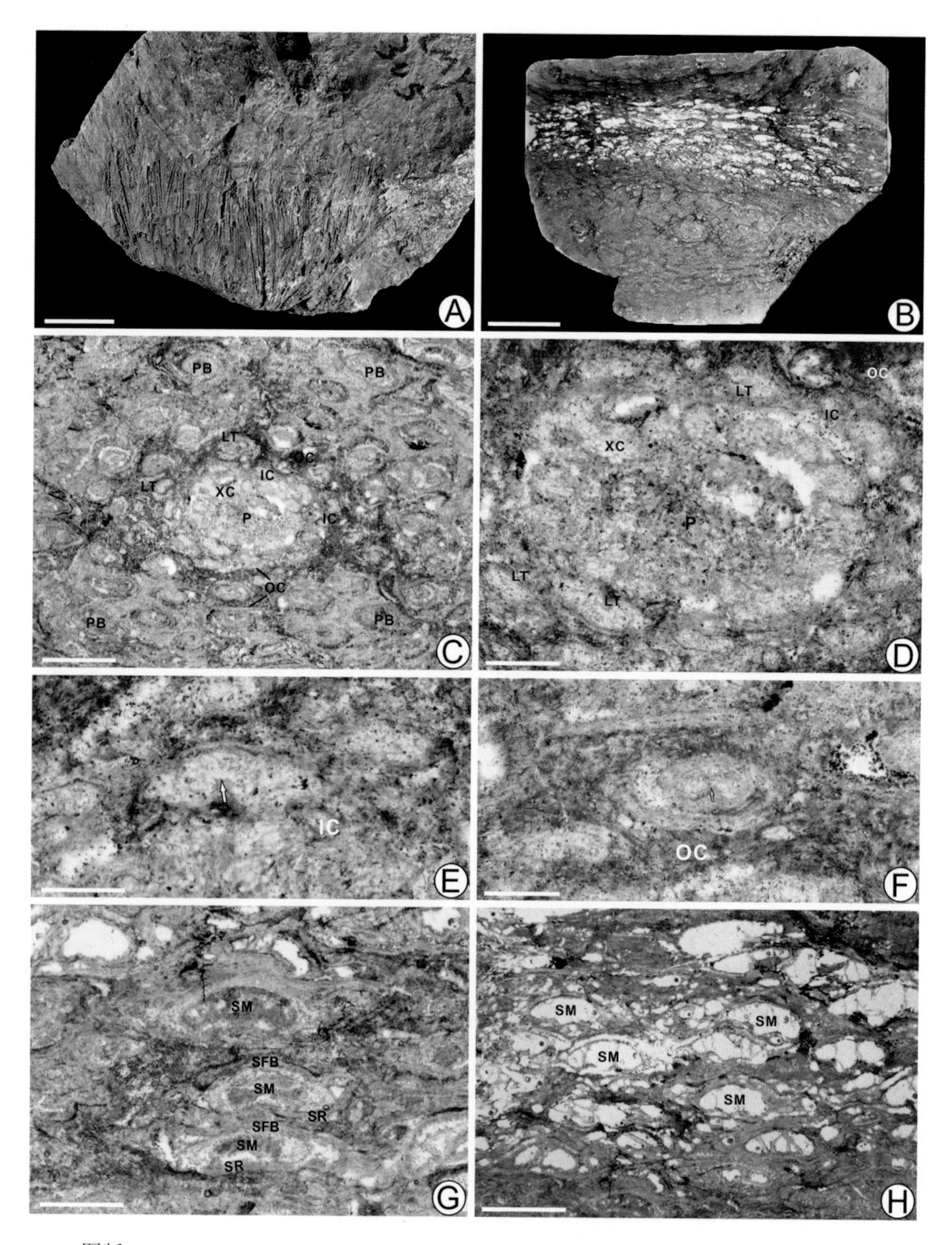

图版 18　*Claytosmunda* cf. *plumites*（Tian et Wang）Bomfleur, Grimm et McLoughlin

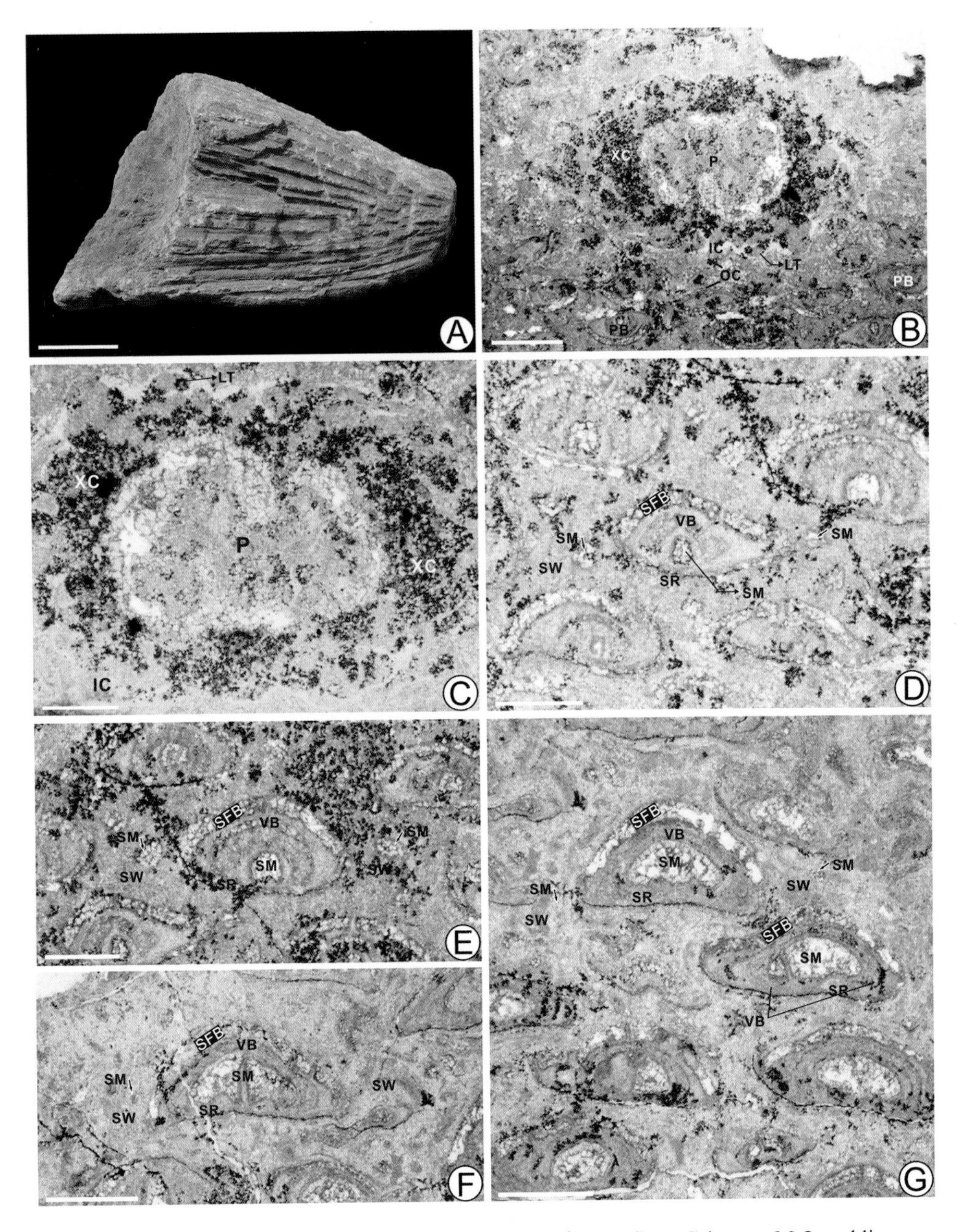

图版 19　*Claytosmunda* cf. *plumites*（Tian et Wang）Bomfleur, Grimm et McLoughlin

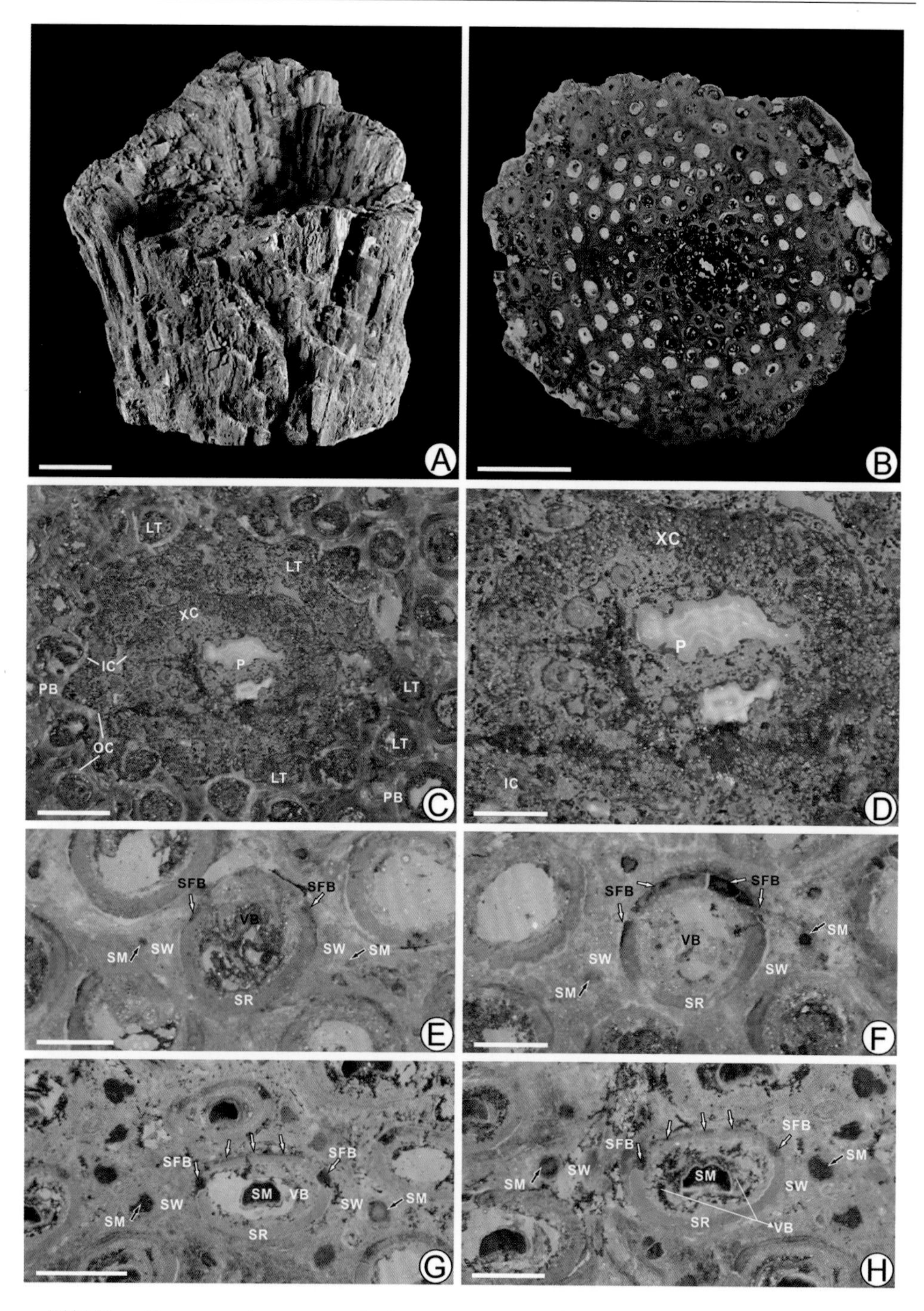

图版 20　*Claytosmunda preosmunda*（Cheng, Wang et Li）Bomfleur, Grimm et McLoughlin

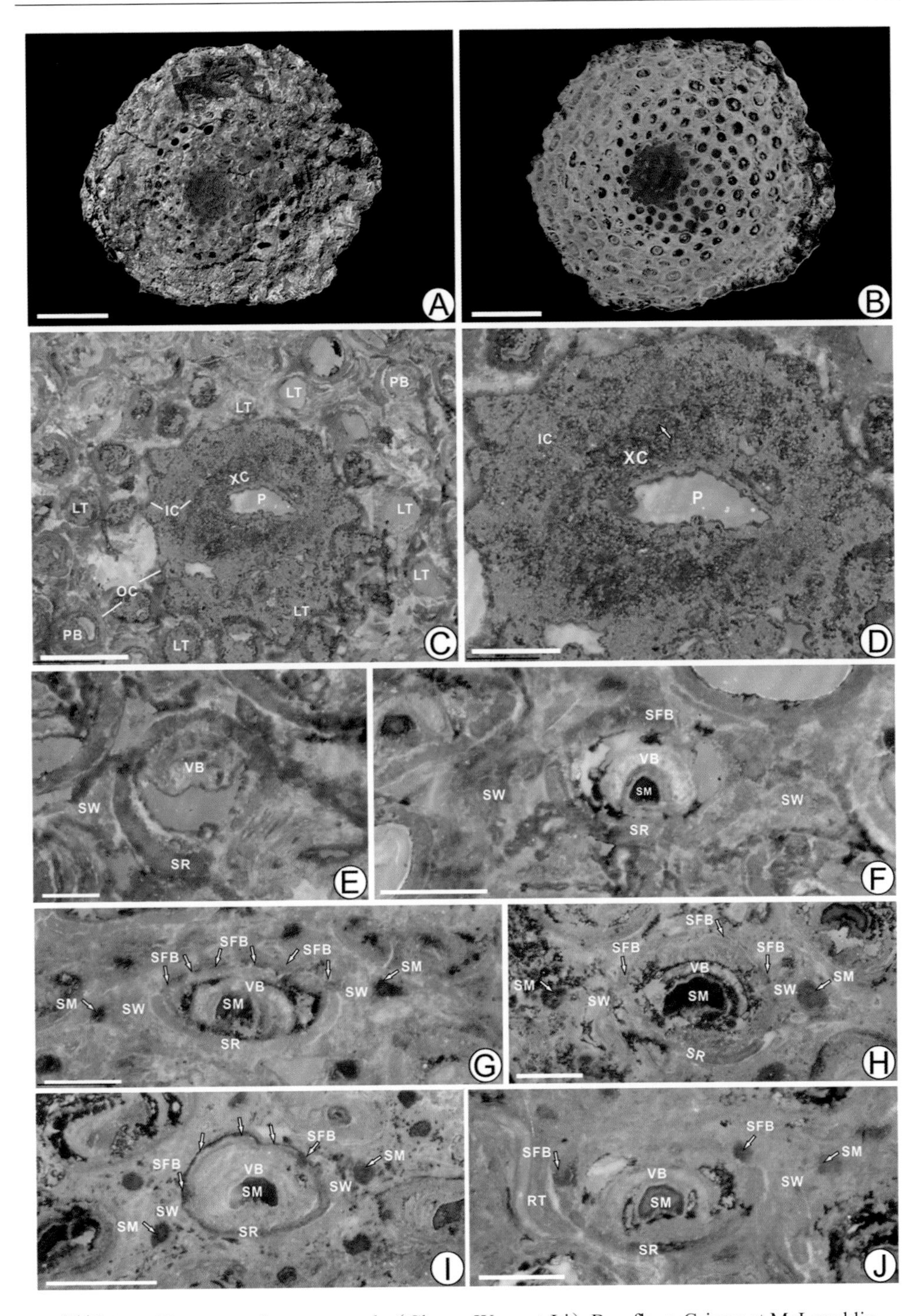

图版 21　*Claytosmunda preosmunda*（Cheng, Wang et Li）Bomfleur, Grimm et McLoughlin

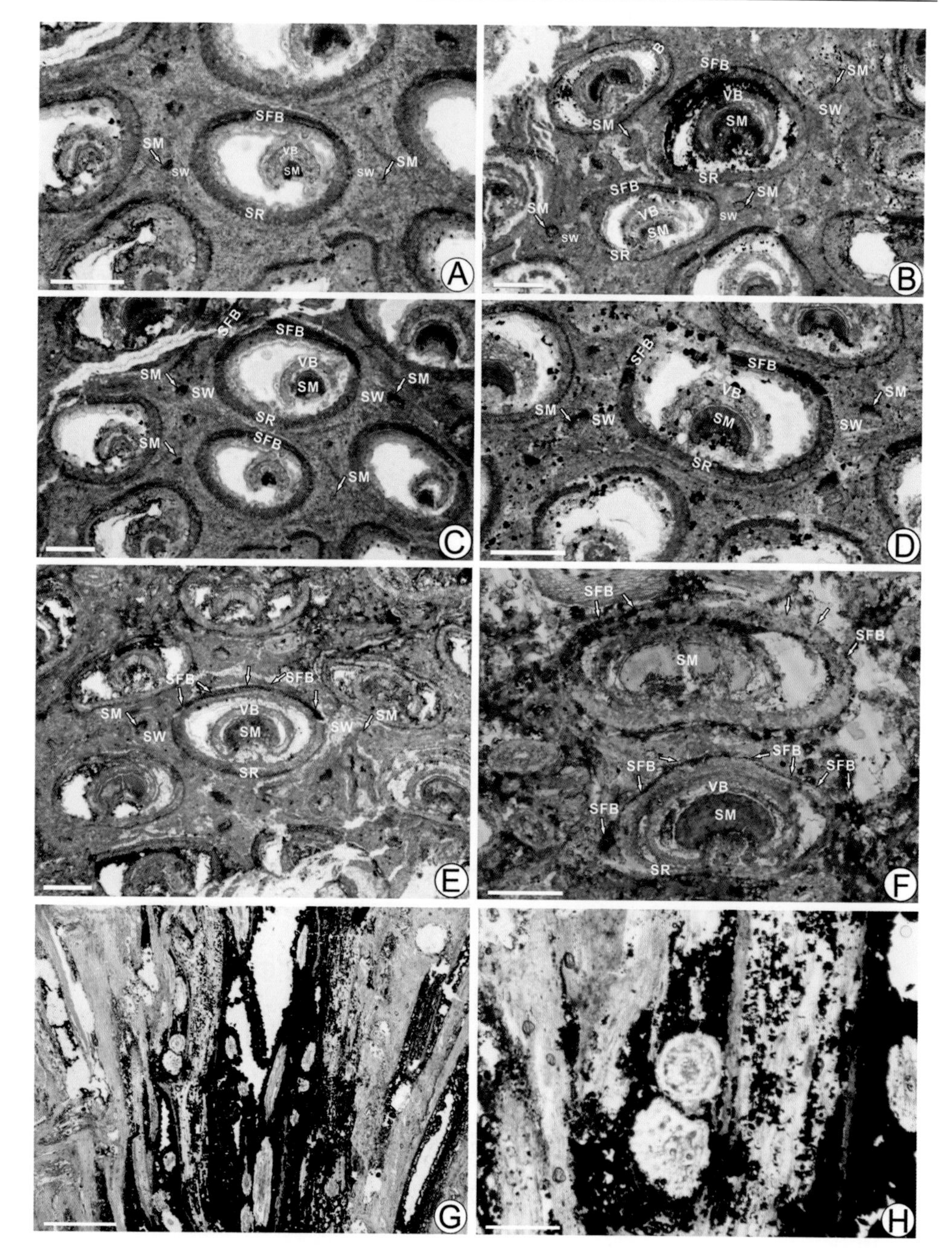

图版 22　*Claytosmunda preosmunda*（Cheng, Wang et Li）Bomfleur, Grimm et McLoughlin

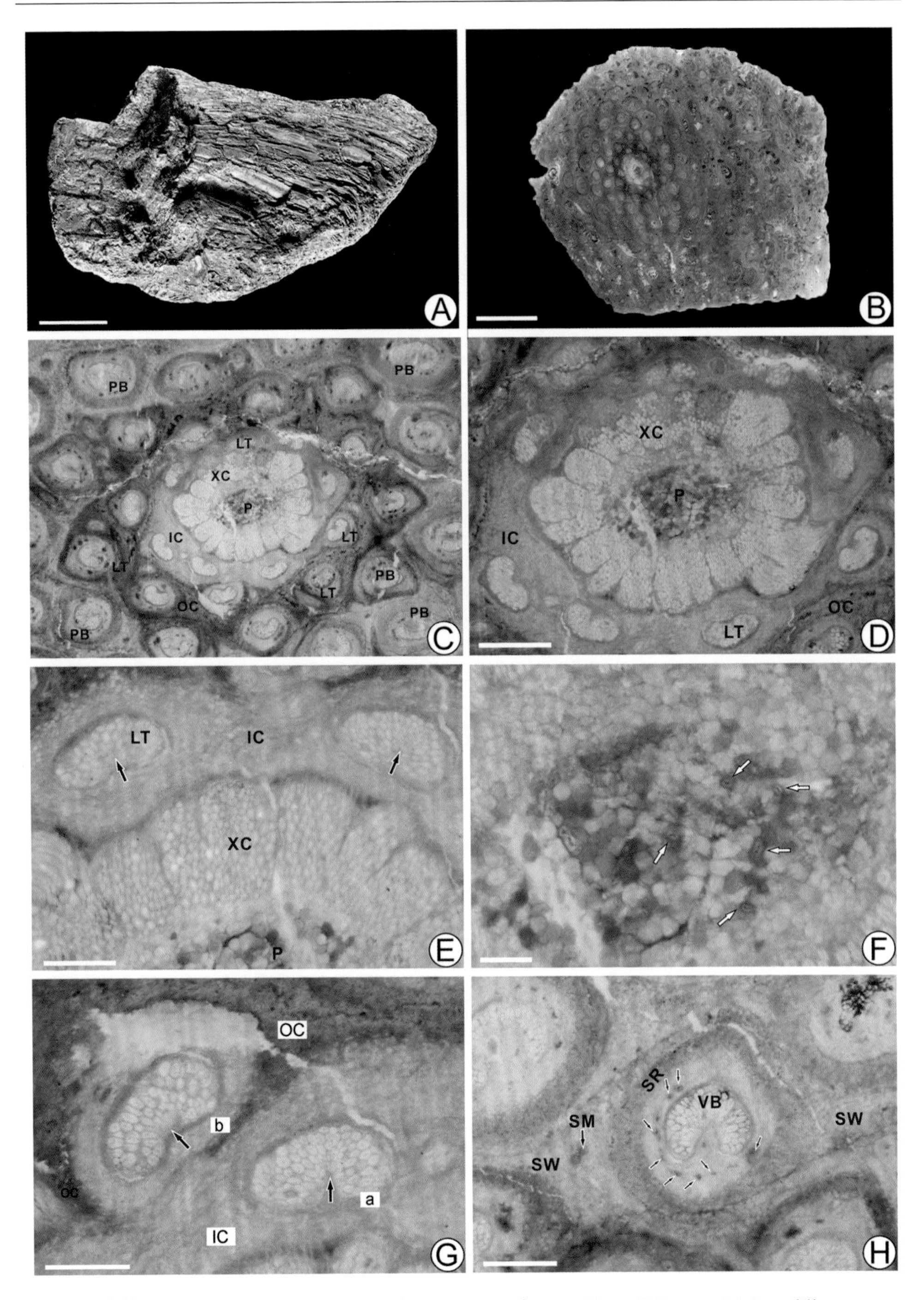

图版 23　*Claytosmunda wangii*（Tian et Wang）Bomfleur, Grimm et McLoughlin

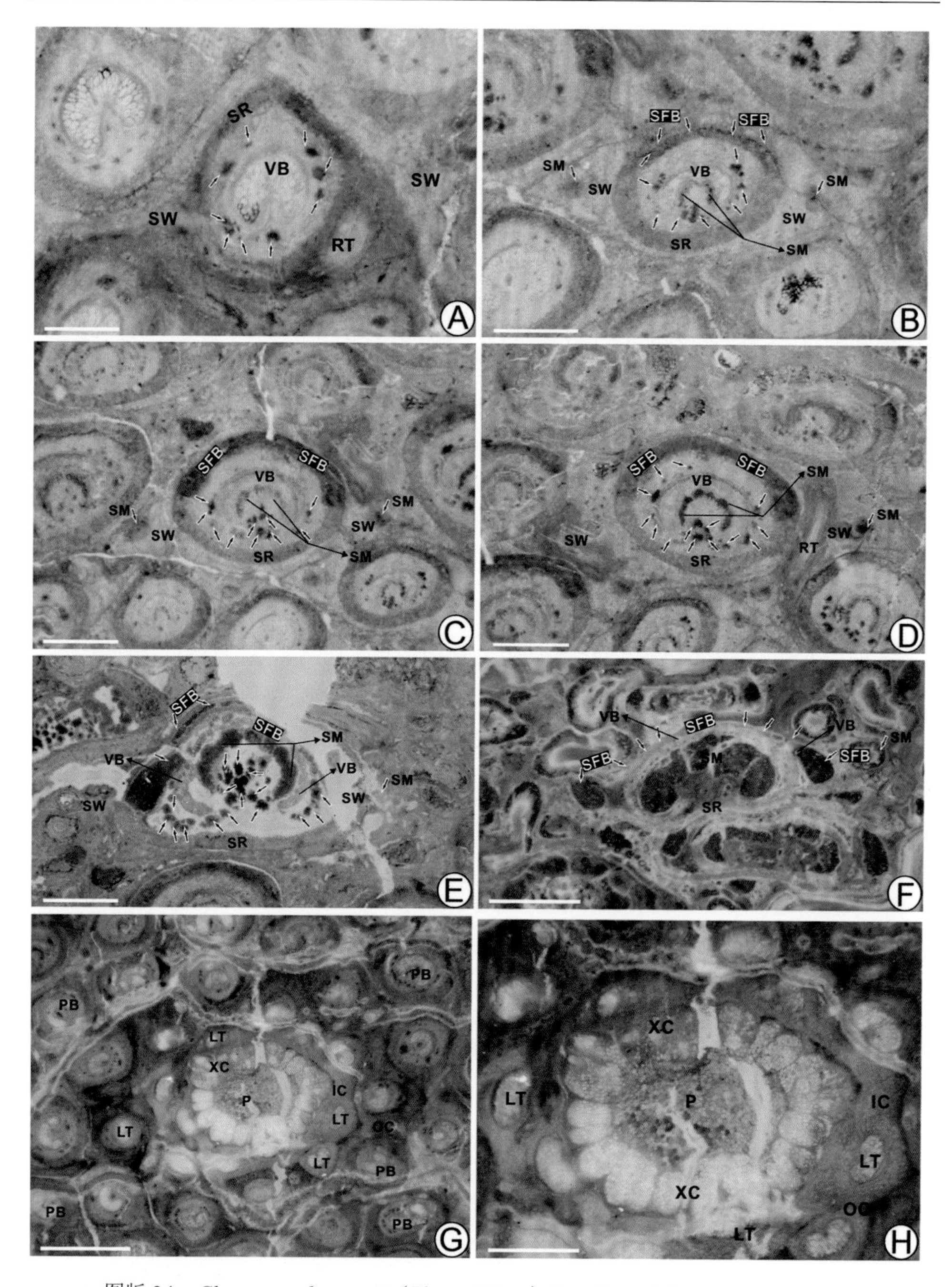

图版 24　*Claytosmunda wangii*（Tian et Wang）Bomfleur, Grimm et McLoughlin

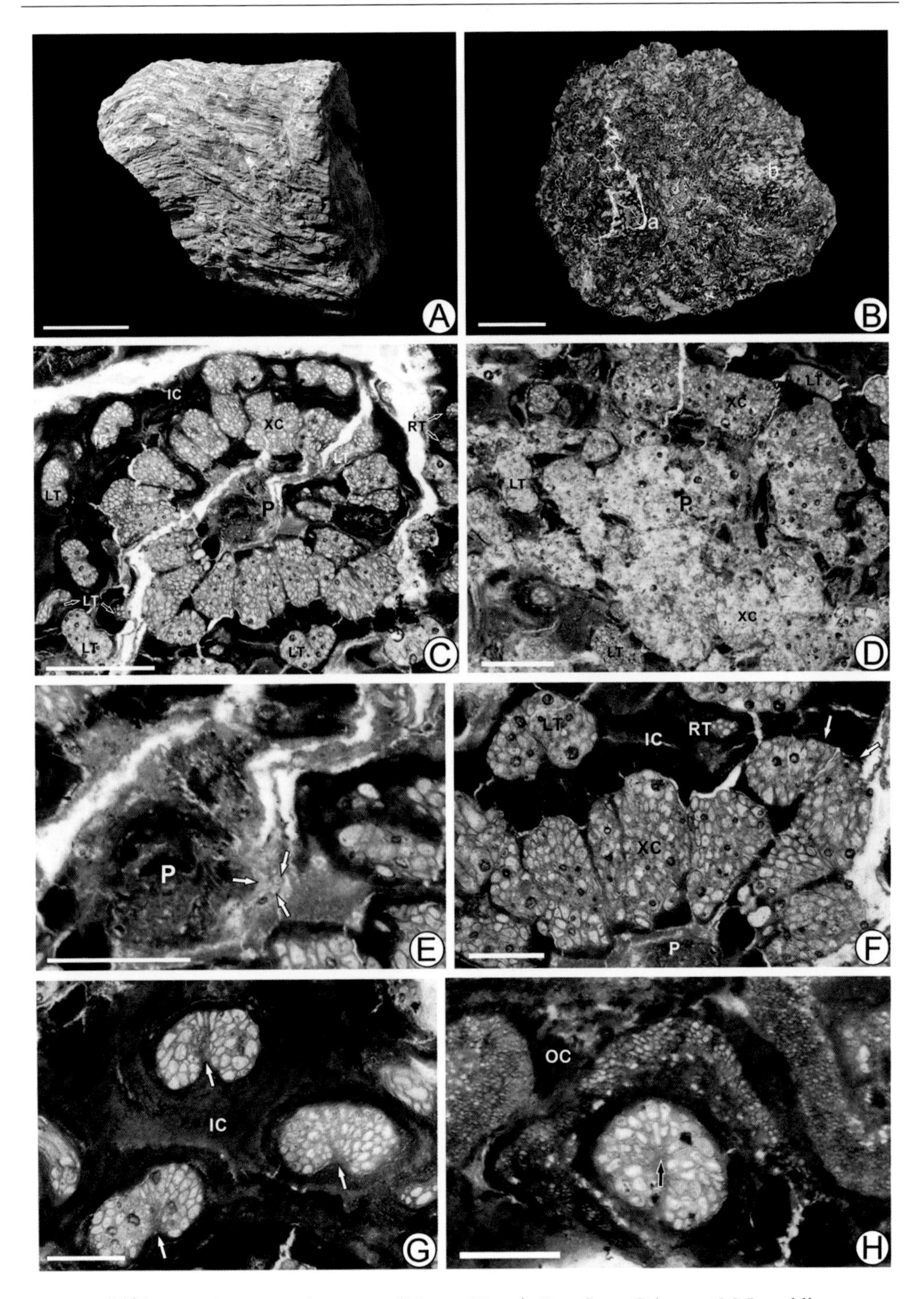

图版 25 *Claytosmunda wangii*（Tian et Wang）Bomfleur, Grimm et McLoughlin

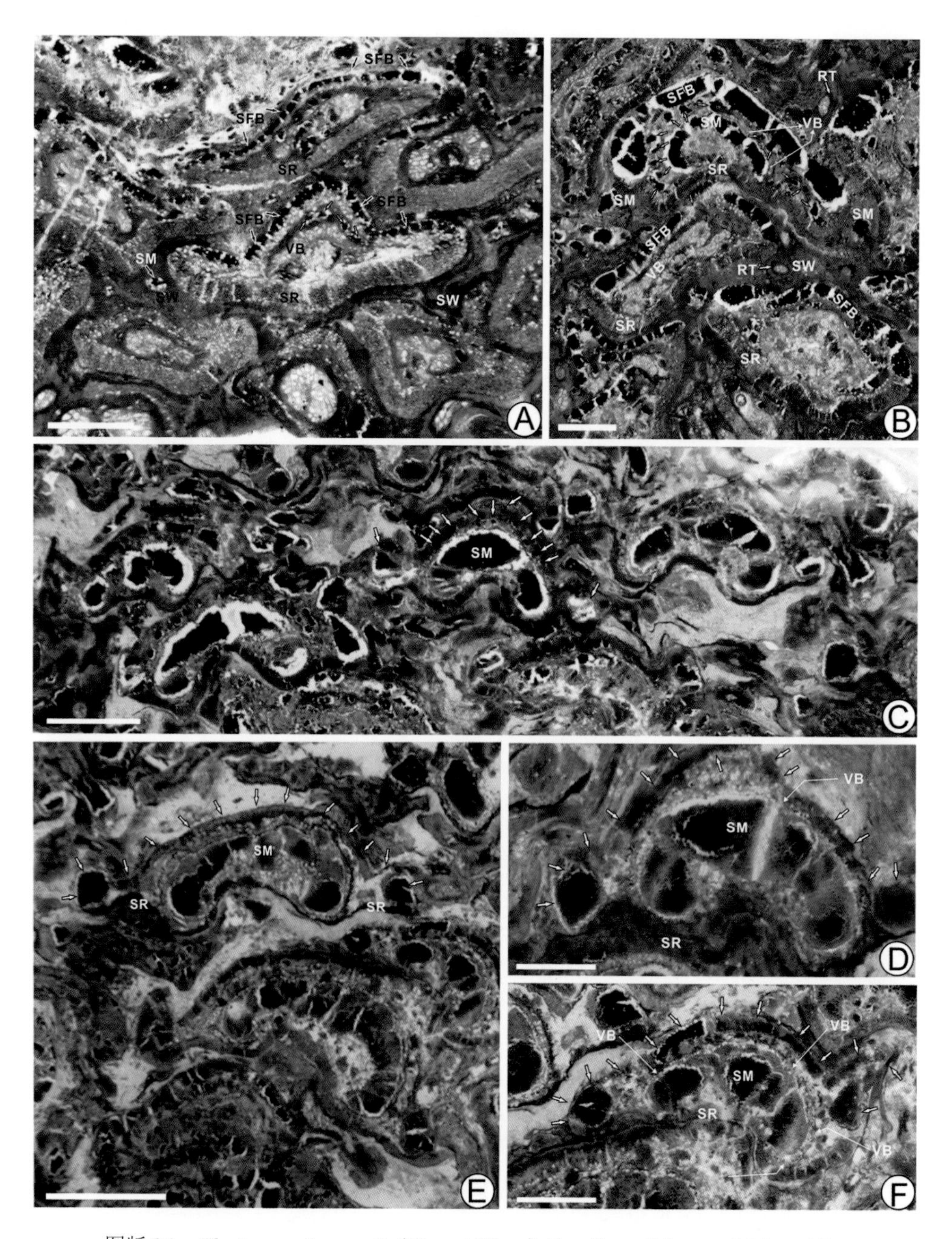

图版 26　*Claytosmunda wangii*（Tian et Wang）Bomfleur, Grimm et McLoughlin

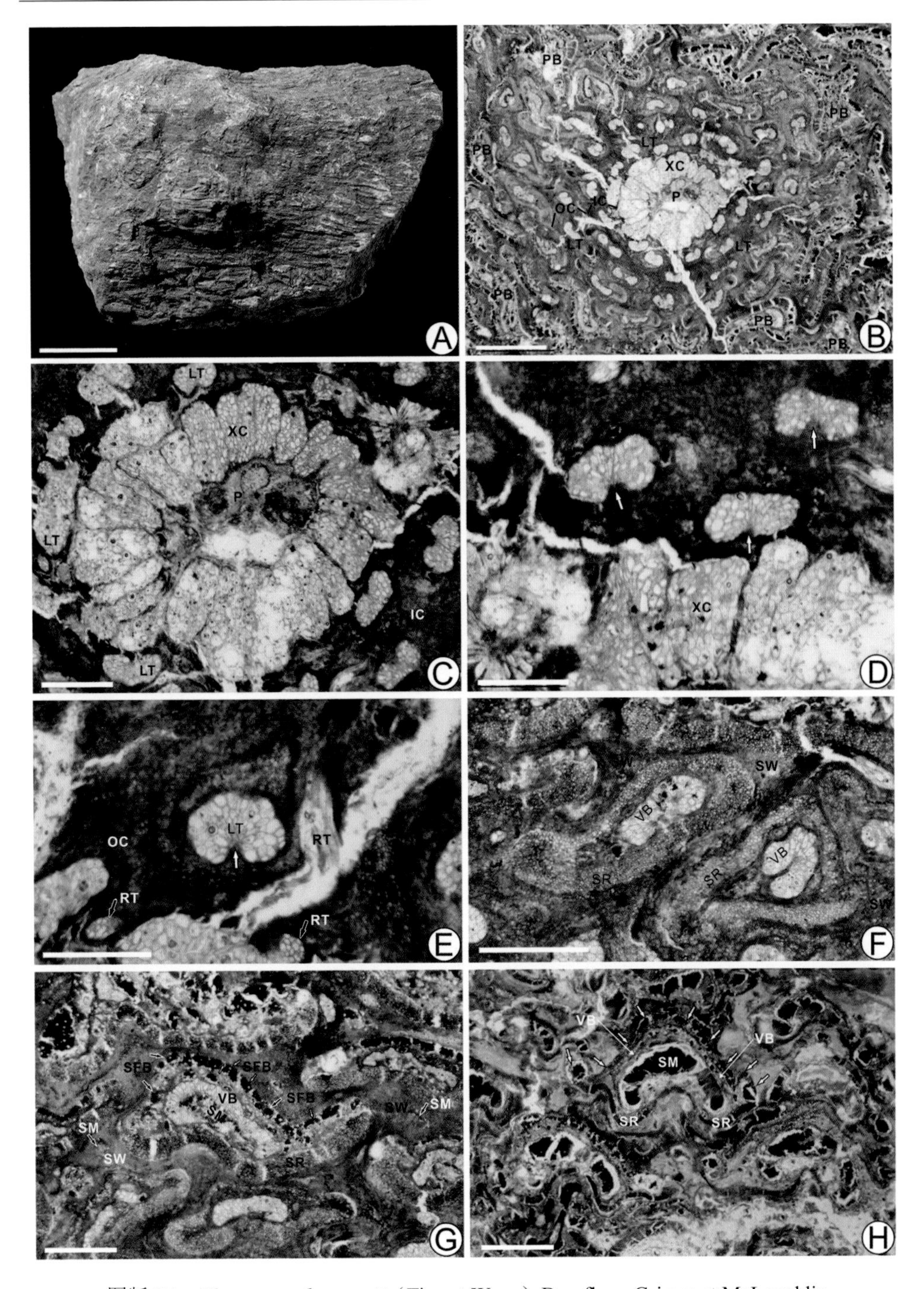

图版 27　*Claytosmunda wangii*（Tian et Wang）Bomfleur, Grimm et McLoughlin

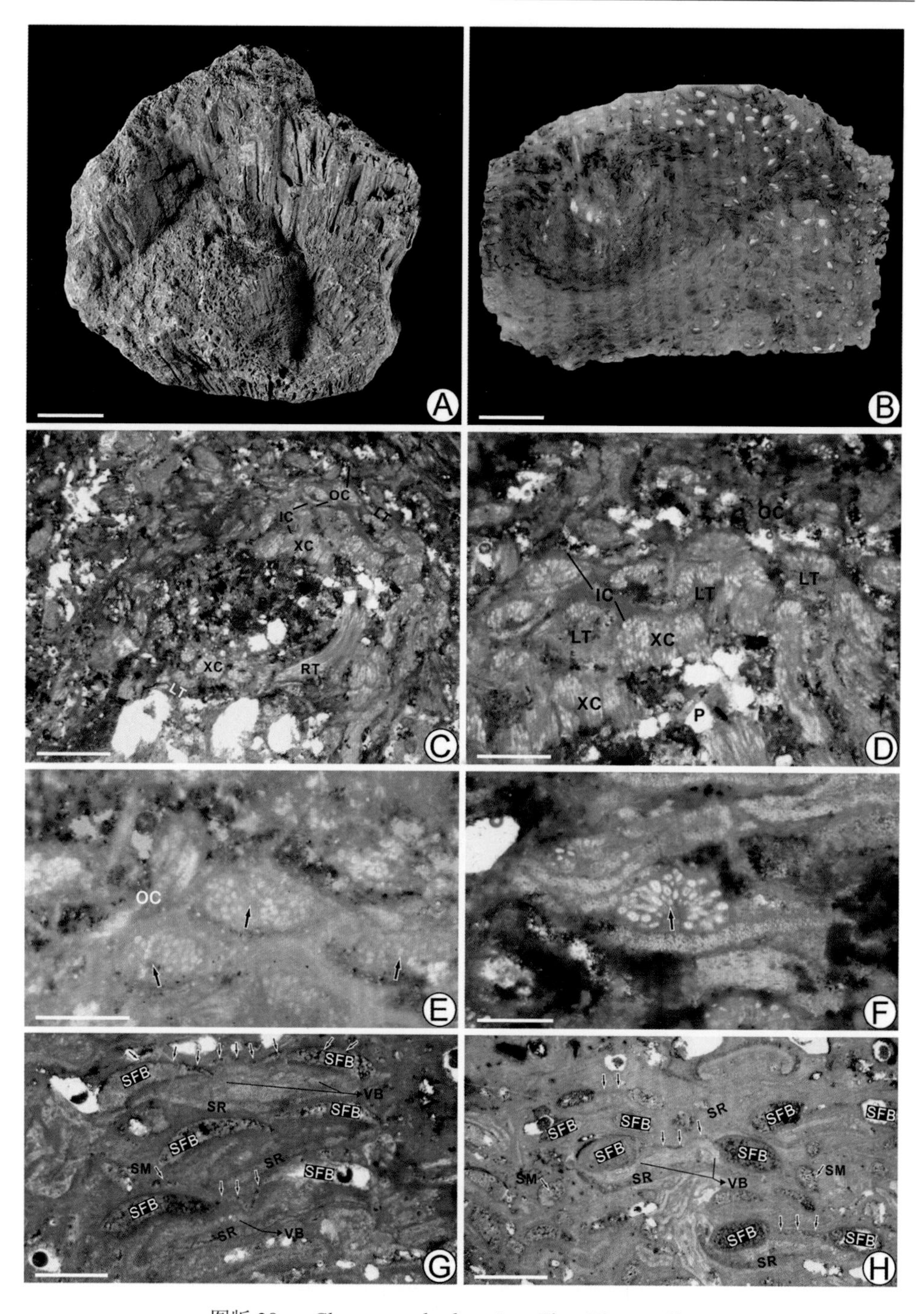

图版 28　*Claytosmunda zhangiana* Tian, Wang et Jiang

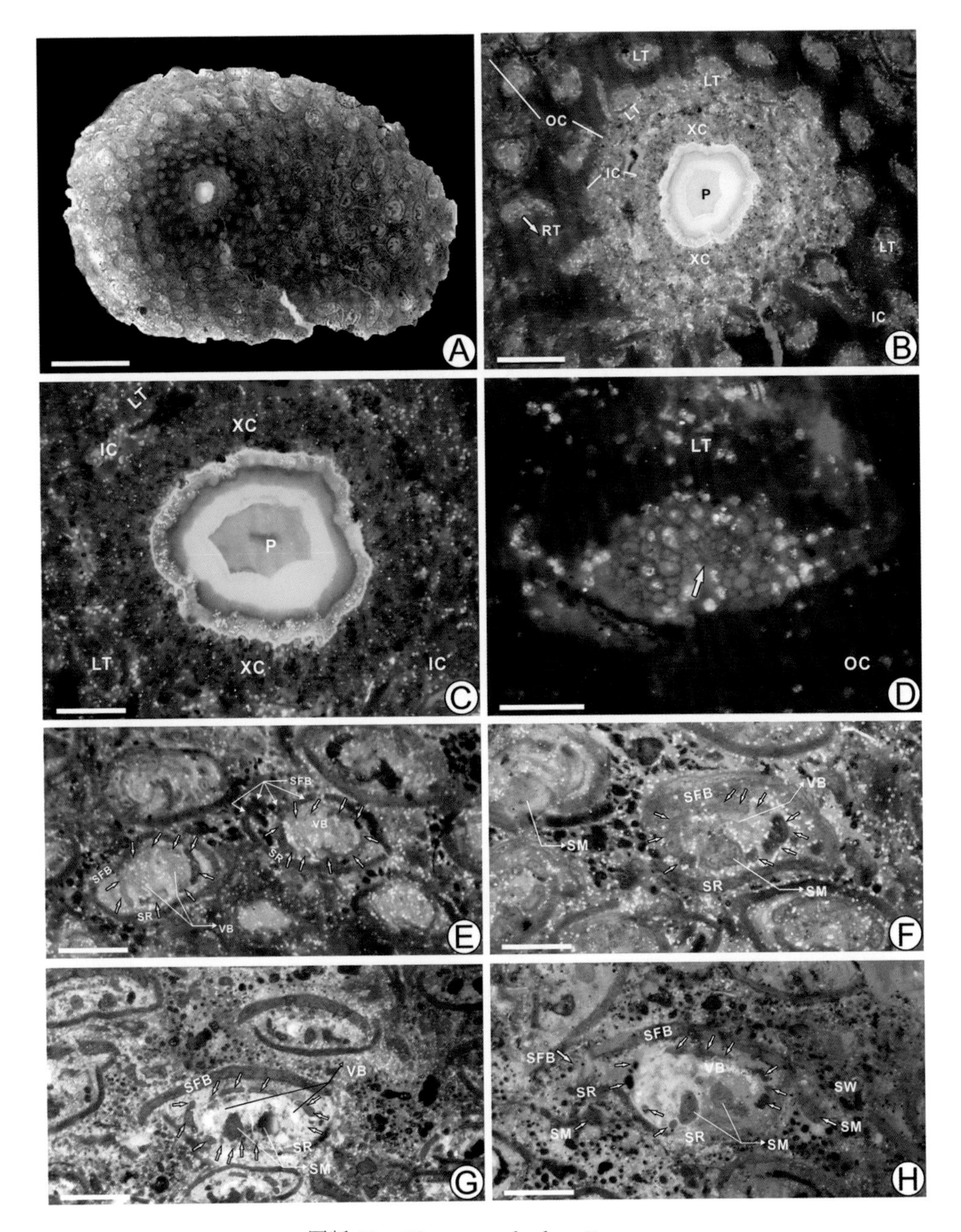

图版 29　*Claytosmunda zhengii* sp. nov.

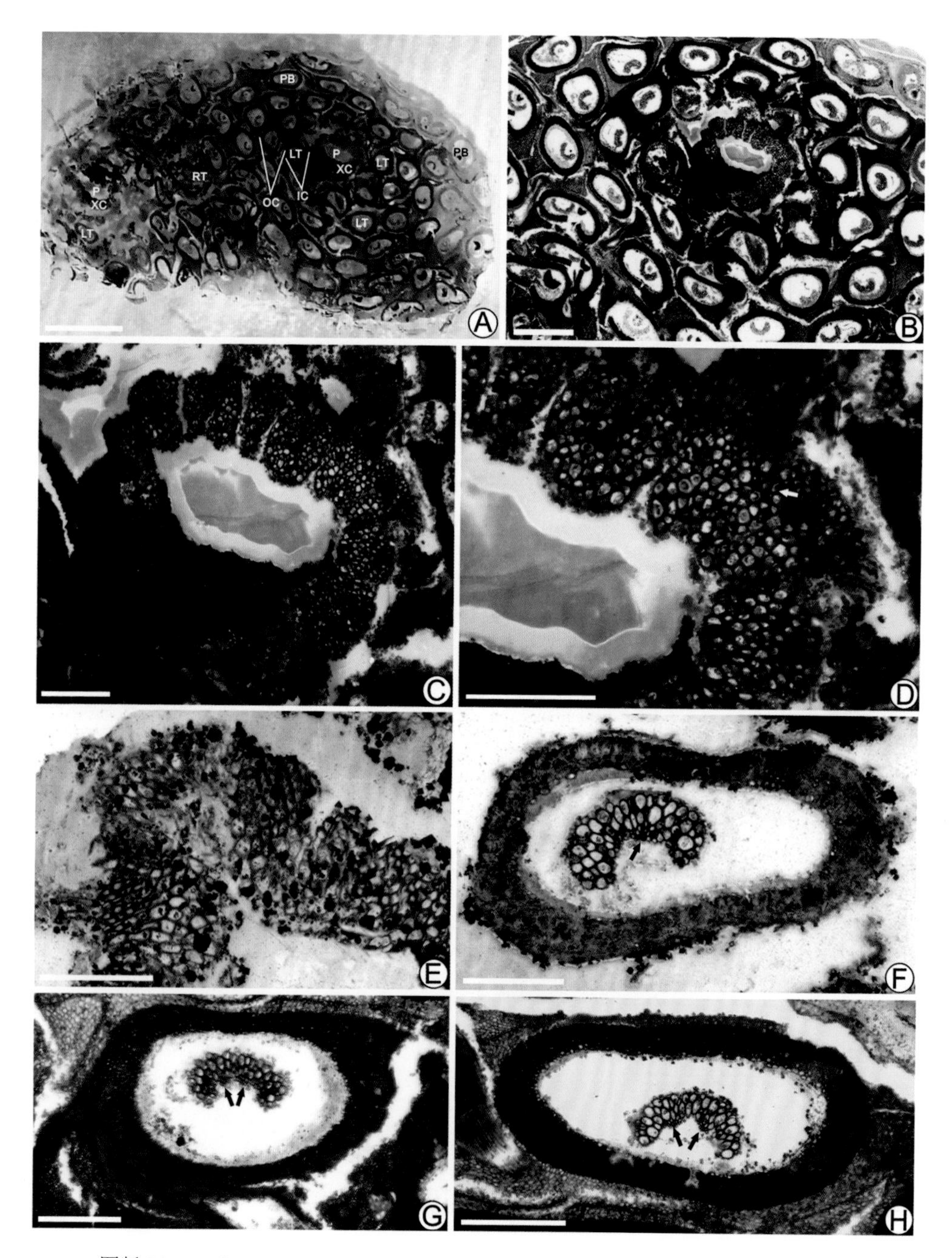

图版 30　*Millerocaulis beipiaoensis*（Tian et al.）Bomfleur, Grimm et McLoughlin

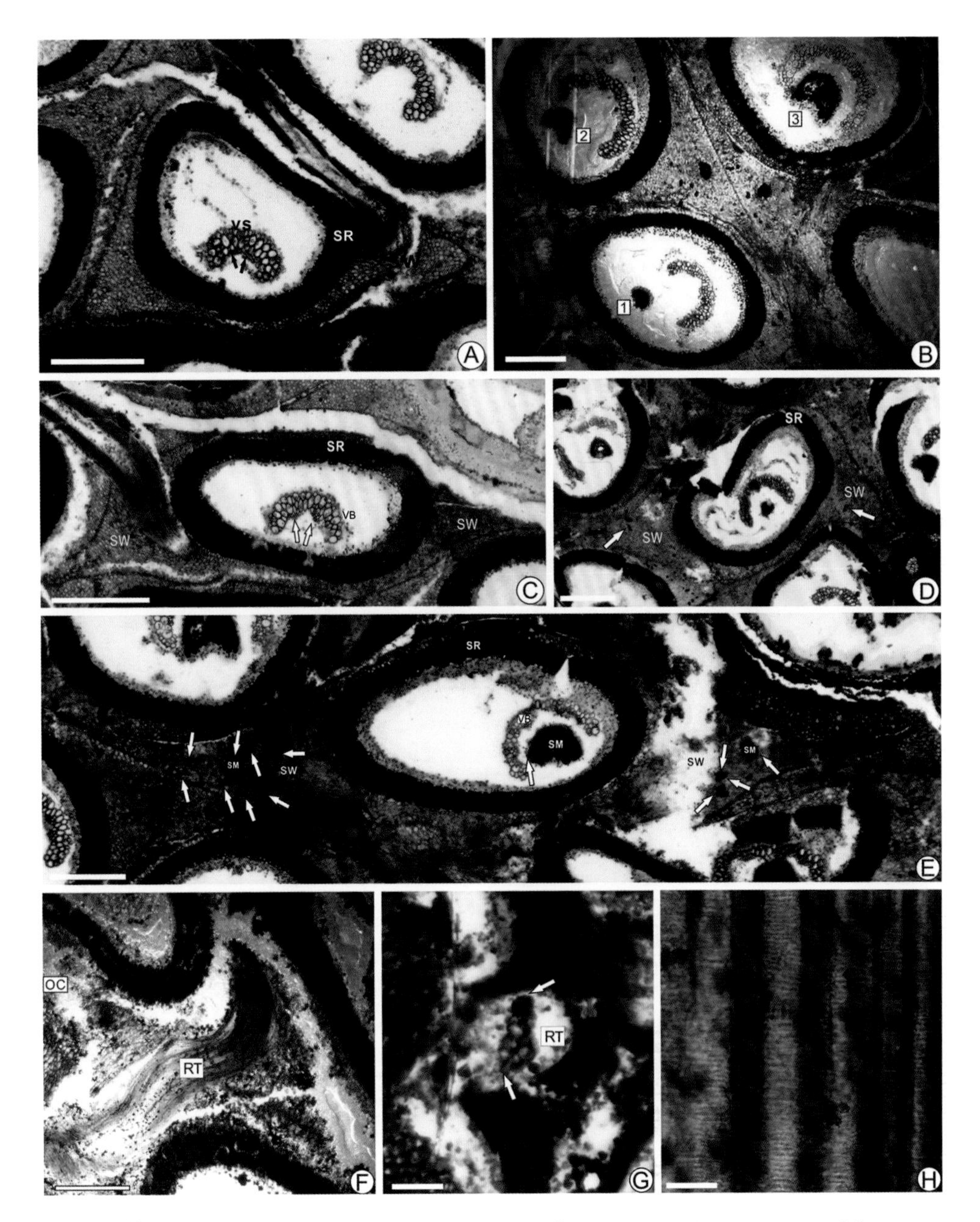

图版 31　*Millerocaulis beipiaoensis*（Tian et al.）Bomfleur, Grimm et McLoughlin

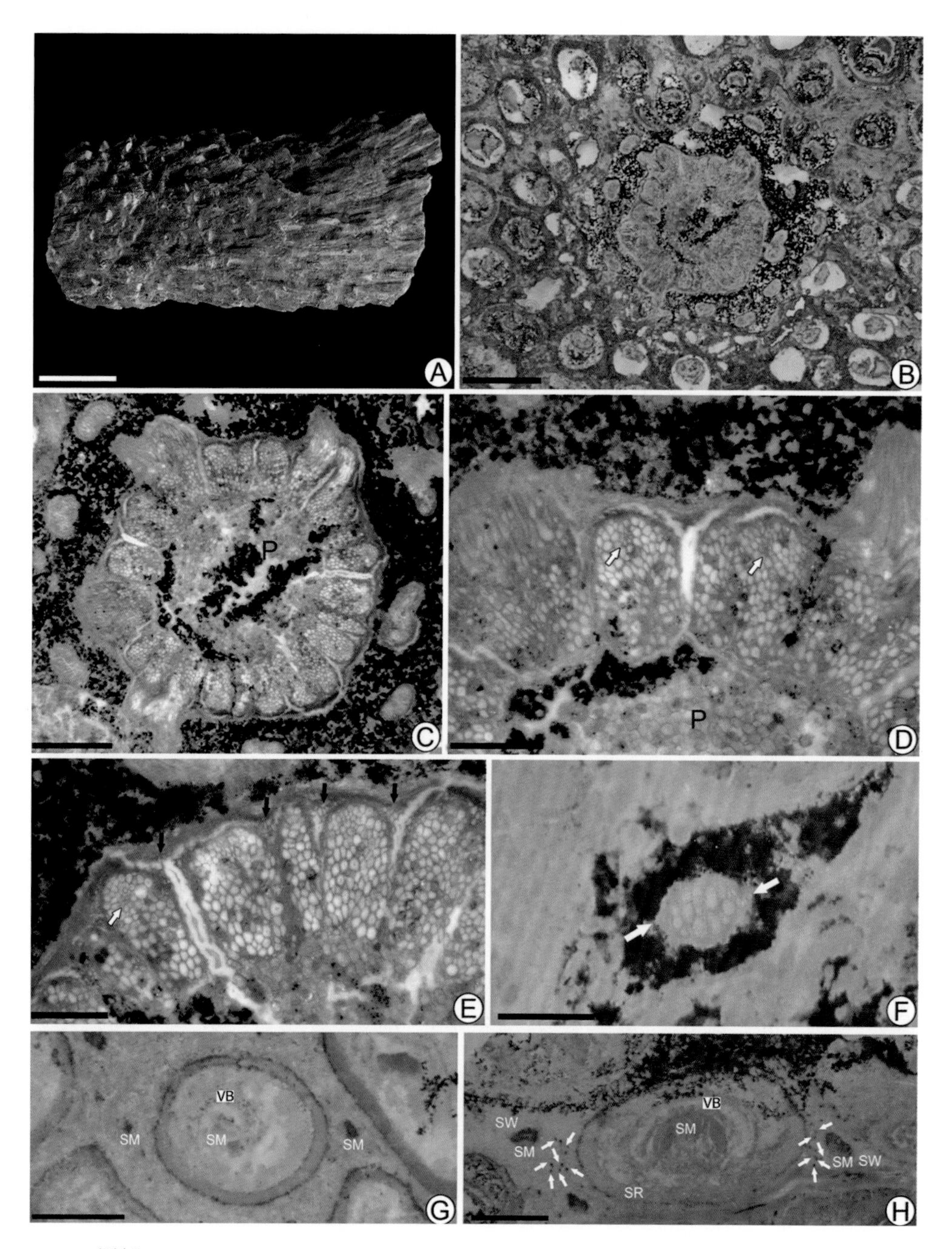

图版 32　*Millerocaulis beipiaoensis*（Tian et al.）Bomfleur, Grimm et McLoughlin

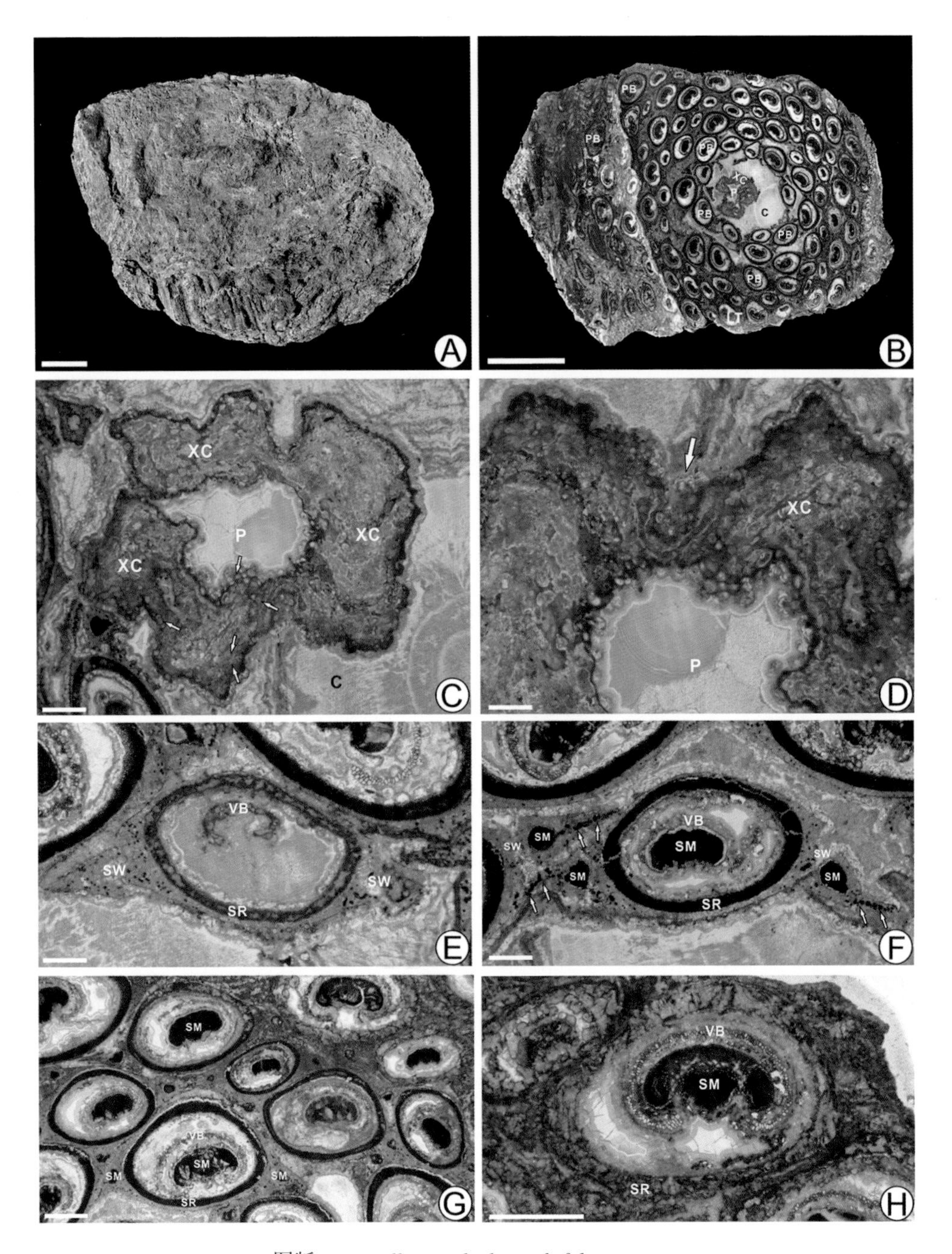

图版 33　*Millerocaulis bromeliifolites* sp. nov.